游戏开发技术系列丛书

JAVA ME GAME PROGRAMMING (Second Edition)

Java ME 游戏编程

（原书第2版）

（美） John P. Flynt 著
Martin J. Wells

陈宗斌 等译

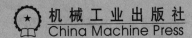机械工业出版社
China Machine Press

本书主要针对已经具有一定 Java 编程基本知识的读者，从游戏开发的基础知识入手，介绍使用 Java ME 技术为移动信息设备开发游戏，详细讨论利用 Java MIDP 类进行设备编程。全书分为 5 部分，主要内容包括移动设备基本原理、建立开发环境、基本 MIDP 2.0 类的使用、使用标准 MIDP 组件对 MIDlet 的开发、使用 MIDP Game API 开发游戏等。此外，附录中还介绍如何实现滚动背景。

本书内容丰富，有许多其他同类书籍中没有的、更易于读者理解的基础处理方法。本书适合游戏开发人员参考使用。

本书版权登记号：图字：01-2009-1625

图书在版编目（CIP）数据

Java ME 游戏编程（原书第 2 版）/（美）韦尔斯（Martin, J. W.）等著；陈宗斌等译. —北京：机械工业出版社，2009. 3

（游戏开发技术系列丛书）

书名原文：Java ME Game Programming, Second Edition

ISBN 978-7-111-26494-1

Ⅰ. J…　Ⅱ.①韦…　②陈…　Ⅲ.①JAVA 语言–程序设计　②游戏–应用程序–程序设计　Ⅳ. TP312

中国版本图书馆 CIP 数据核字（2009）第 029233 号

机械工业出版社（北京市西城区百万庄大街 22 号　邮政编码 100037）

责任编辑：王春华

北京瑞德印刷有限公司印刷

2009 年 3 月第 1 版第 1 次印刷

186mm×240mm · 20. 5 印张

标准书号：ISBN 978-7-111-26494-1

定价：49. 00 元

凡购本书，如有倒页、脱页、缺页，由本社发行部调换

本社购书热线：(010)68326294

译　者　序

手机游戏日益普及，也越来越受到人们的欢迎，而 Java ME 技术是开发手机游戏的最佳方式。本书从游戏开发的基础知识入手，介绍了使用 Java ME 技术为移动信息设备开发游戏，详细讨论了利用 Java MIDP 类进行设备编程。

本书首先回顾了 Java 的发展历史和移动设备编程，介绍了 MIDP 的发展历史及相关技术，并且引导读者建立必要的软、硬件环境。然后，介绍了 Java ME 游戏编程中涉及的各种类和包，最后借助一个实际的游戏开发项目，引领读者了解游戏开发的一般原理与方法，以及对开发的游戏进行测试。本书最后包含一个附录，介绍了开发游戏的滚动背景，从而创建更逼真的游戏效果。

本书主要针对已经具有初、中级 Java 编程背景的读者。本书可以帮助读者过渡到使用 Java 为设备编程。如果读者基本理解了如何使用 Java 编程，并试图寻找一种方法将自己的知识扩展到手机和其他移动设备领域，那么本书非常适合你。

参加本书翻译的人员有：陈宗斌、张景友、易小丽、陈婷、管学岗、王新彦、金惠敏、张海峰、徐晔、戴锋、张德福、张士华、张锁玲等。

由于时间紧迫，加之译者水平有限，错误在所难免，恳请广大读者批评指正。

译者
2008 年 11 月

前　言

本书介绍了利用 Java MIDP 类进行编程，但并未全面研究 MIDP 类具备的所有潜能，也未提供 Java 编程的综述，而是对 MIDP 提供的接口进行了介绍，如果读者已经具备 Java 编程的基本知识，那么这些接口能够扩展读者的知识。

本书前几章向读者介绍了 MIDP 的历史及相关技术。在这方面，本书假设读者以前没有研究过设备编程。读者将从这里开始学习设置环境。读者的工作完全在一台 PC 上进行，本书提供的操作指南给出了如何安装用户在利用 MIDP 类编写程序时所需的工具。如果读者由于必须学习一种全新的开发技术，或者因为自己要适应新的编程环境而不愿意去研究设备编程，那么本书应当能成为一个可信的助手。本书尽可能让读者轻松、自然地过渡到设备编程。除了其他因素外，本书还提供了关于如何在个人 PC 上设置适宜的 Java 包和 NetBeans IDE 的易于理解的操作指南。市面上暂时还没有其他书籍能够提供让读者自主开发设备程序的、更易于理解的基础处理方法。

读者对象

本书主要针对已经具有初、中级 Java 编程背景的读者。如果你希望学习如何编程，那么就不适合阅读本书。如果需要这类帮助，《Java Programming for the Absolute Beginner》(同一作者所著)为本书所需的编程水平提供了合适的基础知识。

本书可以帮助读者过渡到使用 Java 为设备编程。如果读者基本理解了如何使用 Java 编程，并试图寻找一种方法将自己的知识扩展到手机和其他移动设备领域，那么本书就是你所需要的。本书的最大优点之一就在于，它前面几章除有助于读者理解移动设备和移动设备编程所涉及的内容之外，还指导读者(免费)获得移动设备开发程序所需软件的秘诀。

本书作者与许多因害怕必须进行学习和获得所需设备而不肯试着对设备进行编程的专业程序员都是朋友。本书试图纠正这种情形。所需设备是免费提供的，并能在短时间内完成简易安装。使用 JAR 和 JAD 文件的所有工作都可以自动完成。Java 无线工具包(Java Wireless Toolkit)提供了一种迷人、有趣的测试环境。在使用关注移动设备的 Java 库进行开发时，NetBeans IDE 提供了一种免费、健壮并日益强大的 IDE。

各章内容

第 1 章对 Java 的历史和移动设备编程进行了专题性回顾，概述了可用于开发移动应用程序的工具和某些为从事该类工作而更好的设置。

第 2 章讨论了移动信息设备配置文件(Mobile Information Device Profile, MIDP)及其如何构成读者使用 Java 为手机开发程序的基础。本章还让读者了解 MIDlet 的思想(与 applet 相反)。例如，读者会学习到，Java MIDlet 类的某种扩展就是自己为移动设备所编写的所有 Java 程序的基础。

第 3 章概述了可用于编写 MIDlet 的某些设备。它所介绍的设备是一个相当受人忽视的领域。它还提供了关于数百个可能目标设备的全面信息的 Internet 站点。目前还没有其他书提供关于这一主题的全面观点——即使是网站也无法做到。

正式的工作从第 4 章开始。它首先让读者在计算机旁学习安装和调整 Java，然后开始学习使用 MIDP 构建一个 MIDlet。读者使用命令行并从头开始完成所有工作。但是，最终读者会很高兴地看到一个 MIDlet 编译。

第 5 章全部是关于 Java 无线工具包的内容。它给出了获取工具包的地方和使用它的方法。在此章之前，读者只在命令行下进行工作，但是现在，通过使用 Java 无线工具包有了扩展动作的机会。学习使用它是学习更强大工具的跳板。

由于本书的目标是使读者尽可能高效，因此在第 6 章中，读者将学习到如何获得并安装 NetBeans IDE 和可令用户开发 MIDlet 与其他所关注设备的 Java 程序的相关组件。尽管不建议读者跳过前 4 章的任何一章，但读者要想获得真正的乐趣，第 6 章才是开始。

第 7 章为读者引入 MIDP 类库中某些最基本的主题。除此之外，读者将探讨 MIDlet 类并深入研究 Timer 类和 TimerTask 类。对这些类的学习会促进读者对本书后面 Runnable 接口的学习。

第 8 章关注持久性和 RMS 包。Java MIDP 类提供了一个类集合，允许用复杂、健壮的方法存储和恢复数据。尽管它并不是一个数据库，但它确实提供了一种安全存储并访问位于设备内存中特殊预留位置中的数据的方法。第 8 章还介绍了某些用于网络互连的类。

第 9 章介绍了为 MIDP 包提供的图形化用户界面组件。读者首先会看到设备显示不同类型的应用程序，从现在的角度看是面向文本的。在这点上，读者可关注诸如 Display、TextBox 和 List 等类。

第 10 章带领读者进入 Form 和 Item 类的世界，它提供了使用诸如 TextField 和 StringItem 类等有趣的上下文。随着读者学习到的组件数量的增加，将要学习的 MIDlet 会变得更复杂。

第 11 章提供了一种过渡。读者会学习 ChoiceGroup、ImageItem 和 Image 类。读者开发的 MIDlet 将给出著名喜剧演员们及其某些最喜欢的笑话的图像。

第 12 章将让读者学习像 DateFiled 和 Gauge 这样的类，还将使用 Image、Form 和 Item 类来扩展读者之前已经完成的工作。

第 13 章中，读者将广泛学习 Canvas 类和 Graphics 类，使用 MIDP 的标准 GUI 类开发为读者展示游戏体系结构的基础 MIDlet。读者在这里所做的工作为学习 Game API 打下了坚固基础。

第 14 章中，读者将广泛地学习诸如 Sprite、TiledLayer 和 GameCanvas 类。读者将研究一个允许读者查看基本游戏中所涉及的大多数功能的 MIDlet。它包括如何理解标题和帧的运行。

第 15 章提供了一个基本游戏，它使用了 Sprite、TiledLayer、GameCanvas 和 LayerManager 类实现了一个游戏，该游戏使用 Thread、Timer 和 TimerTask 对象研究了碰撞检测、得分和游戏开发中的其他共同特征。

在附录中，将进一步讨论如何实现一个滚动背景。这里的信息可以很容易地应用于前景的滚动。使用 LayerManager 类允许研究更多的场景。

获得本书的代码

如果读者希望通过阅读本书而获益，那么与本书所提供的项目一起学习是很重要的。在这里，有两种方法可以获得源代码：

- www. hzbook. com 提供书中源代码下载。每个章节对应的源代码仅位于一个单独的章节文件中，并且本书从头至尾都清楚地描述了每个源文件的位置。
- 要获得来自出版社网站的代码，也可以访问 www. courseptr. com/downloads 并输入书名。读者可以访问本书出版社后面提供的源代码链接和所有与本书相关的资源链接。

设置文件

如何编译文件的说明在第 4~6 章中给出。一般而言，如果读者遵循书中的示例，那么就应当能很容易地找到要用的文件。如果读者能够安装并使用 NetBeans IDE（提供了指南），那么读者将会从本书中获得最大的帮助。

如何使用本书

从第 1 章开始并逐渐向后学习。建议读者学习完第 4 章、第 5 章和第 6 章，并特别注意这些章介绍的细节。在没有建立起一个舒适、可靠的工作安排之前，读者几乎不可能享受到对设备编程的乐趣。花时间安装并熟悉本书介绍的工具，然后就可以从这里继续前进。

约定

本书编写过程中并未有意识地采用约定俗成。一般而言，编码风格以目前已流行多年的"Java 风格"为主，但使用格式化代码并使之包括在本书中则通常意味着，作者已经下了减少空行数量的决心。此外，本书遵循流行习惯，从代码中移除注释并将其放在文本中。在这里，使用一个#字号和一个数字编号代替了用代码行号引用代码的习惯。在本书中，读者将看到程序中某些位置上放有数字，随后的参考将与这些数字相对应。

致谢

感谢 Emi Smith 和 Stacy Hiquet 对出版进行的准备工作。感谢 Jenny Davidson 照管进度并令其成行。另外，感谢 Kevin Claver 在编写过程中给予的帮助和支持。一如既往地要感谢 Marcia 忠诚的努力工作、信任、指导与支持。

作 者 简 介

John P. Flynt 博士曾在高等院校任教，并编写过多本具有大学水平的游戏开发程序教程。他涉足信息技术、社会科学和人文学科。他的著作包括：《In the Mind of a Game》、《Perl Power!》、《Java Programming for the Absolute Beginner》、《UnrealScript Game Programming All in One》(与 Chris Caviness 合著)、《Software Engineering for Game Developers》、《Simulation and Event Modeling for Game Developers》(与 Ben Vinson 合著)、《Pre – Calculus for Game Developers》(与 Boris Meltreger 合著)、《Basic Math Concepts for Game Developers》(与 Boris Meltreger 合著) 和《Unreal Tournament Game Programming for Teens》(与 Brandon Booth 合著)。他现居住于科罗拉多州 Boulder 附近。

Martin J. Wells 现任 Tasman Studios Pty 有限公司的首席程序员，该公司位于澳洲悉尼。在他 15 年的职业生涯中，进行过大量开发项目。他是多种计算机语言的专家，其中包括从早期开始的 Java，并且曾参与高性能网络互连和多线程系统开发。他在 12 岁时编写并卖出自己为 Tandy 和 Commodore 微型计算机开发的游戏，这是他的首次游戏编程经历。

目 录

第一部分　移动设备基本原理

第 1 章　Java ME 发展历史

移动信息设备(Mobile Information Device，MID)通常理解为可以手持的计算机。现在人们很熟悉这类设备，例如，手机、iPod、iPhone 和 BlackBerry。所有这些设备都有它们自己的操作系统，但与此同时，它们的开发还要依据国际性组织和公司建立的标准进行。Java 是为这类设备编写程序的流行语言，因为 Java 运行在虚拟机上。Sun 可以为几乎所有的设备创建虚拟机，因此，Java 成为移动信息设备编程的首选语言。对于那些不熟悉 Java 和移动信息设备编程的人而言，本章提供了少许介绍性的说明。这里并不打算全面介绍这一主题，而只是简短概括了 Java 程序设计语言及相关技术的历史，还讨论了移动电话的功能和局限性。

1.1　Java 的由来

1995 年初，Sun MicroSystems 发布了名为 Java 的新软件环境的测试版。在 Java 发布之后的前 6 个月里，软件开发行业中的许多人把他们的时间花在交换恶意玩笑以及关于咖啡豆和印度尼西亚岛的双关语上。不过，这种状况并没有持续很长一段时间，因为“一次编写，随处运行”的口号代替了玩笑和双关语。成千上万的开发人员采用了 Java，而 Java 开始向巅峰迈进。

Java 最早的发展轨迹可以追溯到 20 世纪 90 年代早期，当时 Sun 组建了一个特殊的技术团队(称为 Green Team)，其任务是开发下一代计算技术。在进行了 18 个月的开发后，该团队取得了以下成果：一种手持式家庭娱乐设备控制器，它带有称为 *7 的触摸屏界面。图 1-1 显示了 *7。

不过，他们并没有对使用 *7 或运行它的设备采取什么真正的行动，真正的行动是随着增强 *7 功能的后端技术发生的。开发项目的需求之一是：提供便于低成本开发的健壮、独立于硬件的嵌入式软件环境。

此时，James Gosling 崭露头角。他是一位与 Green Team 协作的加拿大软件工程师，是 Java 的主要设计者。他开始使用 C++ 中一些最好的元素(例如，其常规语法特性和面向对象技术)开发 Java 的基本部分。他排除了诸如内容管理、指针和多重继承这样的特性，致力于开发一种简单、优雅的语言，使开发人员可以快速部署应用程序。

Gosling 的第一个 Java 版本(称为 Oak)运行在 *7 设备上,其特色是开发了人们熟悉的 Java 吉祥物 Duke。Oak 的威力不仅仅体现在其语言设计中,还有大量其他的面向对象语言。Oak 因为其包容一切的特点而凝聚了很高的人气。Gosling 没有创建该语言,而是将其留给其他看着它顺眼的人来实现。Oak 的目标是硬件独立性,在牢记这一点的情况下,他创建了一个完整的软件部署环境。Oak 提供了从虚拟计算机到实用的应用程序编程接口(API)(以及更重要的控制性)的一切特性。

遗憾的是,*7 没有持续很长时间。在固定设备(以及从烤箱到车库开门机之类的设备)上运行程序的理念是有前途的,但并不是真正需要的。人们真正需要的是在 20 世纪 90 年代中期风靡全球的技术:Internet。在很多开发人员(如 Bill Joy、Wayne Rosing、John Gage、Eric Schmidt and Patrick Naughton)的帮助下,Gosling 让 Java 成为一种用于 Internet 的核心编程语言。

图 1-1　Java 起源于 Sun 开发的 *7 设备

Internet 已经成为当今占主导地位的技术。浏览器能够以图像、文本乃至各种硬件上几乎通用的音频形式传送和显示数字内容。服务器可以连接数百万 Internet 用户。Java 证明了程序设计语言的理想:可以同时满足浏览器和服务器的要求。

Web 的目标与 Oak 的目标没有什么不同:提供一种系统,允许编写一次内容,但是可以随处查看它(运行在多种操作系统上)。Oak 旨在允许程序员在不同设备上进行开发。在服务器上运行的程序或者在浏览器中运行的应用程序实际上是同样的事情。Internet 成为一种框架,Oak 软件可以分布在其中并随处部署。

1.2　Java 的成长史

由于 Internet 的需求与 Oak 的设计目标相匹配,不久后就从 Oak 演变出 Java 的使命与描述。Gosling 与 Sun 的团队围绕着可随处部署的语言和平台这一概念开发了许多技术。他们最初的任务之一是:开发与 Java 兼容的浏览器,称为 HotJava(早期的版本命名为 WebRunner,这个名字来源于电影《Blade Runner》)。图 1-2 给出了原始的 HotJava 浏览器。

如果 Sun 谋求通过 HotJava 控制 Internet 并以相同方式发布 Java,那么很快就会发生更好的事情。1995 年 5 月 23 日,Netscape Corporation 同意把 Java 集成进其流行的 Navigator Web 浏览器中,从而为 Java 软件带来了数量空前的用户。

不久以后,来自全世界的程序员如潮水般涌到 Java Web 站点下载新平台。Sun 完全低估了这种平台的普及性,它通过努力增加带宽来应付蜂拥而至的人群。Java 取得了成功。

Java 平台的开发从那时起一直在不断进行。随着时间的推移,它已经扩展到包括大量的技术,例如 JSP 和 XML。界面组件重新编写成 Swing,整个平台进行了扩展,以满足数据库和安全性要求。每个新版本都引入了新的支持技术。

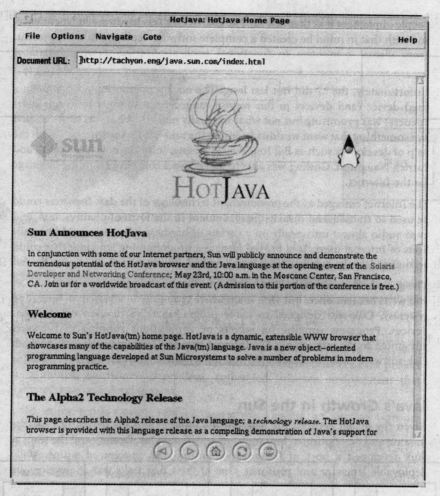

图 1-2 Sun 开发了名为 HotJava 的浏览器，这里显示了原始的 Java 主页

　　尽管 Java 很复杂，但其吸引人的优秀特性之一仍然是 Gosling 最初的设计。它的语法仍然很优雅，开发工作证明：它比许多其他的语言容易得多，编写文档和调试工作也直观得多。

1.3 什么是 Java

　　Java 是一种可编译为字节代码并在虚拟机上运行的面向对象编程语言。在这方面，它与诸如 C 的传统编程语言有所不同。C 编程语言仍然是一种强大的基础语言，但它也是一种过程化编程语言（基于函数）。C++ 是 Java 的面向对象先驱，但是，为了使用 C++ 进行开发，程序员要直接将其代码编译至某一特定的操作系统上（微软已经使用托管 C++ 改变了这种情况）。

　　ANSI 兼容的 C++ 让代码能够相当容易地在操作系统间移植，但程序在操作系统间移植时仍然必须进行编译。使用 Java，程序员既能编译代码也能解释代码。如图 1-3 所示，最初的编译阶段将用户源代码（ ∗.java 文件）转换为一种称为 Java 字节代码的中间语言（ ∗.class 文件）。然后最终的字节码准备在称为 Java 虚拟机(Java Virtual Machine，JVM)的一种特殊虚拟计算机内执行(解释)。

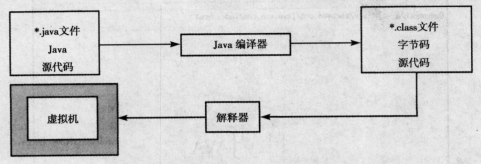

图 1-3   Java 代码经历两个阶段：编译和解释

JVM 是一种执行字节码指令的仿真计算机，充当字节码和实际机器指令之间的协调层。字节码指令由 JVM 在运行时转换为特定机器指令。这样可以让程序员编写一个程序并在不同的操作系统上运行程序，无须进行大量的重写(移植)工作。

通常用于概括 JVM 工作的一句话是"一次编写，随处运行"。如图 1-4 所示，用于 Java 程序的目标平台只需要一个 JVM。Sun 特别为每个平台(或者操作系统)提供了一个 JVM，安装了 JVM 之后，Java 程序就可以在其上运行，而不必在乎开发它的环境。

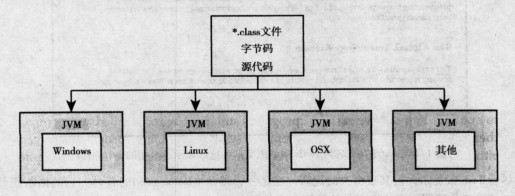

图 1-4   Java 字节码成为一种可在任意 Java 虚拟机上执行的可移植程序

运行 Java 程序仍是基础，而开发一个 Java 程序会涉及更多的工作。用户需要的编程语言不止一种，但只需要一种编程平台。Java 平台由三个重要部分组成：

- Java 开发工具包(Java Development Kit)。
- Java 虚拟机(Java Virtual Machine)。
- Java 应用程序编程接口(Java Application Programming Interface)。

Java 开发工具包(JDK)是对可使用 Java 进行开发的所有工具包的通称。编译器及其相关工具是它的基础。如前所述，JVM 的作用是为基本设备的操作系统提供一种接口。Java API 仅仅是操作系统对 Java 程序的管窥，令 JVM 成为程序代码的裁判员、陪审员和执行者。

Java API 是 Java 类的集合，包括了容器、数据管理、通信、IO 和安全在内的大量功能。有近百种基本类作为 Java API 的一部分。中级开发者提供了上千种 API 的扩展和特殊化。

Java 与 C++

C/C++ 与 Java 之间存在一种重要的联系。C 是 C++ 和 Java 的父语言。James Gosling 使用 C++ 实现了 Java 的最初版本，但他也抓住 Java 的唯一语言模型所给出的机会，修改了它的结构并令其比 C++ 更具程序员友好性。

一项重要的改革涉及内存管理。在实践过程中，Java 阻止用户进入操作系统并告知它预留或以其他方法使用特定机器的内存。这样设计 Java 是因为内存管理最倾向于将一个程序固定在特定操作系统上。Java 提供了关于 Internet 应用程序的一项附加优势：使用 Java 生成的可执行文件保持了运行其上的操作系统的完整性。换言之，例如，当用户在为浏览器开发一个程序时，使用 Java 可以让用户确信，如果某个给定的 Internet 用户打开了一个 Java applet，那么 applet 不会违反用户系统的安全性。

内存管理的主要动作之一涉及保留程序所使用的内存（分配）。一个面向对象程序常常通过生成一个称为对象（类的一个实例）的程序组件来执行这一内存管理任务。例如，在 Java 中，JDialog 类或 JFrame 类允许用户生成对话框和窗口。当这些对象生成后，如果在不再使用它们时没有进行删除，就会降低计算机的性能。Java 用通常称为自动清理或垃圾收集来维护这一动作。当一个对象不再使用时，Java 会为用户进行清理。用户无需像使用 C++ 一样计算并管理对象。

Java 与 C++ 的不同之处还有：

- Java 中没有对源文件的预处理。
- 在 Java 中，接口或头文件（.h）与实现（.cpp）文件之间没有区别，只有一个源文件（.java）。
- Java 内的一切都是类形式的对象。在 C++ 中，用户可以还原为 C 并书写不涉及类的代码，甚至到了创建全局变量的程度。在 Java 中，用户无需定义全局变量（存在于类外部的值）。
- Java 没有类型的自动转换，用户必须显式指出。
- Java 具有简化的对象模型和模式，不支持多重继承、模板或运算符重载。

对于一般的应用程序开发，Java 作为更好的语言远远超过了 C++。但是，C++ 作为服务器端编程语言，在游戏机领域内仍然占据主要地位。C++ 程序的执行比 Java 程序要快得多，而且 C++ 还为程序员提供了对执行和内存的控制。这些能力在某些游戏开发环境中或在性能优化很重要的环境中被证实是非常有用的。尽管如此，为一般企业开发的 Java 应用程序仍然很流行。Java 程序通常运行更好、bug 更少，并且被证实更易于开发和维护。此外，C++ 中没有完全统一的企业或移动开发环境。在这方面，J2EE 平台则是世界上用于端到端企业信息系统的开发标准。

1.4　多种版本

Java 语言已经发展了多年。第一个主要版本，现在称为 Java 2 标准版（Java 2 Standard Edition，J2SE），其目标是 GUI、applet 和其他独立应用程序的开发。几年前，Sun 用 Java 2 企业版（Java 2 Enterprise Edition，J2EE）扩展了 Java 工具包，用于服务器端开发。这一版本包括了用于数据库访问、通信、内容翻译、进程间通信和事务控制的扩展工具。

然而，Sun 并没有止步于此。Sun 急于满足全球每个程序员的要求，把眼光放在手持或便携设备上。Sun 为这些设备所设计的 Java 版本是特定的 Java 2 Micro Edition（J2ME）。Java 的当前版本已经远远超过了最初版本，因此 Sun 通常将其称为 Java ME。

1.5 无所不在的移动信息设备

移动信息设备通常足够小，以至于可以在口袋或钱包中携带。最流行的这些设备有手机、iPod 和 iPhone。Sun 开发出其 Java 虚拟机的特殊版本，允许用户的 Java 程序在这些设备上运行。由于这些设备在每类中都可用，因此解决应用程序部署的虚拟机方法与享受 Internet 的 MID 享有相同的优势。用户可以在一种操作系统上编写应用程序而在许多其他操作系统上进行部署。

便携 Java 程序的目标通常是为用户提供一个接口。设备厂商生产管理游戏、电信或音乐之类事物的操作系统。这些设备的用户可以浏览 Internet、应答一个电话、接收一条文本消息、处理并选择频道或玩游戏。这些设备上的游戏通常相当基本，但随着时间的流逝，由于设备的内存、速度和虚拟机配置文件的改进，嵌入其中运行的软件在复杂度上也不断增加。

一度被认为对于便携设备而言过大的应用程序现在已变成常见的功能部件。关于这点最重要的则是市场对这种转变的巨大需求规模。手机制造商要研究包括几十亿潜在用户在内的市场。手机如此价廉以至于被分配作为电信包的一部分。设备变得无足挂齿，而接口和服务则变得更加重要。手机上的应用通常能应用于所有移动设备。随着硬件变得越来越不重要，软件和服务变得越来越重要。

想像一个每个人从幼年起就拥有一两种移动设备的世界（目前有超过 60 亿人）通常并不是完全不合理的。从一个手机和一个 iPod 开始想像一下。这些设备迟早会合并为一个单独的设备（类似 BlackBerry 或 iPhone），但是在这些设备上运行应用程序的一般市场需求仍然保持不变。

顺便提一下，移动设备通常具有非常特殊并有些谦卑的市场利基者。例如，试想有一台设备负责监控嵌入在一个汽车轮胎内的一台微型发射器的输出，修理工通过按一些按钮就可以查看轮胎的花纹深度和气压。这一基本信息随后通过 Internet 连接反馈到一台 PC 中，在后勤办公室的人就可以监控轮胎的状态。这种技术可以扩展到马拉松赛中跑步运动员的鞋上。如果发射器夹在每只跑动中的鞋里，那么当跑步运动员以给定审计点跑步时，他们的名字和次数就可反馈至一个中央数据库中并显示在网站上。所有涉及的应用程序都可以用 Java 进行开发。所有这些都会涉及 MID 开发。

1.6 微型设备与软件

MID 通常有微型设备之称。如第 2 章所示，随着不同设备的增加，对这些微型设备的支持在扩展。图 1-5 给出若干类型的微型设备。

一般而言，大公司能够（至少在某种程度上）担负得起创建并配置其购买的设备所需的私有开发平台。在大多数情况下，Java ME 为用户提供了使用私有开发平台某些特性的能力。为了使用某些开发平台，用户必须付许可费。在另外一些情况下，用户可以免费地获得软件，但必须使用自己的 Java 代码集成软件模块。

过去的 20 年间，微型设备厂商已经为程序员和其他内容提供商提供了多种工具集以构建软件应用程序。这种开发方法已经获得一定的成功。一般而言，目前的趋势偏向于使用诸如 Java 的公开方法，并且几乎所有的主要设备厂商都竭尽全力与 Java ME 合并。这方面的趋势倾向于硬件和软件的标准化。设备厂商意识到，他们要获得最广阔市场的方法就是要通过 Java 提供的互操作性。表 1-1 列出了专有过程已生效的某些类型。

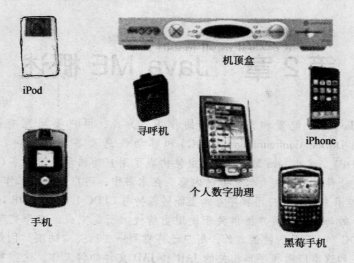

图 1-5　各类微型设备

表 1-1　非 Java 开发工具

工　具	说　明
厂商 SDK	最常见的开发平台最初是设备厂商 SDK（软件开发工具包）或者操作系统（如 Palm、Windows CE 和 EPOC/Psion）SDK。在大多数情况下，开发者使用 C/C++
WAP/WML	WAP（无线应用程序协议）是一种移动设备中使用的标准通信协议，与 HTTP 和 TCP 的用法相似。手机运营商所开发的早期互联网系统使用了 WAP 作为 WML（无线标记语言）的传输，替代 Web 浏览器所使用的更复杂的 HTML（超文本标记语言）。遗憾的是，最终结果一点也不像创办者所承诺的"移动互联网"
Web/HTML	只用于较高级别的设备，Web 有时用作一种内容传递工具。通常在表面上将其修改为适合微型设备的特性
其他中间件	许多厂家也试图创建内容生成微型设备和工具，如 iMode 和 BREW，并取得了不同程度的成功

1.7　小结

　　对于数百万的程序员和遍及世界的分布，Java 是一种非常流行的开发平台。作为一种语言，它易于学习。考虑到 Java 中存在的大量库和其他补充物，精通它对于任何人也许都是不可能的。但是，如果你能够学习如何使用基本的开发环境，不管它是普通的 JDK 或 JDK 的某种特定版本（如 Java ME）那么你就可能在这条路上一直走下去。

　　对 Java 程序员而言，为可能的设备开发软件是关键的开发领域。他们开发的程序通常集中在用户界面上，并且随着接口所部署的设备和设备厂商或服务提供商的目标市场的不同而不同。Java 的一个优点是它允许开发者提供能够在不同设备上进行部署的可移植且安全的软件。

第 2 章　Java ME 概述

本章将研究 Java ME 配置和配置文件的作用。为此，用户要研究有限连接设备配置（Connected Limited Device Configuration，CLDC）和移动信息设备配置文件（Mobile Information Device Profile，MIDP）。这些 Java ME 的补充组件构成了用户为移动信息设备（Mobile Information Device，MID）开发软件时所需的大部分基础内容。在本书中，用户的开发工作将从 CLDC 1.1 和 MIDP 2.0 开始，但用户开发的应用程序基本上能够保持与 CLDC 1.0 和 MIDP 1.0 的向后兼容性。使用较老、较简单的功能能为用户提供关于使用当前技术所能完成的工作更简单、更清晰的观点。除了研究 CLDC 和 MIDP 的特性之外，用户还将看到一些所关心的实际问题，例如，与移动信息设备应用程序和这类应用程序集相关的 JAR 和 JAD 文件如何工作。这些初步知识为后续章节中的工作提供了基础。

2.1　全面的工具箱

MID 编程语言构成了现代软件工业中最有生气的分支之一。需要软件开发的便携设备的数量日益增加。作为一名开发人员，必须要处理设备的这种增长和代表移动应用程序市场特色的广泛功能，还要面对为设备开发硬件的厂商所提供的不同软件开发工具包（SDK）。为某一给定设备的多个版本开发软件是件难事，为完全不同的设备开发软件则更难。

编写软件不是唯一的问题。将软件交付给设备要求一个能够按需安装新软件的平台以及接收新代码的通道。此外，安装后还必须考虑安全问题。

尽管不能说 Java ME 使工作变得简单，但它令工作变得相当简明易懂。不说别的，它为用户提供了大量工作，可令用户完成开发和部署面向设备软件中的大多数工作。尽管用户使用的工具位于不同领域的 Java 开发平台，但它们能在一起合作，让用户以一种完全无缝的方式进行工作。

2.1.1　Java ME 的体系结构

如第 1 章所提到的，Sun 开发了不同版本的 Java 以适应不同的开发环境。从为服务器中应用而设计的企业开发工具到为移动系统开发的工具，每个版本都在 Java 世界中具有了自己的地位。

注意到平台与平台的划分非常模糊是很重要的。Java ME 开发有时要求使用不同的平台。例如，当开发一个多玩家游戏时，用户可以使用 Java ME 开发客户方的设备软件，但在实现后端服务器系统时，也可从 J2SE 和 J2EE 的功能中获益。

如图 2-1 所示，Java 的不同版本适应完全不同的开发设置。三台虚拟机重叠但应用于不同的开发领域。Java HotSpot VM 是 Sun 提供的最广泛的虚拟机，它合并了 Java 的大量版本。压缩虚拟机（Compact Virtual Machine，CVM）和千字节虚拟机（Kilobyte Virtual Machine，KVM）是设计用于在微型设备上提供的有限资源限制内运行的较小的虚拟机实现。

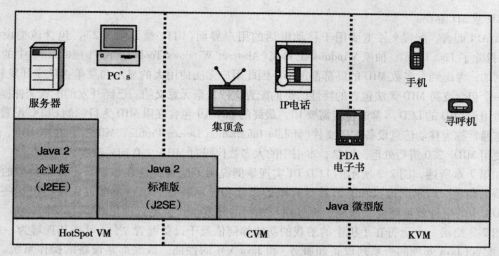

图 2-1 Java 工具包的不同版本适应不同的硬件平台

当 Sun 开发了 Java ME 后，很明显，需要减小较大版本的 VM，以适应移动信息设备。尽管芯片的功率和内存自那以后得到惊人的增长并且可能适应大型的 VM，但是 J2SE 所提供的很多功能即使在复杂的移动信息设备中也不会使用。

Java ME 的设计者根据一种改进了的 Java 体系结构提出了一种解决方案，这种体系结构排除了特定的平台组件，包括处理诸如语言、工具、JVM 和 API 的领域的组件。另一方面，添加了某些组件，其中包括处理特定设备的特性的组件。

2.1.2 配置与配置文件

配置(configuration)定义了设计用于系列硬件设备上的 Java 平台的功能。配置首先对一个给定类型设备所需的服务进行了概念性概述。这些服务代表着 Java VM 可能提供的总服务集合的一个子集。不说别的，一个给定 J2SE 配置可能要求移除或添加下列体系结构特性：

- 不太可能用于开发设备上运行的软件的语言组件。
- 满足用于移动信息设备的硬件要求的特定类型的功能，例如，用于设备族的内存、屏幕尺寸和处理器功率。
- 开发过程中可包括也可不包括在内的 Java 库。

鉴于这些需要考虑的事项，Sun 开发了两种初始配置，以适应移动信息领域。一种连接设备配置(Connected Device Configuration，CDC)，用于轻微受限的设备，如个人数字助理(PDA)和集顶盒(例如，数字 TV 接收器)。另一种被称为有限连接设备配置(Connected Limited Device Configuration，CLDC)，用于一般类型的设备，如寻呼机和手机。

本书介绍了这两种配置，但开始着重介绍在手机上的配置，因此用户主要使用 CLDC 配置进行工作。当然，这两种配置是相互关联的。目前重要的问题是这些配置让用户向前进，确信基本目标平台的功能。在大多数情况下，用户最多可为几个平台进行开发，而不是几百个平台。

配置文件(profile)是对给定类型设备的描述。例如，一台给定设备的配置文件可能是一部电话或者一部 PDA。在很大程度上，配置文件决定了用户使用设备时可用的 API。例如，用户可能在玩 2D 或 3D 游戏。

就 API 而言，配置文件主要用于移动电话的用户界面（UI）（参见图 2-2）。包含该类设备的 CLDC 排除了 Java UI 库、抽象 Windows 工具集（Abstract Windows Toolkit，AWT）和 Swing 中的许多类。例如，考虑到大多数 MID 的屏幕都很小，因此用户无法使用大的显示和菜单选项来开发软件。提供一个包含支持 MID 无法包含的特性的类的配置文件是毫无意义的。已经开发的配置文件提供了一个适用于 MID 的 LCD 屏幕的特定需要 UI，最终的 LCD UI 包含在以 MID 为目标的 CLDC 配置文件中。这通常称为移动信息设备配置文件（Mobile Information Device Profile，MIDP）。在本书中，用户主要使用 MIDP 2.0 进行处理。但是，本书中的大多数代码对 MIDP 1.0 向后兼容。

如第 7 章所述，图 2-2 所示的 LCD UI 实现举例说明了配置文件在添加特定设备类型的功能中扮演的角色。所示的键盘和屏幕具有有限的尺寸和显示特性。当一个配置文件给出这些特性时，API 中的组件就可能受到限制，而且用户执行的开发动作会更合理化。

图 2-3 给出一个运行在手机上的游戏的功能如何依赖于设备配置文件（可将其理解为一组 UI 类）、配置（Java 处理的一系列设备和服务）和 Java VM 的性能。最底部是设备的操作系统。Java VM 与配置相结合，它反过来提供了对配置文件和应用程序层的功能。

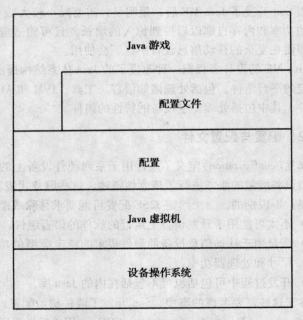

图 2-2　配置和配置文件提供了
为 MID 开发应用程序的上下文

图 2-3　Java ME 由组件层构成

2.2　CDC

连接设备配置（CDC）可视为 Java ME 配置的广义集合，它适用于希望开发的应用程序的用户喜欢命名的几乎所有设备。CDC 适用于较小设备（如电话），也适用于较大设备（如数字电视集顶盒和 PDA）。它包含一个配置文件（基础配置文件）和高性能压缩虚拟机（CVM）。用于 CDC 的

Java 语言实现和 API 具有与 J2SE 基本相同的功能。

由于 CDC 提供的功能比大多数移动电话所需的还多，因此 Sun 提供了有限连接设备配置（CLDC）。在本书中，用户使用 CLDC(1.1)用于所生成的程序。该配置让用户在为 MID 开发应用程序时可以使用一种更小、更方便的 Java 版本。

2.3 CLDC

有限连接设备配置（CLDC）提供了包含移动电话和许多其他设备在内的设备定义，其范围比移动信息设备配置文件（Mobile Information Device Profile，MIDP）更为广泛。要使用它，可以从 Sun 公司下载一个单独的配置包（第 6 章简要讨论了与 NetBeans 相关的 CLDC 包）。过去的几年里，CLDC 的不同版本得到合并。本书使用的是版本 1.1。

版本代表着 Java Community Process(JCP)涉及的企业变换或合作的结果。JCP 提供了一种形式化上下文，一家给定社区的开发者可由此提交关于标准化平台特性的建议，这些被称为 Java 规范请求（Java Specification Requests，JSR）。每个请求集合用一个数字标记。Java Community Process 的 JSR 完整列表可在 http://jcp.org/en/jsr/all 上在线查看。

对 CLDC 1.1 而言，JSR 139 是中心。如果单击第 2.0 节下指向 JSR 139 的链接，会看到包括下列主题在内的讨论：

- 目标设备特征。
- 安全模式。
- 应用程序管理。
- 语言差异。
- JVM 差异。
- 包含的类库。

> **CLDC 规范：** 用于 CLDC 任意给定版本的 JSR 包括来自移动设备业界中许多企业的贡献。例如，考虑负责用于 CLDC 1.0 的 JSR 开发的 Java Community Process 参与者。表 2-1 提供了部分列表。
>
> **表 2-1 CLDC 规范的赞助者**
>
> | | | |
> |---|---|---|
> | 美国在线（America Online） | 布尔（Bull） | 爱立信（Ericsson） |
> | 富士通（Fujitsu） | 松下（Matsushita） | 三菱（Mitsubishi） |
> | 摩托罗拉（Motorola） | 诺基亚（Nokia） | NTT DoCoMo |
> | 甲骨文（Oracle） | Palm Computing | RIM（Research in Motion） |
> | 三星（Samsung） | 夏普（Sharp） | 西门子（Siemens） |
> | 索尼（Sony） | Sun Microsystems | Symbian |

2.4 CLDC 目标设备特性

CLDC 提供了所支持设备的特性描述。CLDC 的每个版本都修改了这种描述以适应日益增加的设备功能或新技术。表 2-2 列出了 CLDC 1.0 规范定义的目标设备特性。这些已经扩展到了

CLDC 1.1。

注意:

用户可能会立刻发现的是 CLDC 的特性没有提及任何输入方法或屏幕需求。这是特定设备配置文件的工作,本书则关注移动信息设备配置文件(MIDP)。配置仅提供核心的 Java 系统需求。

表 2-2　CLDC 目标平台特性[⊖]

特　性	说　明
内存	160~512 KB 皆可用于 Java 平台(可用于 Java 应用程序的最小内存为 128K)
处理器	16 位或 32 位
连接	某种形式的连接,有可能是无线并且断断续续的
其他	低功耗,通常以电池提供动力

2.5　CLDC 安全模式

J2SE 的现存安全系统太大,难以适应 CLDC 目标平台的约束。一个修订的模型去掉了许多特性,而要求很少的资源。CLDC 的安全模型有两个主要的部分。第一部分包括虚拟机安全,第二部分包括应用程序安全。用于 CLDC 的安全模型给出用于本书后面将讨论的应用程序执行模型的某些重要基础。

2.5.1　虚拟机安全

虚拟机安全的目标在于保护基本设备不受可执行代码可能引起的破坏。在正常环境下,在代码执行前完成的字节码验证进程负责这项工作。这个验证进程验证类-文件字节码,确保它可以正确地执行。这个进程最重要的结果是提供对非法指令执行的保护和打断 Java 环境外内存的场景的产生。

对于 J2SE 所使用的标准字节码验证进程需要大约 50KB 的代码空间,最多达到 100KB。尽管在较大系统上它是可忽略的,但它可能会构成许多微型设备上的可用的 Java 内存中的很大一部分。

CLDC 的虚拟机内部的最终验证实现要求大约 10KB 的二进制代码空间,以及至少 100 个字节的运行时内存。

可用资源的减少主要来自于去掉了内存储验证进程中迭代数据流算法。减少的代价是增加了被称为预验证(pre-verification)的额外步骤,必须用于为 JVM 上的执行准备代码。预验证进程向类文件插入了附加属性。

注意:

即使进行了预验证进程,一个经转换的类文件仍然是合法的 Java 字节码,验证程序会自动忽略额外的数据。唯一值得注意的不同之外在于结果文件大约会大 5%。

⊖　更多信息参见 http://java.sun.com/products/cldc/faqs.html。

Java ME 开发环境提供了一个工具执行预验证进程，并且是相当容易的。如图 2-4 所示，重点在于验证进程的资源密集部分在用户（力量超强）的开发 PC（连编服务器）上执行。

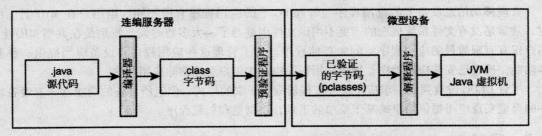

图 2-4　预验证进程降低了用于典型类文件验证的资源

注意：

通常将后验证的类文件称为 pclass。

2.5.2　应用程序安全

前面讨论的类加载器验证进程是相当受限的。它基本上只确保字节码是 Java 编译过程的合法结果。尽管它有用，但需要进一步安全来保护设备的资源。

完整的 J2SE 安全模型对于 CLDC 上的设备而言过大了。为此，CLDC 基于 sandbox 概念合并了一个简化了的安全模型：用户的 Java 代码只能在一个小的受控环境范围内运行。其他任何内容完全禁止运行。

注意：

如果用户进行过 applet 开发（applet 是在 Web 浏览器内执行的 Java 程序），那么用户就已经熟悉了 sandbox 安全的概念。CLDC 实现是类似的。

如图 2-5 所示，用户代码限制了 sandbox 环境中的可用资源。CLDC 定义了一个用户可执行的所有资源列表，也是用户所有能得到的资源。保护也在适当的位置，让用户无法修改构成设备上安装的 API 的基本类——核心类（core class）。CLDC 规范要求对这些类进行保护。

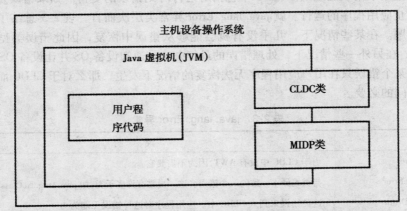

图 2-5　Java sandbox 安全模式在保护设备的同时提供了对核心类的访问

2.6 应用程序管理

管理移动信息设备上的应用程序与管理 PC 上的应用程序有所不同。当用户在 MID 上工作时，常常是没有文件系统概念的，更不用说文件浏览器了。大多数时候，特别是在典型 MID 上，用户仅有有限数量的应用程序空间来存储程序。为了管理这些应用程序，设备应当提供一种基本功能，检查已安装应用程序、加载应用程序以及按用户意愿删除应用程序。

尽管 CLDC 没有强制要求应用程序管理器应当采取的形式，但它所具备的功能意味着设备软件的典型实现应当提供简单的基于菜单的工具，以浏览和加载程序。

2.7 限制

Java 的标准 J2SE 和为微型设备编程所使用的版本之间相当不同。不同之处只与限制有关，而与语法的改变无关。主要领域涉及到收尾和错误处理。

2.7.1 收尾

为了提高性能并降低整体需求，CLDC 省去了自动的对象收尾。如果用户具备 Java 背景，那么应当知道这意味着 CLDC 没有提供 Object. finalize 方法。当在普通环境下使用 J2SE 时，回收站进程对于准备从内存中删除的对象调用该方法。然后用户可以释放所有明确要求用户进行释放的公共资源(如打开文件)。

缺少 Object. finalize 方法并不意味着回收站不运行，而只是回收站进程不调用用户的收尾方法。由于该方法没有提供，因此用户需要依赖于自己的应用程序流来执行一个适当的资源清理进程。总之，这通常是一个良好的实践。资源一旦变得可用，用户就应当释放它们，而不应当将这一过程的时间安排留给回收站众这一所周知的奇怪动作。

2.7.2 错误处理

有些限制应用于错误处理上。CLDC 不包括对运行时刻错误的支持。如果错误发生，那么最好的方法是终止应用程序的运行。就 java. lang. Error 异常类层次而言，表 2-3 总结了一些与错误处理相关的问题。在某些情况下，几乎没有机会能够从错误中恢复，因此错误类型没有包含在 CLDC 列表中。在另外一些情况下，处理错误的最好办法是通知设备 OS 并让设备 OS 从错误处继续运行。如果某个错误只在用户应用程序无法恢复的情况下发生，那么对于 CLDC 而言没有为用户提供对其访问的必要。

表 2-3   java. lang. Error 异常

异　　常	说　　明
java. awt. AWTError	由于 CLDC 中没有 AWT，因为不需要它
java. lang. LinkageError	与类编译不一致的一个错误。这一异常有许多子类，如 java. lang. NoClassDefFoundError
java. lang. ThreadDeath	这类错误未列入 CLDC 中。应用程序对这种错误无能为力
java. lang. VirtualMachineError	这种错误通常是 OutOfMemoryError 和 StackOverflowError 类型。大多数设备无法处理这类错误

2.7.3 新老版本

Java ME 类不包括诸如 java. net. * 层次中可见的连接类。由于当前通信层次中的相关性，因此不包含连接类并没有打破迁移规则。CLDC 包含了一种被称为连接框架(connection framework)的框架用于一种新通信类层次。CLDC 设计的压缩框架就是一种设计。没有内含的类真正实现它。为此，用户可期待配置文件领域。

CLDC 1.1 添加了一些 CLDC 1.0 中未提供的特性，并且提高了某些已有特性。这些特性包含下列:

- 浮点支持。
- 弱引用支持(J2SE 弱引用类的小子集)。
- NoClassDefFoundError 类。
- 属性和方法:
  Boolean. TRUE，Boolean. FALSE
  Date. toString( )
  Random. nextInt(int n)
  String. equalsIgnoreCase( )
  Thread. interrupt( )
- 类 Calendar、Date 和 TimeZone 已经过重新设计，更好地与 J2SE 兼容。
- 最小内存从 160KB 提高到 92 KB。

2.8 JVM 差异

如本章开头简要提到的，Java ME 使用了千字节虚拟机(Kilobyte Virtual Machine，KVM)，它是 Java VM 的限制版本。然而对于 CLDC 而言则是完全可以理解的。排除在 KVM 之外的主要特性如下:

- 弱引用——让用户保持对尚在回收站中对象的引用。
- 反射——运行时"观察"代码的能力。
- 线程组和守护进程线程——高级的线程控制。
- Java 本地接口(Java Native Interface，JNI)——让用户编写自己的本地方法(这对 sandbox 开发并不适合)。
- 用户定义的类加载器。

反射是让用户程序在运行时检查进行运行的代码的 Java 特性。这意味着用户可以检查类、对象、方法和字段中的代码。KVM 不支持任何形式的反射，这也意味着用户不能访问继承其来自反射代码的功能的特性，例如，Java 虚拟机调试接口(Java Virtual Machine Debugging Interface，JVM DI)、远程方法调用(Remote Method Invocation，RMI)、对象串行化和配置文件工具集。

当用户为微型设备开发游戏时，没有大多数这些特性的用户也能进行开发。例如，RMI 可让用户通过网络执行方法。RMI 体现出过于迟钝而难以有效使用。用户可以通过在自己平台上编码一个更简单的系统来完成相同级别的功能。对象串行化对于保存和加载游戏状态非常有用。但是，用户可以毫不费力地进行编码。

尽管也提供了配置文件工具集，但没有配置文件工具仅仅意味着用户无法编写自己的配置文件系统。同样地，用户无法生成自己的调试系统。

用户定义的类加载器是另一个从 KVM 中被省略的特性。这些主要用于重新配置或替代用户提供的类加载机制。不幸地是，如果用户实现一个类加载器并完全绕过安全性，那么 sandbox 安全模式的工作并不非常好。

2.9 CLDC 包和类库

尽管有限制，但 CLDC 仍包括了一个庞大的类库。CLDC 的设计者在决定部署哪个类的时候会面临许多问题。第一个问题是所有事物背后的关键驱动力——资源。它们很少有空闲空间。有些事情必须要进行，而这当然意味着它们无法让所有人都满意。

这还会导致兼容性问题。目标是尽可能相似地保持与 J2SE 库的兼容性。为此，设计者将 CLDC 库划分为两个逻辑类——作为 J2SE 子集的类和为 CLDC 定制的类。

这些类根据库的前缀进行区分。首先是一个基于等价 J2SE 子集类的子集的 Java ME 类。例如，java. lang. String 在 Java ME 和 J2SE 中名字相同，它仅是一个简化版本。CLDC 特定类出现在 java 扩展层次 javax. * 中。这是为那些通常不在 J2SE 中出现的类预留的。

注意：

CLDC 特定类听起来很棒，但在现实中并不存在。CLDC 指定了一组与连接性相关的类，但 CLDC 并没有实现它们的义务，这是配置文件的工作，例如，MIDP。

为了识别为 CLDC 实现的类与 J2SE 实现中的类的异同，用户可以使用下列规则：

- 包的名称对于 J2SE 的对应包必须是唯一的。
- 不能有任务附加的公开或受保护的方法或字段。
- 类和方法的语义不能修改。

为了突出第三点，Java ME 中实现的一个 J2SE 类只能删除方法，而不能添加方法。另外，已有方法的接口（使用和参数）中不能发生改变。

注意：

用户在查看 CLDC 类库时应当注意到，它明显地缺乏一些关键元素，例如，用户界面和对设备特定功能的访问。这是给定设备类型的配置文件所要做的工作。本章后续将讨论关于这些配置文件特定的库。

下面是用于 CLDC 的包列表：

- java. io
- java. lang
- java. lang. ref
- java. util
- javax. microedition. io

下列是某些可用的 CLDC 类列表。如果用户熟悉类的 J2SE 实现，那么要记住，在几个实例中删除了方法。关于详细的列表，请访问 http://java. sun. com/javame/reference/apis/jsr139。

系统类：

- java. lang. Object

- java. lang. Class
- java. lang. Runtime
- java. lang. System
- java. lang. Thread
- java. lang. Runnable
- java. lang. Throwable

输入/输出类：

- java. io. InputStream
- java. io. OutputStream
- java. io. ByteArrayInputStream
- java. io. ByteArrayOutputStream
- java. io. DataInput（接口）
- java. io. DataOutput（接口）
- java. io. DataInputStream
- java. io. DataOutputStream
- java. io. Reader
- java. io. Writer
- java. io. InputStreamReader
- java. io. OutputStreamWriter
- java. io. PrintStream

集合类：

- java. util. Vector
- java. util. Stack
- java. util. Hashtable
- java. util. Enumeration（接口）

类型类：

- java. lang. Boolean
- java. lang. Byte
- java. lang. Character
- java. lang. Class
- java. lang. Double
- java. lang. Float
- java. lang. Integer
- java. lang. Long
- java. lang. Short
- java. lang. String
- java. lang. StringBuffer

数据和时间类：

- Calendar
- java. util. Date
- java. util. TimeZone

异常类：

- java. lang. Exception
- java. lang. ClassNotFoundException
- java. lang. IllegalAccessException
- java. lang. InstantiationException
- java. lang. InterruptedException
- java. lang. RuntimeException
- java. lang. ArithmeticException
- java. lang. ArrayStoreException
- java. lang. ClassCastException
- java. lang. IllegalArgumentException
- java. lang. IllegalThreadStateException
- java. lang. NumberFormatException
- java. lang. IllegalMonitorStateException
- java. lang. IndexOutOfBoundsException
- java. lang. ArrayIndexOutOfBoundsException
- java. lang. StringIndexOutOfBoundsException
- java. lang. NegativeArraySizeException
- java. lang. NullPointerException
- java. lang. NoClassDefFoundException
- java. lang. SecurityException
- java. lang. VirtualMachineException
- java. util. EmptyStackException
- java. util. NoSuchElementException
- java. io. EOFException
- java. io. IOException
- java. io. InterruptedIOException
- java. io. UnsupportedEncodingException
- java. io. UTFDataFormatException

错误类：

- java. lang. Error
- java. lang. NoClassDefFoundError
- java. lang. VirtualMachineError
- java. lang. OutOfMemoryError

如本章前面所述，CLDC 没有为特定应用程序提供用户界面组件。用户界面组件是设备特定的。为它进行的软件实现可通过配置文件（profile）来完成。移动信息设备配置文件（Mobile Information Devices Profile，MIDP）规范指定了一个目标平台，能够服务各种范围的手持设备，特别是移动电话。移动信息设备配置文件 2.0（MIDP 2.0）为用户提供了本书中可直接使用的程序包集合。用户使用 MIDP 2.0 可以实现 MIDlet 类，其中，用户因此可以通过一个设备仿真器，将这些工具用作 Java 无线工具集（Java Wireless Toolkit）和其他开发辅助工具。

2.10.1　目标硬件环境

某些目标设备的特性会受到极大的限制。屏幕很小并且内存仅仅勉强够用。在某些情况下，CPU 执行得相当慢。另一方面，最近超过这一最小规范对于 MID 而言变得更为普遍。其中，近些时候的设备具备相当大的彩屏、更多的 RAM、扩展的 I/O 功能以及下一代网络互连。

用户在强大设备上以某种方法开发游戏超越了设计范围，进入曾经为控制台和 PC 预留的领域，但是，对于有限制的资源而言，提前做计划仍然是个好主意。即使在低端硬件上，用户仍然可以开发一些很棒的游戏。表 2-4 给出了推荐的最小 MIDP 设备特性。

表 2-4　设备特性

特　性	说　明
显示器	使用近似 1∶1 的长宽比（像素形状），每位色彩 96×54 像素
输入类型	单手键盘或袖珍键盘（类似于普通电话上的键盘） 双手 QWERTY 键盘（类似 PC 键盘）触摸屏
内存	128 KB 永久性存储器用于 MIDP 组件 8 KB 永久性存储器用于应用程序生成的持久数据 32 KB 易失性存储器用于 Java 堆栈（运行时内存）
网络互连	双向无线连接，有可能是间断的 通常是相当有限的带宽

2.10.2　目标软件环境

与目标硬件环境类似，控制 MIDP 的软件在功能和能力上会相当重要。在较高端市场中，MID 与小 PC 类似，而在低端市场中，某些组件则未提供，如文件系统。作为 MID 各种描述的结果，MIDP 规范规定了基本的系统软件功能。表 2-5 列出了这些功能的绝大部分。

表 2-5　软件特性

特　性	说　明
内存	访问永久性存储器的一种形式（用于存储类似于玩家名字和最高分等内容）
网络互连	足够的网络互连操作以易于 MIDP API 的通信元素
图像	显示某些形式的位图的能力

特　　性	说　　明
输入	在用户输入上捕捉并提供反馈的一种机制
内核	能够处理中断、异常和某些形式的进程调试的基本操作系统内核功能

注意：

易失性存储器也被称为动态内存、堆栈内存或者RAM。它仅在设备电源打开时保存数据。非易失性存储器被称为永久内存或静态内存。它主要使用ROM、闪存或电池备份SDRAM，即使在设备电源关闭后也能存储信息。

MIDP规范： 与CLDC类似，移动信息设备配置文件（JSR 37）的开发工作曾是Java Community Process专家组的组成部分。表2-6列出了规范计划中涉及的某些企业。

表2-6　MIDP规范赞助商

美国在线（America Online）	Bull	DDI
爱立信（Ericsson）	Espial Group, Inc.	富士通（Fujitsu）
Matsushita	三菱（Mitsubishi）	摩托罗拉（Motorola）
NEC	诺基亚（Nokia）	NTT DoCoMo
Palm Computing	RIM（Research In Motion）	三星（Samsung）
夏普（Sharp）	西门子（Siemens）	索尼（Sony）
Sun Microsystems	Symbian	Telcordia Technologies

2.11　MIDP 包和类库

MIDP可以为用户很好地锁定MID的硬件特性，但与描述硬件相比，它能更好地开发应用程序。MIDP还提供了Java ME移动软件解决方案的实质——库。

MIDP库提供了特别为在MID上进行开发的特性所设计的工具，其中包括对下列程序包的访问：

- java. io
- java. lang
- java. util
- javax. microedition. io
- javax. microedition. lcdui
- javax. microedition. lcdui. game
- javax. microedition. media
- javax. microedition. media. control
- javax. microedition. midlet
- javax. microedition. pki

- javax. microedition. rms

从第 7 章开始，读者会看到对 API 详细内容的回顾。现在在这里列出了可用的某些类。列表提供了 MIDP 2.0 的汇总。关于 MIDP 2.0 的完整列表，请参见 http://java. sun. com/javame/reference/apis/jsr118/index. html。

一般实用程序：

- java. util. Timer
- java. util. TimerTask
- java. lang. IllegalStateException

语言和类型类：

- java. lang. Byte
- java. lang. Character
- java. lang. Double
- java. lang. Float
- java. lang. Integer
- java. lang. Long
- java. lang. Math
- java. lang. Runtime
- java. lang. Short
- java. lang. String
- java. lang. StringBuffer
- java. lang. System
- java. lang. Thread
- java. lang. Throwable

用户界面类：

- javax. microedition. lcdui. Choice（接口）
- javax. microedition. lcdui. CommandListener（接口）
- javax. microedition. lcdui. ItemStateListener（接口）
- javax. microedition. lcdui. Alert
- javax. microedition. lcdui. AlertType
- javax. microedition. lcdui. Canvas
- javax. microedition. lcdui. ChoiceGroup
- javax. microedition. lcdui. Command
- javax. microedition. lcdui. DateField
- javax. microedition. lcdui. Display
- javax. microedition. lcdui. Displayable
- javax. microedition. lcdui. Font
- javax. microedition. lcdui. Form
- javax. microedition. lcdui. Gauge

- javax. microedition. lcdui. Graphics
- javax. microedition. lcdui. Image
- javax. microedition. lcdui. ImageItem
- javax. microedition. lcdui. Item
- javax. microedition. lcdui. List
- javax. microedition. lcdui. Screen
- javax. microedition. lcdui. StringItem
- javax. microedition. lcdui. TextBox
- javax. microedition. lcdui. TextField
- javax. microedition. lcdui. Ticker

应用程序类：

- javax. microedition. midlet. MIDlet
- javax. microedition. midlet. MIDletStateChangeException

记录管理类：

- javax. microedition. rms. RecordComparator（接口）
- javax. microedition. rms. RecordEnumeration（接口）
- javax. microedition. rms. RecordFilter（接口）
- javax. microedition. rms. RecordListener（接口）
- javax. microedition. rms. RecordStore
- javax. microedition. rms. InvalidRecordIDException
- javax. microedition. rms. RecordStoreException
- javax. microedition. rms. RecordStoreFullException
- javax. microedition. rms. RecordStoreNotFoundException
- javax. microedition. rms. RecordStoreNotOpenException

网络互连类：

- javax. microedition. io. Connection（接口）
- javax. microedition. io. ContentConnection（接口）
- javax. microedition. io. Datagram（接口）
- javax. microedition. io. DatagramConnection（接口）
- javax. microedition. io. HttpConnection（接口）
- javax. microedition. io. InputConnection（接口）
- javax. microedition. io. OutputConnection（接口）
- javax. microedition. io. StreamConnection（接口）
- javax. microedition. io. StreamConnectionNotifier（接口）
- javax. microedition. io. Connector
- javax. microedition. io. ConnectionNotFoundException

游戏类：

- javax. microedition. lcdui. game. GameCanvas

- javax. microedition. lcdui. game. Layer
- javax. microedition. lcdui. game. LayerManager
- javax. microedition. lcdui. game. Sprite
- javax. microedition. lcdui. game. TiledLayer

2.12 MIDP 2.0 游戏包

本书的重点是使用 MIDP 2.0 中包括的类。对游戏开发者而言，MIDP 的最大优点之一是 Game 程序包（详细内容请见表2-7）。表2-7 提供了 Game 程序包的汇总。构成 Game 程序包的类随后将更详细地进行讨论，但在这一上下文中，要适当注意到它们强调了某些基本并重要的编程动作。特别地是，用户能够容易地实现诸如着色、对游戏事件的消息处理、分层、冲突检测和转换等这样的事务。GameCanvas 类特殊化了 Canvas 类。Sprite 和 TiledLayer 类是 Layer 类的特殊化。

表2-7 游戏包类

类	说　　明
GameCanvas	该类允许用户设计游戏的基本用户界面。它提供了各种特性，例如，缓存和查询功能
Layer	用户可以使用 Layer 对象表示 Sprite 或 TiledLayer 对象。它允许用户使用与位置、大小和这些类的可见性相关的属性。这是一个抽象类
LayerManager	该类可让用户控制用户对游戏的可见内容。它提供了用于着色的全面服务并允许用户控制若干个 Layer 对象
Sprite	Sprite 是一个具有动画特性的 Layer，通常会涉及一组具有相同尺寸的图形帧。Image 对象提供帧。一般而言，帧连续地显示，但 Sprite 类也允许它们以任意方法显示。除了显示帧外，Sprite 类提供了用于翻转和旋转图像以及检测冲突的方法
TiledLayer	TiledLayer 对象提供了 Image 对象的一种替代或扩展。TiledLayer 对象提供了单元格阵，而不是在单独的扩展区域存储图像。每个单元格显示由一个单独 Image 对象提供的若干图像之一

2.13 MID 应用程序

一般而言，编写用于在移动信息设备执行的 Java 程序被称为 MIDlet。显而易见，这个名字是"applet"的双关。MIDlet 遵循某些关于其运行时环境和封装的规则。下几节提供了对这些主题的一般讨论。第4章详细介绍了如何使用 JAR、JAD 和其他文件进行工作。

为了开发一个 MIDlet，除了包含了 MIDlet 类实现的 Java 文件外，用户还使用一个清单（manifest）文件和一个 JAR 文件，与使用所有 Java 应用程序相同。用户将它添加到一个 Java 应用程序描述符（Java Application Descriptor JAD）文件中。当用户使用 MIDlet 时，JAD 提供了一些扩展的配置选项。用户使用 JAD 文件来正式识别一个或多个 MIDlet，以便包括在用户应用程序中。

当用户在应用程序中包括了一个或多个 MIDlet 时，可以生成一个 MIDlet 套件（MIDlet suite）。在开发集合时，用户可能会看到 MID 显示区域中显示的集合里的每个 MIDlet。每个 MIDlet 都可作为一个单独的程序执行。除此之外，用户可以使用集合设置显示值。第4章提供了一个如何实现一个单独的 MIDlet 和一个 MIDlet 套件的简单示例。

2.13.1 MID 运行时环境

MIDlet 执行的开始和终止由设备的内嵌应用程序管理器控制。为此，应用程序管理器必须访问下列资源：

- 提供 MIDlet 的 Java 文件。
- MIDlet 描述符文件的内容。
- 可用作 CLDC 和 MIDP 库的类。

就应用程序的封装而论，JAR 文件应当包含运行应用程序所需的所有类以及所有的资源，例如，图像文件和数据。为了设置应用程序执行选项，用户在纯文本 MIDlet JAD 文件内部命名属性。JAD 允许用户多次包括一个给定的 MIDlet 或者在用户装配一个 MIDlet 套件时删除一个 MIDlet。

2.13.2 MID 套件打包

如前所示，一个 MIDlet 应用程序一般采取 JAR 文件的形式。该 JAR 文件应当包含用户应用程序所需的所有类和资源文件。它还应当包含一个名为 manifest.mf 的清单文件。

清单是一个包含以逗号分隔的属性 – 值关联对的文本文件。下面是一个属性 – 值关联对的示例：

```
MIDlet-1: TestProps1,,test.TestProps2
```

如果用户的清单文件包含关于多个 MIDlet（一个 MIDlet 套件）的信息，那么用户应当使用 MIDlet – <N> 属性来指定关于包内每个单独 MIDlet 的信息。下面是一些示例：

```
MIDlet-1: TestProps1,,test.TestProps2
MIDlet-2: TestProps2,,test.TestProps2
```

逗号后的第一个参数识别 MIDlet 的名字。第一个参数是可选的，用于识别与 MIDlet 相关的图标。第三个参数为 MIDlet 命名类文件。一般而言，用户的程序包拥有一个应用程序。表2-8 列出了一个清单文件中包括的必需和可选的属性。

表 2-8　MIDlet JAR 清单属性

属　　性	说　　明
必需属性	
MIDlet – Name	MIDlet 套件的描述性名称
MIDlet – Version	MIDlet 套件的版本名称
MIDlet – Vendor	应用程序的所有者/开发者
MIDlet – <n>	集合中每个 MIDlet 的名字、图标文件名和类。例如： MIDlet-1: SuperGame, /supergame.png, com.your.Super-Game MIDlet-2: PowerGame, /powergame.png, com.your.Power-Game
MicroEdition – Profile	执行该集合中 MIDlet 所需配置文件的名称。该值应当与系统属性 microedition.profiles 的值完全相同。对于 MIDP 版本 1 而言，可使用 MIDP-2.0

（续）

属　　　性	说　　　明
必需属性	
MicroEdition - Configuration	执行该集合中 MIDlet 所需配置的名称。使用系统属性 microedition. configuration 中包含的精确名称，例如，CLDC – 1.1
可选属性	
MIDlet - Icon	作为识别该 MIDlet 套件的图像的一个 PNG 图像名
MIDlet - Description	向潜在用户描述套件的文本
MIDlet - Info - URL	指向关于套件的进一步信息的 URL
MIDlet - Jar - URL	可以下载 JAR 的 URL
MIDlet - Jar - Size	JAR 的字节大小
MIDlet - Data - Size	MIDlet 所需非易失性内存(永久存储器)的最小字节数。默认值为零

除了表 2-8 中列出的内容，用户还可以向清单文件中添加自己的属性。唯一的规则是不能使用 MIDlet – 做前缀。另外，要记住属性名必须完全匹配，包括大小写在内。

读者可能想知道 MIDlet – Jar – URL 属性的用处是什么。如果清单文件必须包括在一个 JAR 中，那么当用户显然必须要让 JAR 首先知道 URL 时，为何费劲让 URL 去下载 JAR？答案涉及 Java 应用程序描述符。

用户在自己的清单文件中无需拥有 JAR 属性，它有望在 JAD 文件(将在下一节中讲述)中使用。属性位于列表中，因为清单文件也充当用于 JAD 内部未包含的所有属性的默认项。MIDP 的规范创造者选择为清单和 JAD 文件生成一个单独的属性集合。这是件合理的事情，但我在第一次读到规范时仍然感到困惑。

提示:

> MIDlet 版本号应当遵循标准 Java 版本化规范，它本质上规定了 Major. Minor［. Micro］的格式，例如，1. 2. 34。一种方法是使用主版本来标示重要的功能变化、用次版本标示次要特性和主要的 bug 修正、用微版本标示相对次要的 bug 修正。

下面是一个清单文件的示例:

```
MIDlet-Name: Super Games
MIDlet-Version: 1.0
MIDlet-Vendor: Your Games Co.
MIDlet-1: SuperGame,/supergame.png.com.test.SuperGame
MIDlet-2: PowerGame,/powergame.png.com.test.PowerGame
MicroEdition-Profile: MIDP-1.0
MicroEdition-Configuration: CLDC-1.0
```

再次强调，要注意文件的这一类型的实践示例在第 4 章中提供。这里的讨论意在仅提供一种概念性的框架。

2.13.3　Java 应用程序描述符

除了清单文件和 JAR 文件外，用户还要使用 Java 应用程序描述符（Java Application

Descriptor，JAD）。这种文件允许用户不实际下载整个文件即可查看 MIDlet JAR 的详细内容。应用程序描述符文件包含的属性与在清单文件中描述的几乎相同，并且与 JAR 文件独立存在。图 2-6 给出 MIDlet 套件的所有组件与一个 JAD 文件之间的关系。

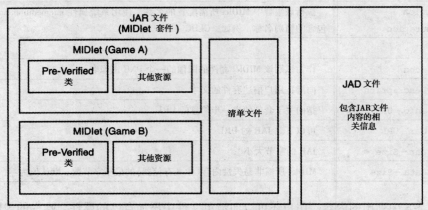

图 2-6　一个 JAR 文件列出了多个 MIDlet 应用程序及其资源，
而且为描述详细内容包括了一个清单和 JAD

　　JAD 和清单文件之间存在紧密联系。可以将 JAD 看作是清单文件的迷你版本。下列属性值在两种文件中必须相同，否则 MIDP 应用程序管理器会拒绝 MIDlet 套件：

- MIDlet-Name
- MIDlet-Version
- MIDlet-Vendor

对于所有其他属性，JAD 文件中的值要优先考虑。

下面是一个 JAD 文件的示例：

```
MIDlet-1: HelloMIDletWorld, , net.test.HelloMIDlet
MIDlet-Description: HelloMIDlet
MIDlet-Jar-URL: helloMIDlet.jar
MIDlet-Name: Hello MIDlet World
MIDlet-Permissions:
MIDlet-Vendor: home.net
MIDlet-Version: 2.0
MicroEdition-Configuration: CLDC-1.0
MicroEdition-Profile: MIDP-2.0
MIDlet-Jar-Size: 3201
```

　　JAD 示例和清单示例之间的主要区别在于两个 MIDlet-Jar 属性的包含。应用程序管理器使用这些属性能够确定为用户游戏下载和设备存储需求。

2.14　MIDP 2.0 和 MIDP 1.0

　　如第 4 章所述，本书使用 JDK 1.6.x 和 MIDP 2.0。随着 MIDP 2.0 的发布，Sun 添加了重要的功能。本书前面给出的示例向后兼容 MIDP 1.0。但是，随着章节的递进，功能也会增加，因此某些代码无法向后兼容。表 2-9 给出 MIDP 2.0 中某些在之前版本中未包含的特性概述。

表 2-9　MIDP 2.0 的特性

类　　别	特　　性
联网	支持 HTTPS 传入的数据现在可以"唤醒"MIDlet
音频	播放多种音调(MIDI)和 WAV 示例
界面	改进的布局工具 更好的位置控制 新控件，包括构建自己控件的能力
游戏	支持图形图层 增强的画布工具 将整型数组用作图像 PNG 图像透明度
安全	改进的基于权限的安全系统

MIDP 2.0 中的类扩展了对音质、透明图像(默认的)以及面向游戏的 API 的支持。除此之外，对于 MIDP 2.0 兼容的设备，硬件需求的限制更少。用户的应用程序目前可以大至 256 KB(从 128 KB 增起)，而可用的运行时内存目前可达 128 KB(从 32 KB 增起)。这是个好消息，因为内存容量，特别是包的大小，是 MIDP 1.0 的致命限制。

使用 MIDP 2.0 和 CLDC 1.1(都在本书中使用到)，用户将获得浮点支持。一般而言，大多数设备用户希望看到的功能都必须使用 MIDP 2.0(和 CLDC 1.1)才能获得，这就是从第 4 章起开始使用 CLDC 1.1 和 MIDP 2.0 的原因。即使用户开发的功能受到向后兼容性的限制，用户仍然能够在有利的位置上开发更高级的特性。

2.15　小结

本书概述了 Java ME 的源起、设计和内部工作原理。读者可以看到，CLDC 和 MIDP 规范提供了坚实的基础，使用户能够有把握为 MID 开发游戏。本章还向读者简要介绍了对于应用程序编程人员可用的某些工具。此外，本章还略微谈到使用 Java ME 时不可用的 Java 组件。

CLDC 和 MIDP 平台的不足之处在许多方面也很明显。内存、处理器、网络互连和图像功能限制了用户对"big box"游戏的开发动作。这就是对微型设备和对 PC 或控制台编程之间的真正差异所在。但是，随着设备功能的提高，CLDC 和 MIDP 的较新版本加入了这些功能。

第3章 支持 Java ME 的设备

在第2章中，读者研究了 Java 为移动信息设备(MID)提供的某些工具。如果读者对 MID 的软件开发毫无经验，那么要记住这种设备的数量和种类都非同寻常。许多企业都正在开发这种设备，而每家企业都提供了许多在可支持特性上差异极大的特定类型的设备。在这种类型的书中，是不可能谈到很多关于 MID 的会话点。要了解详细内容，必须访问各种互联网站点。本章给出了一些这样的站点并提供了某些基本词汇，读者可用于对互联网上找到的信息进行比较并吸收。

3.1 MID 概述

要了解过去几年间具有 MID 市场特征的设备类型，可以从考虑价格的角色入手。低价 MID 已经开始占领市场。价格越高的 MID 提供越多的特性，但无法普及。诺基亚 3410 可能是公认的典型低端设备。低端设备提供的屏幕大小、分辨率和内存有限。高端设备的示例有 Nokia Series 60 和 Series 90 以及索尼爱立信 P800/P900。更多的昂贵设备提供了相当大的屏幕、相对大的内存和更快的处理器。接下来的一些章节对诺基亚、索尼爱立信和摩托罗拉等企业提供的一些设备进行了讨论。

> **提示：**
>
> 在本书的上下文中，开发从介绍受 Java ME 支持的设备开始。为了知道哪些设备是受 Java ME 支持的，可以参见 http://wireless.java.sun.com/device。该网页列出了数百种设备。尽管没有列出全部的设备，但它仍是了解受 Java ME 支持的设备的数量和种类的良好起始点。

3.2 诺基亚

作为 MID 最大的制造商之一，诺基亚代表了全球 MID 用户群的很大一部分，因此花一点时间去了解诺基亚产品是值得的。介绍诺基亚产品信息的网站是 http://forum.nokia.com。尽管诺基亚提供了许多不同的电话模型，但其设备都包含在表 3-1 所列出的种类中。

表 3-1　诺基亚 Series 设备

平　台	屏　幕	类　型	输入使用
Series 30	96×65	单色/彩色	单手
Series 40	128×128	彩色	单手
Series 60	176×208	彩色	单手
Series 80	640×200	彩色	双手
Series 90	640×320	彩色	双手

令所有模型都遵循某一给定平台为开发者提供了一种便捷的框架。用户可以为某一特定平台开发游戏，并且确保它能够在所有遵循这一系列的规范的电话上运行。下面几节进一步讨论了表3-1 中提到的某些平台。

3.2.1 Series 30

当用户检查诺基亚设备时，通常会查看 Series 30 的参考，但 Series 30 在某些方面已经被取代。Series 30 设备曾经占据了诺基亚的大众市场。其价格原因导致了它的成功，并且证明了低价是获得大众市场的关键。

节省通常意味着特性相对少。最初的 Series 30 手机都是单色的(2 位灰度级)，最大 MID JAR 大小为 30 ~ 50 KB，堆栈内存大约为 150 KB。在后续的版本中，Series 30 手机提供了 96 × 65 像素和一块 4 096 色的屏幕。JAR 大小增长为 64 KB。所有使用常规手机键盘的 Series 30 手机都如图 3-1 所示。图 3-2 给出了更高级的版本 3510i。

图 3-1　低端诺基亚 3410 提供了 96 × 65　　　图 3-2　诺基亚 3510i(Series 30 的第二代)
　　　的单色屏幕和最大 50 KB 的 JAR 尺寸　　　　添加了彩色屏幕和 64 KB 的 JAR 尺寸

提示：

　　尽管诸如 Series 30 的低端设备限制了用户的使用，但对游戏开发而言，将这种设备作为工具是很重要的。尽管低端设备相对于类似 JAR 大小等事物而言选择有限，但由于它们的低价而占领了大量市场，因而是有益的。当占据了大量市场后，用户开发的游戏就获得了更广泛的可见度，从而导致更多的可能性，例如，重新开发更多的相关版本。

3.2.2   Series 40

诺基亚 Series 40 中设备构成了所谓的 Java ME 游戏中心地带。这一系列中的设备占据了 Series 30 设备曾经占据的市场。它们保持了低价格并相当流行，而且提供了足够的能力执行有趣的游戏。对 Java ME 开发者而言，它们已经成为最广受支持并且具有针对性的手机类型之一。

> **提示：**
>
> 不同手机模型的细节可能不同。对诺基亚产品而言，可参见诺基亚论坛（http://www.forum.nokia.com）。在那里，读者会详细地找到关于诺基亚当前支持的平台中设备功能信息。键盘特性、分辨率、内存和大量其他特性构成了一种设备的全部描述。

Series 40 设备具有 128×128 像素、4 096 色的屏幕。它们支持的最小 MID JAR 大小为 64 KB，堆栈内存为 200 KB。有些设备超过了这些功能。输入设计可能各有不同，如图 3-3 和图 3-4 所示。诺基亚 3300（图 3-3）是一种涉及到形状特性（form feature）的设备。形状特性指为移动设备机壳提供与众不同的外观和操作特性的任何设计特性。形状特性通常不会超出设备外观，但使用不同的 I/O 特性，形状特性肯定能够影响操作设备的方式。诺基亚 3300 已经在市面销售，并带有允许用户获取音乐和与 PC 交互的程序包。

与形状特性相反，设备常常以为之设计的外观为特征。外观（skin）仅涉及到赋予给定手机特色的颜色和样式。要了解任何给定手机或设备售出时所带的各种外观，可访问 http://www.skinit.com。在这方面，诺基亚 6820 代表标准的形状特性，但保持了大量可选择的外观（参见图 3-4）。

图 3-3   富有创造性的诺基亚 3300 具有与众不同的外形，但它仍然遵循 40 规范

图 3-4   诺基亚 6820 是一款经典的 Series 40 设备

3.2.3   Series 60

诺基亚 Series 60 是诺基亚提供的高级设备之一的典型示例。标准屏幕尺寸增大至176×208。色深开始达到 12 位（4 096 种）颜色。JAR 大小为 4MB。堆栈内存也大大提高，达到 1MB 以

上。这一平台中的设备包括 3600、3650(如图 3-5 所示)、6600、7650 以及 N-Gage。

图 3-6 显示了一种 N – Gage 设备。N – Gage 设备完全与游戏(或游戏卡)相关联并且在市场上是主要作为游戏设备销售的,允许用户访问可下载的游戏。像 http://www. n – gage. com/ 这样的站点允许查看与 N – Gage 文化相关联的游戏和活动。

图 3-5   诺基亚 3650 是一款   图 3-6   诺基亚 N – Gage 是一种通常与游戏文化相关联的设备

经典的 Series 60 设备

3.2.4   Series 80

诺基亚 Series 80 设备是各种平台的较高端设备。它们适用于个人数字助理(PDA)。如图 3-7 所示,这种设备能够折叠。可折叠的设备曾被称为双折叠设备。除了其他事项之外,折叠设备考虑到更大的屏幕,图中所示设备上的屏幕为 640×200。另一方面,它的键盘是小 QWERTY 键盘。这种设备的 JAR 大小为 14 MB 以上。

注意:

> QWERTY 键盘与标准手提式电脑上的键盘相同。这类键盘可追溯到十九世纪,以按键的位置命名。起初,打字机的键是按字母序进行排列。QWERTY 键盘的字母排列支持高效击打。这对 MID 而言很重要,因为许多充当字典和设计者的设备都使用按字母排序的键盘。

如前所述,较高端设备占领的市场较小。为此,开发者常常喜欢为较低端设备进行开发,然后将其软件移植到较高端设备上。显而易见的是,从较高端设备向较低端设备移植是不实际的。图 3-7 给出一款 Series 80 设备。

3.2.5   Series 90

诺基亚 Series 90 设备也适用于 PDA,但是,它们与 Series 80 设备不同,它们没有键盘,而是让用户使用笔来输入数据。尽管这样会增加对输入笔的需求,但它也意味着 Series 90 设备更小。经典的 Series 90 设备提供了 640×200 的 16 位(65 536 色)显示屏并具有 64 MB 的 MIDlet。与 Series 80 类似,Series 90 设备的市场更加有限。成本是主要的限制因素。图 3-8 给出一款 Series 90 设备。

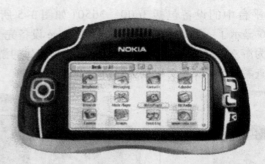

图 3-7 诺基亚 9290 提供了一个
QWERTY 键盘和一个手机小键盘

图 3-8 诺基亚 7700 提供了各种程序

3.3 索爱

爱立信大量研究了移动通信技术。索尼则以许多通常涉及软件打包和设计优势的其他方面闻名。索尼与爱立信联合推出了多款强力支持 Java ME 的手机。有关索爱（Sony Ericsson）的开发细节，请访问 http://www.sonyericsson.com/developer。如果单击网站上的 Phone 标签，可以看到几十款主要设计作为手机的索爱设备的特征图像库。下面几节将介绍几款这类设备的细节。

3.3.1 K310

索爱手机和设备按 D、J、K、W 和 Z 系列排列。系列描述了从屏幕分辨率、键盘和内存大小到各种其他重要事项的功能之间的不同。索爱 K310 设备允许在 128×160 像素屏幕上查看、存储和共享图像。它提供了电子邮件支持、互联网浏览和大约 15 MB 的存储器，其 JAR 容量没有限制，但要依赖于可用的存储器。图 3-9 给出了 K310。

3.3.2 索爱 Z520

索爱 Z520（如图 3-10 所示）有两块显示屏。主屏的分辨率为 128×160 像素，它提供了 16 MB

图 3-9 索爱 K310 常常与 T616 进行比较，
并且与大量附加软件相联系

图 3-10 索爱 Z520 提供了许多高端特性
（图像来源：http://www.gsmarena.com/）

的内存。机壳上的第二块屏分辨率较低，能够显示时间和其他文本数据。这类设备为用户提供了使用静态图像或视频图像的能力。这类功能代表了相当标准的特性。给定增大的内存和加大的屏幕功能，Z520 可适用于 3D 游戏开发。

3.4 摩托罗拉

摩托罗拉提供了许多种类的设备，以 A、E、I、T、V 和其他组进行分类。要查看这些设备，可访问 http://developer. motorola. com/并单击 Handsets。如果再单击 View All，那么能看到几十种摩托罗拉支持的设备。这些设备中的大多数都支持 Java ME。当进入网站并登录后，用户可以使用 API 过滤设备：Java ME 选项，然后选择 CLDC 1.0 或 MIDP 2.0。

注意：

摩托罗拉提供了一种称为 Motodev Studio 的开发包。这种集成了开发环境(Integrated Development Environment，IDE)的设计类似于 Eclipse，这是一种对于 Java 和其他开发者流行的 IDE。在某些情况下，Java 版本对 Motodev Studio 不可用，但在它可用的地方则提供了为摩托罗拉设备快速实现软件的方法并允许用户使用 Java ME。

3.4.1 摩托罗拉 A830

摩托罗拉的开发者网站上的其他特性之一是用于诸如 A830 等设备的 PDF 格式的规范表，如图 3-11 所示。该设备提供了 1 MB 的存储器。最大压缩 JAR 大小为 100 KB。显示屏分辨率为 176 × 220 像素。

图 3-11 摩托罗拉 A830 是中档 MID 代表   图 3-12 摩托罗拉 iDEN i85s

3.4.2 iDEN 手机

所有拥有以 i 打头的型号码的摩托罗拉手机都在 iDEN 范围内，从较低的 i85s 开始。它提供了 119 × 64 单色屏幕和 50 KB 的 MIDlet。与大多数低端 iDEN 手机相同，其内存被限制为 256 KB。

图 3-12 给出了摩托罗拉 iDEN i85s。

　　图 3-13 所示的 i730 是略高级的 iDEN 设备，它包括一个 130×130 的 16 位彩屏，并且能够使用 500 KB 的 MIDlet。

3.4.3   摩托罗拉 E550

　　作为摩托罗拉设备的最后一个示例，图 3-14 给出了 E550。该设备提供了带有 176×220 分辨率的主屏幕，其最大 MIDlet 大小为 100 KB，MIDlet 最高可达 5 MB。

图 3-13　摩托罗拉 iDEN i730 在某些方面
是非常普通的，但由于其价格而广受欢迎

图 3-14　摩托罗拉 E550 提供了主屏和次
屏，并且支持 5 MB 内存

3.5   小结

　　用户可以使用 Java ME 为多种设备开发软件（游戏）。诺基亚、索爱和摩托罗拉提供的设备代表了这类设备中重要但决不完整的概观。在每个示例中，要理解一款给定设备得到开发的原因，最好的起始点就是价格。低端设备常常提供有限的功能，但由于它们是低端设备，因而常常获得更大的市场。较高端设备在某些方面代表了更高的规范，但也提供了更高的屏幕分辨率和更多的输入选项。

第二部分　建立开发环境

第4章　JDK、MIDP 和 MIDlet 套件

在本章中，讨论回到第 2 章中表述过的某些话题，其中 JAR 和 JAD 文件已提出过。为了让读者进入工作，本章从简要介绍如何下载并安装 JDK 1.6. x 和 MIDP 2.0 开始。这是读者在本书中使用的两种主要工具。一旦拥有了 JDK 和 MIDP，用户就可以编译、预验证并打包自己开发的 MIDlet。用户在这里开发的两个 MIDlet 类分别是 hello. java 和 hello2. java，它们可用于创建 MIDlet 套件。用户的所有工作要么在命令行上进行，要么使用一个简单编辑器进行。最好的编辑器是记事本。要装配 MIDlet 套件，用户可以为 MIDlet 创建一个 JAD 文件和一个 JAR 文件。在创建过程中，将会制作一个清单文件。用户在本章中执行的工作建立起对编译 MIDlet 必要的基本理解。清楚地了解基本问题有助于用户进一步理解更高级的动作或更清晰地理解自动进程，例如，在第 5 章中将探讨的那些进程，其中用户会用到 Java Wireless Toolkit。

4.1　工具获得

要想开始工作，用户需要一些工具。用户需要两大软件集。第一个是 Java JDK。在本书编写时，可用的是 JDK 1.6，本书中的软件皆使用它生成。除了 JDK，用户需要 MIDP，本书使用的是版本 2.0。用户可以使用这个版本或者 1.0 版本。本书中所有代码的编写都满足 1.0 或 2.0 版本。

4.2 节介绍了特定的下载动作。当用户访问 Sun 公司网站并获得软件时，要注意必须注册为 Sun 开发者。如果用户不熟悉这一规程，那么可以单击 Register 链接并填写表格。注册是免费的，用户可以撤销允许 Sun 给自己发送更新和产品信息的选项。表 4-1 给出访问 Sun 公司的 JDK 和 MIDP 软件所需的基本信息。

表 4-1 Sun JDK 和 MIDP 软件

Java 开发包(JDK)

如果用户尚未安装 Java 开发包,那么可使用 1.5.11 及以上版本。用户可以在 http://java.sun.com/javase/downloads/index.jsp 上访问该版本的 JDK。

用于如何下载并安装 JDK 的指令在 4.2 节中介绍。如果用户已经安装了一个较新的版本,那么接着使用即可。总会存在不同版本号引发问题的情况,但本书尽最大努力保持软件正常运行。如果用户被给定使用自己的 JDK 下载 NetBeans 的选项,那么照做即可。使用 JDK 进行安装。要注意,NetBeans 5.5 IDE 要求用户计算机上安装 JDK 的 5.0 及以上版本(注意,在这里,1.5.x 表示"版本 5.x"或"版本 5",版本 1.6.x 表示"版本 6.x"或"版本 6")。第 6 章介绍安装 NetBeans IDE 的细节。

移动信息设备配置文件(MIDP 2.0)

如果用户尚未安装 MIDP,那么可使用版本 2.0。在使用 JDK 时,不同的版本有可能产生错误,但本书中的代码编写可正常运行。据 Sun 所载,用于版本 2.0 的代码与版本 1.0 是向后兼容的,因此用户可以使用它作为起始点。用户可以在 http://java.sun.com/javame/index.jsp 上访问 MIDP 软件。

用于如何下载并安装 MIDP 2.0 的指令在 4.3 节中给出。用户为版本 2.0 下载的 Zip 文件名为 midp-2_0-src-windows-i686.zip。它大概有 8 MB(这里的假设是用户在 Windows 操作系统上工作)。

要记住,本书主要介绍 MIDP 2.0 支持的功能。许多类都可使用 MIDP 1.0 进行编译,但如果类包括了浮点值或者合并了较新的 Game API 特性,那么会发生编译器错误。本书意在介绍技术,而不是为了研究其高级特性,但是移动设备技术的发展几乎日新月异,因此,使用相关开发软件的最新版本仍然很重要。

4.2 JDK 的安装与设置

许多读者可以跳过此节,该节面向对 Java 相当陌生的读者和在安装过程中需要进行复习的读者。如果用户已经知道如何安装 JDK 或者已经在自己计算机上安装了 JDK,那么可以跳过 4.3 节的内容。

JDK 历经了许多版本。目前,Sun 公司发布了 JDK 的版本 6。本书使用这一版本。如果用户仍然在使用版本 1.5.x,那么程序可能会编译成功,但不能使用再早的版本。除此之外,MIDP 2.0 不受之前版本的支持,如果用户使用 NetBeans,那么用户必须从版本 1.5.x 及以上版本开始(NetBeans 在第 6 章中讨论)。

注意:

回忆一下,Sun 命名了三个基本版本号(有可能更多)。版本 5.x 被 Sun 表示为版本 1.5.x,版本 6.x 有时被表示为 1.6.x。

还要记住,作为一个开发者,用户使用 Java 开发工具包(JDK)。可能用户计算机已经安装了某种版本的 Java 运行时环境(Java Runtime Environment,JRE)。要查看 JRE 的版本,可选择 Start→Control Pand,然后在 Control Panel 对话框中的程序集合中查找 Java 图标。单击它。随后就可以看到 Java 控制面板(Java Control Panel)。单击 About 按钮,即可显示出用户正在使用的 JRE 的当前版本。

对于 JDK 而言,获知用户是否已经安装了 JDK 以及安装的版本的一条捷径是使用 Windows 资源管理器(Explorer)中的程序文件(Program Files)目录。在该目录中,查找 Java。在 Java 目录中,如果已安装了 JDK,那么会看到两个文件夹,用于 JRE 的命名类似于 jre1.6.0_01,用于 JDK

的命名为 jdk1.6.0_01 或类似名字。如果用户使用的版本为 5.0 及以上版本，那么无需进行安装或者重新安装。

4.2.1　获得 JDK

在继续本节内容之前，用户需要一个储存已下载文件的地方。在用户计算机的 Windows Explorer 中创建一个目录如下：

```
C:\downloads
```

如果用户需要安装 Java 开发工具包(JDK)，那么可以首先访问 Sun 的下载网站获得可执行的安装文件。如图 4-1 所示，该网站为 http://java.sun.com/javase/downloads/index.jsp。

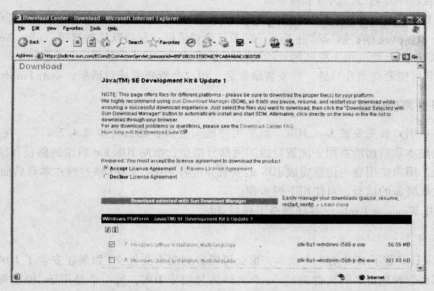

图 4-1　选择针对 Windows 平台的 SDK，并把它保存到下载目录中

导航至 Sun 网站的下载页面。图 4-1 给出针对 JDK 1.6.x 的下载页面。选中针对 Windows 版本的复选框。要完成下载，用户必须接受许可证(license)项。图 4-1 中黑色栏下，用户可看到一行针对可执行 win(Windows)。单击它并单击链接。单击版本下载之后，可看到一个带有 open 和 save 选项的对话框。将文件保存至用户下载目录。用于 SDK 的压缩文件大概 135 MB。

4.2.2　开始安装 Windows JDK

结束了对 Windows 平台上 JDK 的下载后，可看到一个带有类似下列名字的文件：

```
jdk-1_5_0_06-windows-i586-p.exe
```

这是个用于 JDK 的自包含可执行安装文件。下列是继续执行安装的步骤：

(1)下载了 JDK Windows 安装程序(例如，jdk-1_5_0_11-nb-5_5-win-ml.exe)后，单击 Start→Control→Add or Remove Programs。在 Add or Remove Programs 对话框中，单击 Add New Programs。然后单击 CD or Floppy。

（2）在 Install Program from Floppy Disk or CD 对话框中，单击 Next。然后单击 Browse 并导航至用户的下载目录。从"文件类型"下拉列表中，选择 All Files。然后将会看到，j jdk‑1_5_0_11‑nb‑5_5‑win‑ml.exe 文件（或者类似的名字）。选择该文件并单击 Open。

（3）在 Run Install Program 对话框中，单击 Finish。

（4）然后会看到一个 Open File‑Security Warning 对话框，单击 Run。这会开启 Sun 的安装例程。

（5）在这里，用户会看到 J2SE Development Kit Update 对话框。现在进入下一节。

4.2.3　继续 JDK 的安装与设置

Sun 安装程序开启后，执行下列步骤。

（1）在 J2SE Development Kit Update 对话框中，单击 Next。用户会看到一个许可证（license）对话框。单击 Accept 选项，然后单击 Next。对于目录对话框，保持默认的选项，单击 Next。

（2）然后用户会看到用于验证的对话框。单击 Next。

（3）安装可能要花费几分钟。当安装结束后，用户会看到完成对话框，单击 Finish。

4.2.4　复制路径信息

本节要求用户首先安装 Java JDK。如果用户尚未完成，那么可参考 4.2.2 节。在这一节中，用户首先收集本章后面所需用于配置目的的两部分信息：指向 JDK bin 目录的路径和指向 JDK lib 目录的路径。用户使用这一信息完成 JDK 的安装并配置 MIDP 文件（该过程在本章后面有记录）。

为了收集所需的信息，可使用下列步骤：

（1）打开 Windows Explorer 并导航至下列目录：

```
C:\Program Files\java
```

（2）如果只安装了 JDK 的一个版本，那么可以看到两个文件夹（如果在安装了 JDK 后又经过了升级，那么会看到更多的文件夹）。一个文件夹是用于 JDK，另一个是用于 JRE。要注意 JDK 的确切名称。例如，用户会看到：

```
jdk1.6.0_01
```

（3）单击该文件夹，会看到一个 bin 目录。在 Windows Explorer 里单击 bin 目录，查看 Address 字段，用户会看到一个类似于下列的路径：

```
C:\Program Files\Java\jdk1.6.0_01
```

唯一可能不同的信息就是版本号。

（4）将资源管理器的 Address 行中的内容全部抄到一页纸上或者复制粘贴到一个文本文件中（一种方法是将其复制到记事本）。对于第（3）步中的内容，可复制类似于下列的路径：

```
C:\Program Files\Java\jdk1.6.0_01\bin
```

（5）接下来将路径复制到 lib 目录。为此，使用与第（3）步相同的过程导航至 lib 目录，该目录是 JDK（jdk1.5.0_11）目录的一个子目录。路径大致如下：

C:\Program Files\Java\jdk1.6.0_01\lib

如前所示，将其复制到一个简便的文本文件中或者记在一张纸上。现在进入下一节。

4.2.5 设置路径和 CLASSPATH 变量

本节假设用户逐步执行了 4.2.4 节的任务。如果用户尚未完成上一节描述的步骤，那么要在开始本节任务之前完成这些步骤。

Sun 安装结束之后，如果用户想运行一个 Java 程序，那么需要为 JRE 的路径设置一个系统变量。为设置系统变量，可遵循下列步骤。

（1）选择 Start→Control Panel。在 Control Panel 窗口中，双击 System，会出现 System Properties 对话框。单击 Advanced 选项卡，在 Advanced 选项卡中单击 Environment Variables 按钮，会出现 Environment Variables 对话框。

（2）在 Environment Variables 对话框中，检查 System variables 窗格。它是下面的那个窗格。在 System variables 窗格中，向下滚动直至看到 Path 行。

（3）双击 Path 行，会出现 Edit System Variables 对话框。

（4）小心单击激活 Variable value 字段。然后使用向右的箭头键将光标移到字段中的文本开头处。起初，输入一个分号（;），然后粘贴或输入之前复制或写下的路径。确保该行以一个斜线和 bin 结尾。路径指出了 Java 的 bin 目录，例如：

; C:\Program Files\Java\jdk1.5.0_06\bin

用户在文本的开始处添加一个分号，将该路径与列表中的其他路径分隔开。

（5）确保用户拥有正确的路径后，单击 OK 按钮退出 Edit System Variables 对话框。

（6）现在向上滚动至 System variables 窗格的顶部并找到 CLASSPATH 系统变量。单击 CLASSPATH 变量，然后单击 Edit 按钮。在 Edit System 对话框中，激活 Variable value 字段中的光标并小心按下箭头键将其移到字段的右边。将之前复制的路径添加至 JDK 的 lib 目录中。同样，通过添加一个分号前缀将新路径与字段中现有的路径分隔开：

;C:\Program Files\Java\jdk1.5.0_11\lib

（7）确保用户拥有正确的路径后，单击 OK 按钮退出 Edit System Variables 对话框。

（8）现在已经设置了 PATH 和 CLASSPATH 路径环境变量。单击 OK 按钮退出 Environment 对话框，并再次退出 System Properties 对话框。然后关闭 Control Panel 窗口。

（9）完成了这一系列动作后，选择 Start→Turn Off Computer→Restart。一般而言，最好是重启计算机使新的配置生效。

4.2.6 测试安装

为测试 JDK 的安装，可在命令（DOS）提示符下输入 - version 命令。为此，可选择 Start→All Programs→Accessories→Command Prompt，用户会看到一个 Command Prompt 对话框。如图 4-2 所示，在提示符下输入 java - version，接下来的报告会告诉用户 Java 的安装状态。

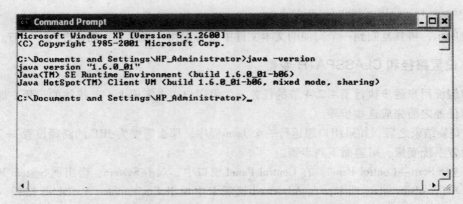

图 4-2 输入 java – version 验证 JDK 安装

4.3 安装并设置 MIDP

如果用户尚未完成上面这些，那么可以重新为从 Sun 下载的内容创建目录。下面是下载目录路径的一个示例：

C:\downloads

如前面的图 4-1 所示，要到达 Sun 针对 MIDP 的网站，可以访问下列链接：http://java.sun. com/javame/index. jsp。

图 4-3 给出了 Sun 关于 MIDP 2.0 软件的网页快照。单击 Windows 版本后，Sun 会要求用户作

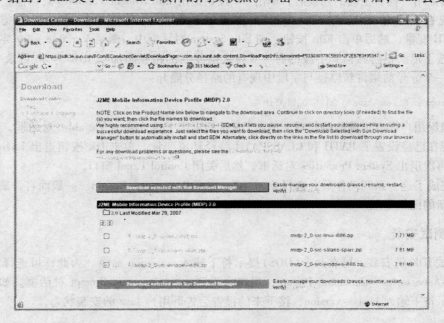

图 4-3 对于版本 2.0，注册并导航到 MIDP 下载页面

为一名开发者进行注册，并访问其许可协议。完成了这些动作后，单击用户希望下载的 MIDP 2.0 的版本。如图 4-3 所示，它列出了下载页面的内容：

```
midp-2_0-src-windows-i686.zip
```

检查了版本后，单击链接。Download 对话框出现后，单击 Save 选项而不是 Open 选项。选择用于下载目标目录的下载目录。

下载了 MIDP zip 压缩文件后，下载目录中会出现如下内容：

```
C:\downloads midp-2_0-src-windows-i686.zip
```

4.3.1　复制 MIDP 至某一目录

要安装 MIDP，用户要解压缩从 Sun 下载的文件。将构成 MIDP 的文件复制到用户选择的目录中。为此，在解压缩来自 Sun 的 MIDP 文件之前，首先要创建一个目录，准备将解压缩的文件复制进去：

```
C:\j2me
```

单击 midp-2_0-src-windows-i686.zip 文件，打开一个 Windows Explorer 目录窗口。在该窗口中，用户可看到一个文件夹。文件夹的名字如下：midp2.0fcs。将这整个文件夹复制到用户为 MIDP 文件创建的目录。如果用户创建了一个名为 j2me 的目录，那么可以在 Windows Explorer 中看到下列目录路径：

```
C:\j2me\midp2.0fcs
```

复制操作并不普通，因此即使在一台相当健壮的计算机上也可能会花费一定的时间。未解压的文件大致需要 24 MB。在 Windows Explorer 中完成这些后，用户会看到如图 4-4 所示的目录结构。

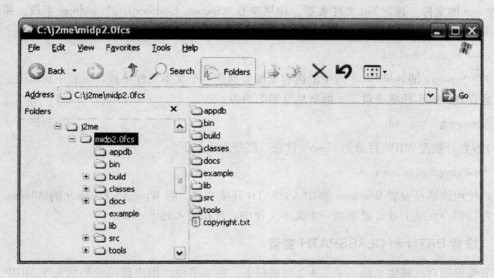

图 4-4　将 MIDP 文件夹复制到用户选择的目录

表4-2列出了MIDP目录并提供了每个目录的简要描述，有些超出了当前讨论的范围。

表4-2   MIDP 目录

目　录	说　明
\appdb	*.png 类型的图形文件
\bin	命令行工具,preverify.exe 和 midp.exe 仿真器
\build	为 Microsoft Windows 构建 MIDP 的 makefiles 文件
\classes	MIDP 类。用它作为编译基础
\docs	MIDP 的大量文档,包括指南、参考资料和版本注释
\example	用作举例目的的示例 JAR 和 JAD
\lib	配置文件
\src	示例源代码
\tools	主要是 JAD 工具,用于 MIDlet 套件

4.3.2   复制 MIDP 的路径

为完成本节的任务，用户首先要安装针对 MIDP 的文件。如果尚未完成上面这些，可参见4.3节。

完成了 MIDP 的安装后，接下来的任务是恢复设置 Windows 的 PATH 和 CLASSPATH 环境变量的信息。为此，可使用下列步骤：

（1）打开 Windows 资源管理器并导航至下列目录：

C:\j2me\midp2.0fcs

（2）单击该目录的文件夹，会看到一个 bin 目录。在 bin 目录中，会看到一个名为preverify.exe 的文件。选定 bin 文件夹后，如果查看 Windows Explorer 中的 Address 字段，那么可以看到类似于下列的路径：

C:\j2me\midp2.0fcs\bin

（3）将 Explorer 的 Address 字段中的内容全部复制到一个文本文件中或者写到一页纸上。将使用该信息设置 PATH 环境变量。下面就是复制的内容：

C:\j2me\midp2.0fcs\bin

（4）现在导航至 MIDP 目录的 classes 目录。路径大致如下：

C:\j2me\midp2.0fcs\classes

用户使用该路径设置 Windows 的 GLASSPATH 环境变量。将 Windows Explorer 的 Address 字段中的内容写到一页纸上或者复制到一个文本文件中。现在进入到下一节。

4.3.3   设置 PATH 和 CLASSPATH 变量

本节假设用户已经完全执行了 4.3.2 节的任务。在本节中，用户使用收集的关于 MIDP 路径的信息来设置 Windows 环境变量。如果用户尚未完成上面这些任务，那么在开始本节任务之前要完成这些步骤。

第一个要设置的环境变量是 PATH 变量，它允许 Windows 自动加载并执行 preverify.exe 程序。要设置 PATH 变量，可遵循下列步骤。

(1)选择 Start→Control Panel。在 Control Panel 窗口中，双击 System，会出现 System Properties 对话框。单击 Advanced 选项卡。在 Advanced 选项卡上，单击 Environment Variables 按钮，会出现 Environment Variables 对话框(参见图 4-5)。

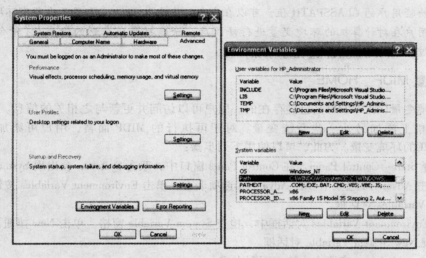

图 4-5　System Properties 对话框允许用户设置环境变量

(2)在 Environment Variables 对话框中，检查 System variables 窗格，它是下面的那个窗格。在 System variables 窗格中，向下滚动直至看到 Path 行。

(3)双击 Path 行，会出现 Edit System Variables 对话框。

(4)小心单击激活 Variable Value 字段。然后使用向右的箭头键将光标移至字段中的文本末尾。在尾部输入分号(；)——将用户插入的路径与列表中的其他路径分隔开。然后粘贴或输入用户之前复制或写下的路径。确保该行以斜线和 bin 结尾。路径指明了 MIDP 的 bin 目录。

(5)在行尾添加分号和句点。如果没有添加分号和句点，那么 MIDP 将无法正确地运行。文件应当如下所示：

```
;C:\j2me\midp2.0fcs\bin;.
```

(6)确保用户拥有正确的路径后，单击 OK 按钮退出 Edit System Variables 对话框。

(7)现在设置 CLASSPATH 环境变量。为此，要单击 System variables 窗格中的 CLASSPATH 行，然后单击 Edit 按钮。

(8)在 Edit System Variables 对话框中，激活 Variable Value 字段并小心利用箭头键移至行尾。在行尾添加指向 MIDP 类目录的路径。在这之前，用一个分号将它与之前插入的路径分隔开。它大致如下所示：

```
;C:\j2me\midp2.0fcs\classes;.
```

(9)确保该 GLASSPATH 信息正确之后，单击 OK 按钮退出 Edit System Variables 对话框。单击 OK 按钮退出 Environment Variables 对话框，并再次退出 System Properties 对话框。然后关闭 Control Panel 窗口。

(10)可选步骤：当用户完成这组动作时，选择 Start→Turn Off Computer→Restart。一般而言，最好是重启计算机使新的配置生效。

提示：

> 要检验用户的 CLASSPATH 值，可以在命令行中输入 set，它会显示出所有环境变量的当前值。用户在对计算机的环境变量进行修改后，除非打开一个新的命令行（命令提示符），否则通过控制面板修改系统变量不会生效。

4.3.4 设置 MIDP_ HOME

有些环境变量（如 PATH）是已经存在的。用户可以访问并更新与之相关的信息。用户可以在个人计算机上添加另外一些系统变量。对于可执行的 MIDP 而言，用户可添加一个名为 MIDP_ HOME的环境变量。为此，可以使用下列步骤：

(1)选择 Start→Control Panel。在 Control Panel 窗口中，双击 System，会出现 System Properties 对话框。单击 Advanced 选项卡。在 Advanced 选项卡上，单击 Environment Variables 按钮，会出现 Environment Variables 对话框。

(2)在 Environment Variables 对话框中，检查 System Variable 窗格。单击 New 按钮。

(3)出现 New System Variable 对话框。

(4)在 Variable name 字段中，输入下列内容：

```
MIDP_HOME
```

(5)在 Variable value 字段中，输入下列内容：

```
;C:\j2me\midp2.0fcs
```

(6)确保用户拥有正确的路径后，单击 OK 按钮退出 New System Variable 对话框。单击 OK 按钮退出 Environment Variables 对话框，并再次退出 System Properties 对话框。然后关闭 Control Panel 窗口。

(7)可选步骤：当用户完成这组动作时，选择 Start→Turn Off Computer→Restart。一般而言，最好是重启计算机使新的配置生效。

注意：

> 要查看环境变量的值，可打开一个命令提示符窗口（用户可以在 Start→Run 的 Run 字段中输入 cmd）。在命令行中输入 set，它会显示出所有环境变量的当前值。当用户对系统变量进行修改后，当用户打开一个命令提示符时系统变量才会生效。

4.3.5 验证 MIDP 配置

欲测试是否正确地安装并配置了 MIDP，只需在 Command Prompt 中输入几行命令即可。首先，选择 Start→Run，打开一个 Command Prompt 窗口。在 Run 字段中输入 cmd。打开 Command Prompt 窗口后，在提示符下输入 preverify，如图 4-6 所示。preverify 命令是针对 MIDP 的主要标志。它调用了检查针对用户 MIDlet 的代码语法的程序。

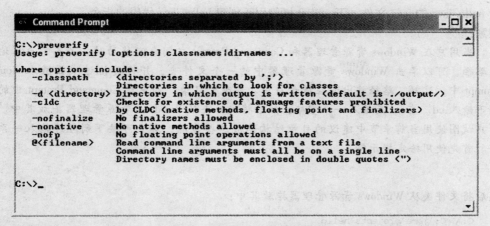

图 4-6　在提示符下输入 preverify

使用 preverify 命令后，还可检查 MIDP 的版本。为此，如图 4-7 所示，可在提示符下输入 midp – version。使用该命令后，用户应当看到三行输出，验证 MIDP 和 CLDC 的版本。

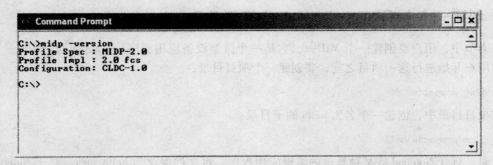

图 4-7　在提示符下输入 midp – version

注意：

　　如果看到一条错误消息，那么可能是因为用户在环境变量值字段中没有使用分号和句点分隔一行或多行。回头检查 System 对话框中用于环境变量的 CLASSPATH、PATH 和 MIDP_ HOME 值(参见图 4-5)。环境变量在系统消息中通常使用一个美元符号($)进行标识。

4.4　设置工作目录

如果到目前为止用户一直遵循本章中给出的指示，那么用户的 MIDP 文件应位于称为 j2me 的目录中。使用该目录路径定义 MIDP_ HOME 环境变量后，它便成为用户开发动作的一个永久特性。用户现在可以创建一个利用路径的工作项目目录。因此，使用资源管理器创建一个与 MIDP_ HOME 路径一致的项目目录：

```
C:\j2me\projects
```

对于用户开发的项目，可向项目目录中添加子目录。现在，每个子目录都成为用户可识别为一个标准 Java 包的名字。对于第一个项目，可创建一个名为 hello 的目录。然后向该目录添加一个名为 hello. java 的 java 文件。下一节会提供用于创建 hello. java 代码的指令。

注意：

当用户在 Windows 资源管理器和 Command Prompt 之间来回移动时，若不想再三地输入长路径，可以单击 Windows 资源管理器中的一个文件夹，并将其拖过桌面放入 Command Prompt 中，这样，路径就出现在提示符中。要改变目录，首先在 Command Prompt 中的提示符下输入 cd。在 cd 后输入一个空格，然后将文件夹从 Windows 资源管理器拖放其中。如果用户试图使用当前章节中建议的目录结构完成这些步骤，那么可按下列顺序输入一系列命令。首先使用给定提示符：

```
C:\>
```

然后将文件夹从 Windows 资源管理器拖放其中：

```
C:\>C:\j2me\projects\hello
```

插入 cd 命令。使用箭头键并在目录路径的开头输入命令：

```
C:\> cd C:\j2me\projects\hello
```

4.5　创建一个 MIDlet

在本节中，用户要创建一个 MIDlet，它是一个微型设备应用程序（或 applet）。如上一节所示，在用户开始进行这一项目之前，要创建一个项目目录：

```
C:\j2me\projects
```

在项目目录中，创建一个名为 hello 的子目录：

```
C:\j2me\projects\hello
```

此时，打开 Notepad 或某种其他的编辑应用程序。将文件保存为 hello. java。对于 Notepad 和其他一般的编辑器，可将 Encoding 字段设置为 ANSI，将文件类型设置为 * . java。用于 hello. java 的源代码位于 CD 上的第 4 章代码文件夹中。用户可以在那时找到它并复制到自己的项目目录中，或者输入如下内容：

```
/**
 *  Chapter 4 \ hello.java
 */
import javax.microedition.midlet.*;
import javax.microedition.lcdui.*;

public class Hello extends MIDlet
        implements CommandListener{
    protected Form form;
    protected Command quit;

    /**
     * Constructor for the MIDlet
     */
```

```
public Hello(){
    // Create a form and add our components
    form = new Form("Hello MIDlet");
    form.append("Hello, Micro World!");

    // Create a way to quit
    form.setCommandListener(this);
    quit = new Command("Quit", Command.SCREEN, 1);
    form.addCommand(quit);
}

/**
 * Called by the Application Manager when the MIDlet is
 * starting or resuming after being paused.
 */
protected void startApp() throws MIDletStateChangeException{
    // Display the form
    Display.getDisplay(this).setCurrent(form);
}

/**
 * Called by the MID's Application Manager to pause the MIDlet.
 */
protected void pauseApp(){
}

/**
 * Called by the MID's Application Manager when the MIDlet is
 * about to be destroyed (removed from memory).
 */
protected void destroyApp(boolean unconditional)
        throws MIDletStateChangeException{
}

/**
 * Called to execute the quit command
 */
public void commandAction(Command command, Displayable displayable){
    // Check for our quit command and act accordingly
    try
    {
        if (command == quit)
        {
            destroyApp(true);
            // Tell the Application Manager of quitting
            notifyDestroyed();
        }
    }

    // Catch even if not thrown
    catch (MIDletStateChangeException me){
    }
}
}
```

4.5.1   编译应用程序

要编译 hello. java 程序，可使用 DOS CD 命令修改目录以到达包含该文件 C:\j2me\projects 的目录：

```
cd \j2me\projects\hello
```

然后可看到下列提示符：

```
C:\j2me\projects\hello >
```

注意：

第 4 章目录中包含了一个名为 MIDletCC. txt 的文件。该文件包含了用于编辑、预验证和运行的命令行。将这些命令复制并粘贴至 DOS 提示符下可以更快地进入如何编辑代码的初始学习阶段。

要编译 hello. java 程序，可在提示符下输入下列命令：

```
javac -target 1.6 -bootclasspath % MIDP_HOME% \classes hello. java
```

–target 1.6 参数指 JDK 的当前版本。使用版本号是为了通知 Java 编译器以 1.6 版本的格式输出类文件（用户也可以不填该参数）。

–bootclasspath % MIDP_HOME% \ classes 参数强制编译器只使用 MIDP 类目录中的类，该目录中包含了 MIDP 和 CLDC 核心类文件。这样可确保编译出的文件与未来的运行时目标相兼容。

编译器生成一个名为 Hello. class 的类文件。使用 DOS DIR 命令查看 ∗. class 文件，会看到下列文件：

```
C:\j2me\projects\hello >dir /B
Hello. class
Hello. java
C:\j2me\projects\hello >
```

4.5.2   使用类文件进行预验证

下一步要预验证类文件，再从之前使用的提示符开始：

```
C:\j2me\projects\hello >
```

使用下列命令：

```
preverify -cldc -classpath % MIDP_HOME% \classes;. -d. Hello
```

尽管它看起来有点复杂，但它是一个相当简单的命令。首先，–cldc 选项检查用户是否使用了 CLDC 未支持的语言特性。

classpath 参数指出 MIDP 类库和用户项目类文件的位置。–d 参数为验证后的结果类文件设置目的地目录。Hello 是要验证的文件名。使用了预验证命令后，使用新文件复盖最初的类文件。这种方法稍后会改变。

第 4 章 JDK、MIDP 和 MIDlet 套件 49

4.5.3 运行 MIDlet

要运行 MIDlet，需在前几节中使用过的命令提示符下继续进行：

```
C:\j2me\projects\hello >
```

使用下列命令：

```
midp - classpath. Hello
```

使用该命令后，用户桌面上会打开 MIDP 窗口。图 4-8 给出了运行结果。

此时，用户可以使用两种方式与仿真器进行交互。用户可以单击 MIDP 窗口右上方的标准红色控制按钮关闭窗口，也可以单击 SELECT 按钮右侧带有平放电话图标的按钮完成（参见图 4-8）。如果用户已经在命令提示符中执行了自己的程序，那么可以使用上箭头键调用运行命令来试用 MIDlet。

4.6 创建完整工具包

要实现在一个单独 MIDlet 中调用的开发动作，下一步是创建一个 MIDlet 套件。如第 2 章所讨论的，一个 MIDlet 套件由两个以上的 MIDlet 构成。为此，在本节中，用户要创建第二个 MIDlet：Hello2。

4.6.1 再次创建一个 Hello

使用下列代码示例，在名为 hello2. java 的文件中创建第二个 MIDlet。为实现用于该文件的代码，用户可以输入它们或者使用第 4 章文件夹中文件 Hello2. java 中的代码。将它放在用户的 Projects/hello 目录中。重复之前用过的过程。如果用户自己创建它，那么要将其命名为 hello2. java。该 MIDlet 使用 hello. java 文件，因此，目前使用它的最简单方法是将其置于与 hello. java 文件相同的包（或目录）中。

图 4-8　Sun 仿真器显示了 Hello MIDlet

```
/**
 * Chapter 4 \ hello2.java
 * This MIDlet is used to demonstrate how multiple MIDlets make
 * up a MIDlet suite. This class extends the Hello class and overides
 * the constructor so it displays different content in the form.
 *
 */
import javax.microedition.midlet.*;
import javax.microedition.lcdui.*;

// #1 Extends the Hello class
public class Hello2 extends Hello
{
    // If you want to run this class alone, remove the comment:
```

```
   // Form form;
   public Hello2()
   {
       // #2 Create a form and add text
       form = new Form("Hello2 Midlet");
       form.append("Hello Twice to Micro World!");

       // Create a way to quit
       form.setCommandListener(this);
       quit = new Command("Quit", Command.SCREEN, 1);
       form.addCommand(quit);
   }
}
```

如注释所示，Hello2 类扩展了 Hello 类。讨论继承的基础知识（从一种类扩展到另一种类）稍稍超出了本章的范围，但是，如注释#1 后面的类特征所示，extend 关键字的使用允许用户使用基类 Hello 中实现的功能。通过扩展 Hello 类，用户能够使用前面实现的代码，而无需重写用于第二个 MIDlet 的代码。在导出的类中，如注释#2 后的内容所示，用户修改了构造函数的名称和其中的文本组件。

注意：
  查看用于用户第一个 MIDlet 的代码，用户会注意到三个属性 display、form 和 quit 都处于受保护的、非私有范围。这样，当导出 Hello2 时，用户可以在其构造函数内部访问这些字段。

4.6.2　构建类

具备了 hello2. java 文件后，用户可以使用前一节中用过的过程来编译、预验证及测试类。如前所述，首先，打开命令提示符并将更改目录直至提示符显示出 hello 目录：

```
C:\j2me\projects\hello >
```

在该提示符下，对 hello2. java 文件使用编译命令进行编译：

```
javac -target 1.6 -bootclasspath % MIDP_HOME% \classes Hello2.java
```

编译完成后会生成 hello2. class 文件，然后使用预验证命令：

```
preverify -cldc -classpath % MIDP_HOME% \classes;. -d. Hello2
```

记住，预验证动作改写了 hello2. class 文件。然后，用户可以使用运行命令：

```
midp -classpath. Hello2
```

图 4-9 给出了仿真器。要注意，如前所述，MIDlet 的名字显示在设备屏幕的标题栏中。像以前一样，单击 SELECT 按钮右侧带有电话图标的按钮可以关闭仿真器。

4.6.3　创建清单和 JAR

既然编译、预验证和测试 hello. java 及 hello2. java 文件已经完成，那么用户可以为它们创建一个 Java 存档（Java Archive，JAR）文件。如第 2

图 4-9　通过添加第二个 MIDlet 构成一个套件

章所示，要创建一个 JAR 文件，可以从创建清单开始。

JAR 文件

  JAR 文件是一种存档系统，用于打包和压缩 Java 应用程序包组件，如类、图像、声音及其他数据文件。文件格式以 Zip 格式为基础，带有一些额外内容（如一张清单）它包含有关于 JAR 内容的信息。

  用户可以使用 JDK 自带的 jar 命令行工具来创建或修改 JAR 文件。用户还可以使用 java. until. jar API 操作 JAR 文件。

  表 4-3 给出了少量有用的 JAR 命令。

表 4-3　有用的 JAR 命令

命　　令	说　　明
jar – cvf my. jar *	创建一个名为 my. jar 的新 JAR，它包含当前目录中的所有文件
jar – cvfm my. jar manifest. txt *	创建一个名为 my. jar 的新 JAR，它包含当前目录中的所有文件，同时，它还使用 manifest. txt 文件的内容创建一个清单文件
jar – xvf my. jar *	将 my. jar 中的所有文件释放到当前目录
jar – tvf my. jar	允许用户查看 my. jar 的内容表

  正如你所见，大多数命令的主要内容都有规定了要使用的 JAR 文件的 –f 参数和要求"详细"输出的 –v 参数。这些与 c、x 和 t 选项的联合使用囊括了最常见的 JAR 操作。

  清单文件位于用户 projects \ hello 目录中。为创建清单文件，首先要在文本编辑器中打开一个新文件。将文件命名为 manifest. txt 并保存在 projects \ hello 目录中。在文件中，输入下列内容：

```
MIDlet-Name: MegaHello
MIDlet-Version: 1.0
MIDlet-Vendor: J2ME Game Programming
MIDlet-1: First Hello, ,Hello
MIDlet-2: Second Hello, ,Hello2
MicroEdition-Profile: MIDP-2.0
MicroEdition-Configuration: CLDC-1.1
```

  要创建 JAR 文件，可打开一个 Command Prompt 并更改目录至 projects \ hello 目录。

```
C:\j2me\projects\hello >
```

  为工具包创建 JAR 文件，可使用下列命令：

```
jar – cvfm hellosuite. jar manifest. txt *. class
```

  基本命令是 jar。如表 4-3 所示，– cvfm 参数创建一个带有当前目录中所有 *. class 文件的 JAR 文件，并且根据 manifext. txt 文件创建一个清单。结果 JAR 文件名为 hellosuit. jar。清单文件名为 manifext. txt。图 4-10 给出了 JAR 创建动作的输出。

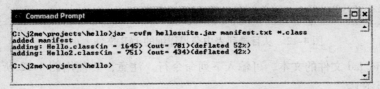

图 4-10　创建 JAR 文件

运行了 jar 命令后，用户会看到文件的压缩比。为此，可使用下列命令：

```
jar -tvf hellosuite.jar
```

图 4-11 给出使用了 - tvf 命令后的输出。

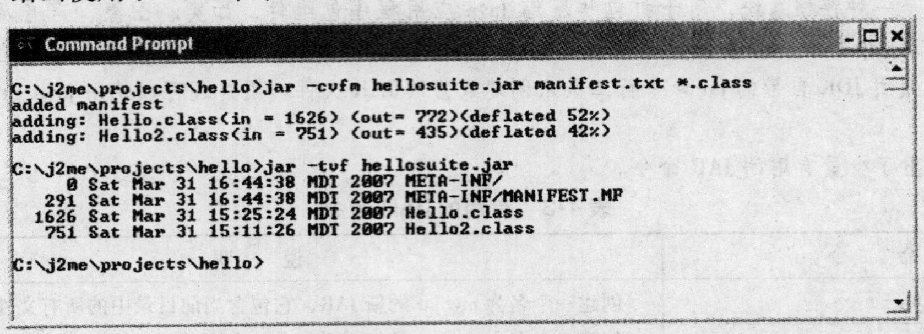

```
Command Prompt

C:\j2me\projects\hello>jar -cvfm hellosuite.jar manifest.txt *.class
added manifest
adding: Hello.class(in = 1626) (out= 772)(deflated 52%)
adding: Hello2.class(in = 751) (out= 435)(deflated 42%)

C:\j2me\projects\hello>jar -tvf hellosuite.jar
     0 Sat Mar 31 16:44:38 MDT 2007 META-INF/
   291 Sat Mar 31 16:44:38 MDT 2007 META-INF/MANIFEST.MF
  1626 Sat Mar 31 15:25:24 MDT 2007 Hello.class
   751 Sat Mar 31 15:11:26 MDT 2007 Hello2.class

C:\j2me\projects\hello>
```

图 4-11 在创建 JAR 文件时可看到压缩信息和内容信息

要注意，jar 命令创建一个名为 manifext. mf 的文件，而不是 manifest. txt。这是一处容易迷惑人的地方。用户提供的清单文件名 manifext. txt 标识包含需要创建实际清单 manifest. mf 所需信息的文件。

4.6.4 创建 JAD

如第 2 章所述，创建了 JAR 文件后，用户要创建一个相应的 JAD 文件代表工具包。为此，用户要在与前面创建 JAR 文件时所使用的相同目录中创建一个名为 hellosuite. jad 的新文件。JAD 文件中包括的大多数代码行与 JAR 文件中的代码行相同，但有少许不同。

对于该文件的内容，用户需要知道刚刚创建的 JAR 文件的大小。因此，要使用 DIR 命令查看 projects \ hello 目录的内容。图 4-12 给出迄今为止的目录内容。如图 4-12 所示，hellosuite. jar 文件的大小为 1 909。

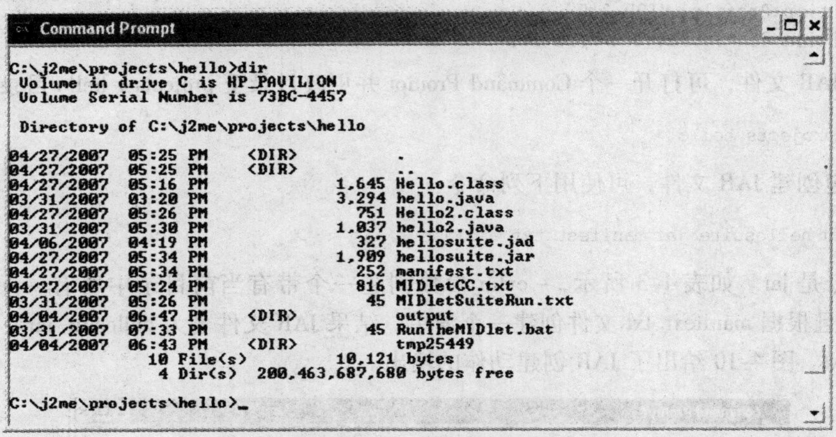

```
Command Prompt

C:\j2me\projects\hello>dir
 Volume in drive C is HP_PAVILION
 Volume Serial Number is 73BC-4457

 Directory of C:\j2me\projects\hello

04/27/2007  05:25 PM    <DIR>          .
04/27/2007  05:25 PM    <DIR>          ..
04/27/2007  05:16 PM             1,645 Hello.class
03/31/2007  03:20 PM             3,294 hello.java
04/27/2007  05:26 PM               751 Hello2.class
03/31/2007  05:30 PM             1,037 hello2.java
04/06/2007  04:19 PM               327 hellosuite.jad
04/27/2007  05:34 PM             1,909 hellosuite.jar
04/27/2007  05:34 PM               252 manifest.txt
04/27/2007  05:24 PM               816 MIDletCC.txt
03/31/2007  05:26 PM                45 MIDletSuiteRun.txt
04/04/2007  06:47 PM    <DIR>          output
03/31/2007  07:33 PM                45 RunTheMIDlet.bat
04/04/2007  06:43 PM    <DIR>          tmp25449
              10 File(s)         10,121 bytes
               4 Dir(s)  200,463,687,680 bytes free

C:\j2me\projects\hello>_
```

图 4-12 从目录列表中获得详细的 JAR 文件大小

对于 hellosuite. jad 文件的文本，可输入下列命令行。注意，要使用图 4-12 所示的 JAR 文件的大小（以黑体显示）。

```
MIDlet-1: First Hello, ,Hello
MIDlet-2: Second Hello, ,Hello2
MMIDlet-Description: HelloMIDlet
MIDlet-Jar-URL: helloMIDlet.jar
MIDlet-Name: MegaHello
MIDlet-Permissions:
MIDlet-Vendor: home.net
MIDlet-Version: 2.0
MicroEdition-Configuration: CLDC-1.1
MicroEdition-Profile: MIDP-2.0
MIDlet-Jar-Size: 1909
```

在该文件中，MIDlet – Jar – Size 用于指明相应 JAR 文件的字节数。此外，MIDlet – Jar – URL 指明 JAR 文件的位置。这些变量允许 JAR 文件的使用者查看其大小并确定获得 JAR 文件的位置。MIDlet – 1 和 MIDlet – 2 行指出用户已创建的 MIDlet。每个 MIDlet 在仿真器中都显示为一个菜单项。

注意：

  用户每次修改了用于 MIDlet 的文件后都必须更新 JAD 文件。如果用户使用一个类似于 NetBeans 的 IDE，那么大部分动作会自动执行。相关讨论请参见第 6 章的讨论。到目前为止，要注意的是，跟踪 JAR 文件的大小非常重要。如果用户遇到连编问题，那么可检查为 JAR 大小设置的文件大小。两者的差异会导致连编和运行问题。

4.6.5 运行 MIDlet 套件

  在这里，用户可以使用 JAD 文件在仿真器中执行 MIDlet 套件。该动作的结果是仿真器为用户提供一个可执行少量导航动作的应用程序。

  要为用户之前已创建的两个类生成 MIDlet 套件，可以使用 Command Prompt 在 projects \ hello 目录中进行：

```
C:\j2me\projects\hello >
```

使用下列命令：

```
midp - classpath . -Xdescriptor hellosuite.jad
```

注意：

  在命令行中输入命令时要小心空格。错误的输入有时会导致错误。第 2 章目录中的 MIDletSuiteRun.txt 文件提供了用于该命令的文本。

用户无需编译 JAD 文件，而只需指定要执行的 JAD 文件。仿真器会从 JAD 文件里命名的 JAR 文件中加载所需的全部文件。在 JAD 文件中无需命名类文件。图 4-13 给出可执行的结果。

如图 4-13 所示，Java 应用程序管理器（JAM）列出包中可用的 MIDlet 列表。为操作仿真器，可从下列步骤开始：

（1）单击 SELECT 按钮的向上和向下的箭头。注意，选择条会上下移动。

（2）将选择条置于 Second Hello 上。单击 SELECT 按钮的中间。Hello2

图 4-13　加载一个包含多个 MIDlet 的 JAR 时，仿真器会询问要执行哪一个

类将执行，可看到 form. append( )方法的输出，它输出文本消息"Hello Twice to Micro World!"。

（3）单击 SELECT 按钮右下侧带有红色电话图标的按钮，恢复所有的 JAM 列表。

（4）将选择条置于 First Hello 项上并单击 SELECT，执行 Hello 类。

（5）单击 On/Off 按钮退出。

使用 ∗. bat 文件运行 MIDlet

第 4 章文件夹中提供了一个 Windows/DOS ∗. bat 文件（RunTheMIDlet. bat），为用户提供了一种执行 JAD 文件的简单方法。要使用它，只需在 Windows 资源管理器中单击它（如果使用 Command Prompt，那么可输入文件名）。用户可以使用记事本编辑文件。要编辑它，用户要么首先打开编辑器然后使用 File Open 菜单打开文件，要么使用命令提示符导航至 projects \ hello 目录并在提示符下输入下列命令：

```
notepad MIDletSuiteRun. txt
```

另外，可参见本章前面提出的关于如何在 Command Prompt 和 Windows 资源管理器之间来回移动的内容。

4.6.6　修改 JAD

修改 JAD 令其向 JAM 列表中重复添加类，每个类在 JAM 菜单中都显示为一个唯一的项。为此，要修改 hellosuite. jad，向其添加多个命令行。下列给出修改后的文件内容：

```
MIDlet-Name: MegaHello
MIDlet-Version: 1.0
MIDlet-Vendor: Java ME Game Programming
MIDlet-1: First Hello, ,Hello
MIDlet-2: Second Hello, ,Hello2
MIDlet-3: Third Hello, ,Hello2
MIDlet-4: Fourth Hello, ,Hello
MIDlet-Jar-Size: 1909
MIDlet-Jar-URL: hello.jar
```

这种修改不要求用户修改 hellosuite. jar 文件。保持其内容不变。该实验说明，JAD 文件用于调用 JAR 文件中命名的资源并允许用户为 JAM 列表中的文件命名。这是因为 JAD 文件内部的项总是优先于 JAR 文件中的项。

J2ME 命令行开发环境的整体介绍结束了。下一章读者会看到 Sun 的 J2ME 无线工具集提供的替代方案。

4.7　小结

在本章中，读者回故了下载安装 JDK 1.6. x 和 MIDP 2.0 的方法。然后，将这些工具用于创建两个作为 MIDlet 的 Java 类。用户使用一个 JAR 文件压缩 Java ∗. class 文件，然后开发了一个允许用户配置 MIDlet 套件的 JAD 文件。结果 MIDlet 允许用户操作基本的菜单项。本章的工作以命令行形式进行，并且只用到了记事本或用户选择的文本编辑器。这种开发方法能让用户看到 MIDlet 从无到有的创建过程。在下一章中，用户会使用 Java Wireless Toolkit 继续完成相同的内容，它能自动地完成多数用户在本章中需要手工完成的动作。第 6 章会前进一步，学习 NetBeans IDE。是否采用某种给定的 IDE 是用户的选择，但用户在本章中使用过的工具在本书的其余部分中仍继续存在。

第 5 章 使用 Java Wireless Toolkit 2.5

在本章中，读者将学习 Java Wireless Toolkit 2.5，对于许多进行 MIDlet 开发但不想采用完整 IDE 的开发者而言，它是一种很重要的工具。Java Wireless Toolkit 的优点是无需反复修改 JAR 和 JAD 文件来测试用户的应用程序即可进行开发。Java Wireless Toolkit 为用户工作。用户只需提供 Java 代码。要使用 Java Wireless Toolkit 2.5，要求使用 JDK 1.5.x 及以上版本，本书使用的是移动信息设备配置文件（Mobile Information Device Profile，MIDP）2.0 和有限连接设备配置（Connected Limited Device Configuration，CLDC）1.1 版本。本章带领读者学习 JWT 2.5 的获取和安装过程，并提供了一个试用 MIDlet（HelloToolkit）可用于初始实验。

5.1 开发设置

在第 4 章中，图 4-1 给出了在 Java ME 环境中开发 MID 应用程序所需的两组软件的概述，它们是 Java 开发包（Java Development Kit，JDK）和移动信息设备配置文件（Mobile Information Device Profile，MIDP）。本书使用的是 JDK 1.5.x 和 MIDP 2.0。第 4 章讨论了这些项目的获取和安装，并给出创建一个包含两个 MIDlet 的 MIDlet 包的简要指南。在该环境中，用户使用命令提示符和记事本，其目的在于展示出从无到有开发一个 MIDlet 所涉及的命令和开发动作。从这一实践中所获得的知识对于用户的开发工作是无价的。

然而，如果你是一名必须在给定环境内工作的开发者，那么可以着手编写自动完成工作的应用程序或脚本。例如，在第 4 章中，几乎不可避免地要使用 DOS shell 脚本。它能够更容易地将 JAD 运行命令置于一个 shell 脚本中并继而执行该脚本，而无需重复地输入命令。

在这方面，几乎所有的移动信息设备（MID）主要制定者都以这样那样的方式提供了一些工具，让开发者能够更迅速地为其设备开发软件。近几年，Sun 为 MID 提供了 Java Wireless Toolkit（JWT），也即本章的主题。顾名思义，JWT 是一组工具。它不是一个完整部署好的集成开发环境（IDE）。最新引入并且完全无法比拟的是 NetBeans，将在第 6 章讨论。NetBeans IDE 中的包使用 JWT。表 5-1 给出关于 WTK（无线工具包）和 NetBeans IDE 的基本信息。

表 5-1　开发工具

JWT 2.5
JWT 为用户提供了开发移动设备和联网游戏的开发工具。它与 CLDC 相关联，其当前版本为 2.5。如果上传一个 mobility 包，就可将其可并入 NetBeans IDE 5.5（这在第 6 章中讨论）。JWT 是一组独立工具包，可在 http://java.sun.com/products/sjwtoolkit/download-2_5.html 中访问它。JWT 在许多方面对开发者都有价值，其中最重要的是可能就是它能与诺基亚的可扩展网络应用包（Scalable Network Application Package，SNAP）联合使用，SNAP 允许开发者使用服务器软件开发多用户游戏。更多有关 SNAP 的信息请参见 http://www.forum.nokia.com/games/snapmobile。本书中出现的 JWT 版本（2.2 和 2.5）要求用户具有 JDK 1.5.x 及以上版本

（续）

NetBeans IDE 5. 5

    NetBeans IDE 5. 5 是一种全面的开发环境，可用于用户希望使用 Java 进行的任何开发。如果用户安装了一个针对 IDE 的 mobility 包，那么可以容易地将 JWT 放入其中。第 6 章讨论这一动作。NetBeans IDE 比 JWT 支持的开发范围更大。首先，它允许用户使用 Java 和 C ++。使用 Java，通过选择不同的 NetBeans 菜单项工作，可以开发 applet、应用程序和 MID 软件。用户还可以使用 JUnit 进行测试，使用其他包进行 XML 等开发。NetBeans IDE 的结构在许多方面与 Microsoft Studio IDE 类似，它允许用户选择一种项目类型并使用针对该类型的许多工具。使用 MID，两种主要的项目类型为 CDC 和 Mobile，第 6 章将详细讨论。IDE 中嵌入了复杂性、测试、文档和开发工具，再不然，还提供了大量互联网资源。NetBeans IDE 已合并为 Java 开发者使用的最初的开发环境之一。要下载 NetBeans IDE，可访问 http://www. netbeans. org。如果安装的是 Java 1. 5. 0，那么 Sun 允许用户进行下载并随之安装 NetBeans IDE。NetBeans IDE 要求 JDK 1. 5. x 及以及版本

---

5. 2 Java Wireless Toolkit

    回顾第 2 章的某些观点，CLDC 提供了编程接口的定义和用于 MID 的虚拟机（VM）定义。它是 MIDP 的基础。为此，JWT 以与 MIDP 相同的方式提出了 CLDC。CLDC 是基础，而 JWT 允许用户使用它进行工作。JWT 提供了这些工具，特别是：

- 用于测试用户 MIDlet 的大量设备仿真器。
- 一种应用程序描述符，提供了用于分析方法执行时间和使用频率的工具。
- 一种内存工具，允许用户查看应用程序的内存使用。
- 一种网络监视器，显示经由仿真网络的通信量（包括改变仿真性能的工具）。
- 速度仿真工具，允许用户调整设备的操作性能，包括减慢字节码的执行。

    在这里，JWT 是一种满足 MIDlet（或 MID 编程）应用的特定工具集。与 NetBeans 相似，它不是设计用于帮助所有作为 Java 程序员的用户动作的 IDE。另一方面，由于 JWT 是一组工具，因此用户可以单独使用它或者将其功能置于一个类似于 NetBeans 的 IDE 中。

5. 2. 1 安装工具包

    用户可以从 Sun 网站 http://java. sun. com/products/sjwtoolkit/download − 2 _5. html 下载工具包。用户可以访问该网页上的下载页面，如图 5-1 所示。JWT 2. 5 的可执行下载文件名为 `sun_ java wireless_toolkit − 2_5 − windows. exe`。如第 4 章中对 JDK 和 MIDP 的建议，最好是创建一个下载目录并将安装包保存其中。

    图 5-2 给出本书中所使用的下载文件以及 JWT 2. 5 的安装程序文件的示例图。

    要初始化 JWT 2. 5 的安装，可使用 Control Panel 上的 Windows Add or Remove Programs 对话框。单击 Add New Programs，然后单击 CD or Floppy。导航至用户的下载目录，将文件类型的设置更改为 All Files 之后，选择 `sun_java wireless_toolkit − 2_5 − windows. exe`（另一种可选方法是导航至下载目录并单击针对 JWT 的 *. exe 文件）。

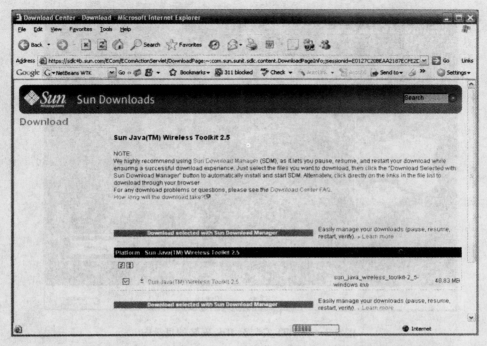

图 5-1   在下载网页中，选择针对 Windows 的 JWT 2.5

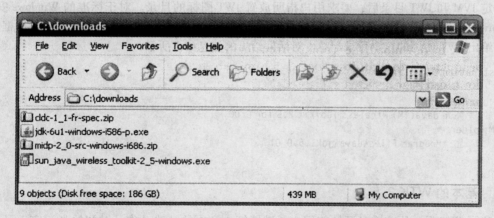

图 5-2   Java 软件可临时保存在一个下载目录中

初始化安装后，会出现 JVM 的 Location 对话框，如图 5-3 所示。这是 JWT 2.5 安装过程中用户要访问的前两个定位器对话框。单击 Browse 按钮并导航至 JDK 目录。在图 5-3 中，它显示为 C:\ProgramFiles\Java\jdk1.6.0_01。JWT 安装器会验证用户安装了适当的虚拟机版本。要谨记，JWT 要求 JDK 1.5.0，如图 5-3 中所示为 5.0。

在 JVM "定位" 对话框中定位 JDK(或 VM)后，单击 Next 到 Choose Destination Location 对话框。该对话框如图 5-4 所示。它识别出包含 JWT 2.5 的文件所处的位置。除非用户有特殊原因使用另外的目录，否则使用默认位置(C:\WTK25)。如果用户选择另外的目录，那么要确保路径和名称

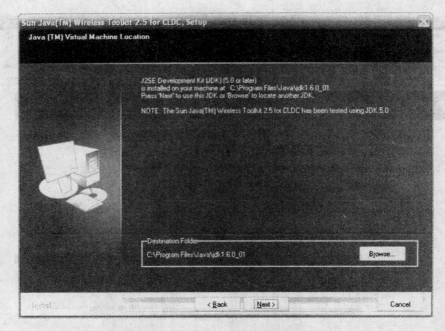

图5-3   将 JWT 安装至 JDK 安装的目录中

没有包含空格。路径中的空格会产生错误。单击 Next 继续进行。

指定 JVM 和 JWT 目录后，要求用户指明放置 JWT 图标的目录。对于标准的 Windows 安装，Accessories 目录是第一个默认目录。使用它即可。单击 Next 会看到 Start Copying Files 对话框。该对话框给出 JWT 使用的三个目录汇总。对话框给出的信息如下所示：

```
Destination Directory
        C:\WTK25
Program Folder
        Sun Java(TM) Wireless Toolkit 2.5 for CLDC
JVM Folder
        C:\Program Files\Java\jdk1.6.0_01
```

5.2.2   基本的 WTK 2.5

安装了 JWT 后，用户准备开始使用。要继续第 4 章中的某些动作，对初始者而言，可以使用一个简单 MIDlet。选择 Start→All Programs→Sun Java(TM) Wireless Toolkit for CLDC→Wireless Toolkit 2.5。然后会看到 Sun Java(TM) Wireless Toolkit for CLDC 对话框，如图 5-5 所示(JWT 窗口常常被指定为 KTooBar。这一名字来自 JWT 的之前版本)。

从 File 菜单中，选择 Open Project。然后会看到许多 MID 软件应用程序，如图 5-6 所示。从中选择并在 JWT 仿真器中运行它们。向下滚动直至看到“Games... Simple suite of games for the MIDP”。选择该列表并单击窗口底部的 Open Project 按钮。

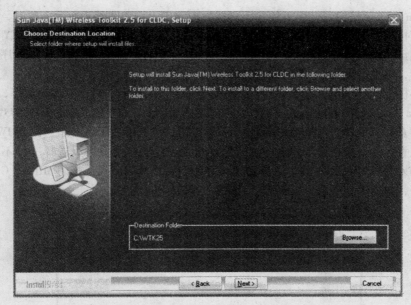

图 5-4　接收对于 JWT 安装的默认位置

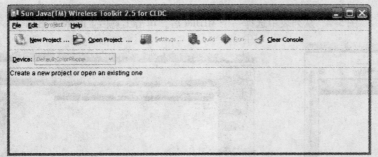

图 5-5　"Sun Java(TM) Wireless Toolkit for CLDC"提供了对测试和开发工具的直接访问

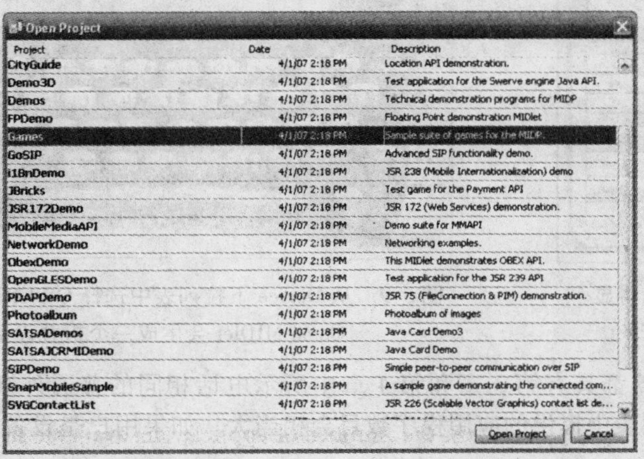

图 5-6　选择 Game 列表并单击 Open Project

单击 Open Project 按钮后，JWT 加载用户选择的 MIDlet，如图 5-7 所示。此时，用户可以从设备字段的下拉列表框中的一小组标准设备皮肤中进行选择。其中之一为 QWERTY 设备。其他的代表数字键盘。现在保持为 Device 字段选择 Default – ColorPhone。要执行应用程序并查看正在工作的仿真器，可单击工具栏上的 Run 图标。

单击工具栏上的 Run 图标后，MID 电话仿真器如图 5-8 所示。对于 Games 选择，Java 应用程序管理器(Java Application Manager，JAM)显示出三个 MIDlet，每个都提供不同的游戏。

为关闭仿真器，可单击窗口或仿真器的 close 按钮。仿真器关闭后，用户回到 JWT 应用程序主窗口。要注意，针对应用程序的运行数据已经给定。此时，用户可以选择一种不同的设备皮肤。例如，如果选择 QWERTY 皮肤并单击 Run 图标，那么用户已经选择的 MIDlet(Game)会生成一个折叠设备，如图 5-9 所示。如前所示，JAM 显示 MIDlet 包。

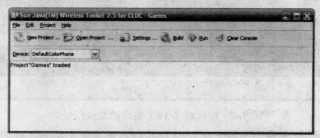

图 5-7　从列表中选择一个 MIDlet 后，单击工具栏上的 Run 图标

图 5-8　电话仿真器显
示出一组三个 MIDlet

图 5-9　从 Device 下拉列表中选择 QWERTY 并单击 Run，
Game MIDlet 会生成一个折叠设备仿真

大多数电话仿真器都具有第 3 章和第 4 章中所示电话相同的普通外观。但是，一般而言，JWT 的 Open Project 列表中提供的应用程序数目会相当大。如果用户是设备编程的新手，那么加载和运行会花点时间。

5.3　创建新项目

创建用户自己的 MIDlet 应用程序，要从 JWT Ktoolbar 开始，选择 File→New Project 或者单击工具栏上的 New Project 图标，可以看到 New Project 对话框。在 Project Name 字段中，输入 HelloToolkit。在 MIDlet Class Name 字段中，再次输入 HelloToolkit。图 5-10 给出了结果。单击 Create Project。

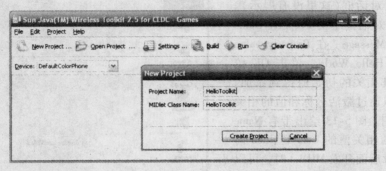

图 5-10　命名项目和 MIDlet 类

在 New Project 对话框中单击 Create Project 后，会看到 API Selection 对话框，如图 5-11 所示。在接近 API Selection 对话框顶部的 Target Paltform 字段中，选择 JTW1。对话框刷新，可以看到 Profiles and Configurations 标签。单击 Configuration 下针对 CLDC 1.1 的按钮。要注意，Profiles 下面是 MIDP 2.0。保持 Additional APIs 复选框的默认值（如果无意中关闭了 API Selection 对话框，那么可以从 JWT 主菜单中选择 Project→Settings 并单击左侧的 API Selection 图标）。

API Selection 对话框的右侧（图 5-11），API Selection 图标正下方是 Required 图标。单击 Required 图标。对话框刷新，可以看到如图 5-12 所示的表。此时，无需对这些信息做任何修改。但要注意的是，这些设置代表着第 4 章工作中曾看到的 JAR、JAD 和清单属性。

图 5-11　选择目标平台、MIDP 2.0 和 CLDC 1.1　　图 5-12　Required 视图确认用户项目的基本配置文件

接下来，单击 User Defined 图标。图 5-13 给出结果视图。如果用户是首次访问项目值，那么会看到空白的 Name 和 Value 字段。Name和 Value 对允许用户设置用于测试的属性。

在这里，添加 Name 属性及其相关的值。要添加属性，可单击 Add 按钮，会出现 Add Property 对话框（这里没有展示）。在 Add Property 对话框中的 Property Name字段中，输入 Message。在 Property value字段中，输入 Hello World。单击 OK 按钮，新属性及其相关的初始值得到添加。注意，用户可以通过激活名称和值的相关字段来修改它们。图 5-13 给出带有 Name属性及其添加的相关值的 User Defined 窗格。用户在本章后面开发 MIDlet 时，可以恢复用于在 MIDlet 中显示的 Value 文本。要关闭对话框，可单击 OK 按钮，用户会再次看到 JWT 主窗口。为开发用户 MIDlet的代码，要继续进入下一节。

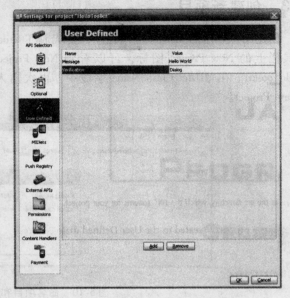

图 5-13　单击 Add 按钮添加一个新的属性和值对

5.4　创建 HelloToolkit 源代码

本节假定读者已经完成了前面描述的 HelloToolkit MIDlet 的开发任务。如果未完成，那么就回到前一节，从那里重新进行。如果用户已经设置了 HelloToolkit MIDlet，那么可以准备实现开发它的代码。

当用户使用 JWT 开发 MIDlet 代码时，无需重复在第 4 章中开发并运行 hello.java 和 hello2.java 文件时所完成的动作。更特殊地是，使用 JWT，用户无需使用预验证命令或者创建清单、JAR 和 JAD 文件即可连编并运行 MIDlet。用户的动作仅限于输入一个 *.java 文件然后将其置于 JWT 能够找到的目录中。

在输入开发 MIDlet 代码之前，既然用户使用 JWT 去创建 HelloToolkit 项目，那么 JWT 会自动为项目生成一个目录。图 5-14 给出 Windows 资源管理器中的该目录。在该图像中，用户还可以看到一个 HelloToolkit.java 文件。要继续进行工作，就要创建该文件。例如，用户可能会使用记事本将名为 HelloToolkit.java 的空文件保存至 WTK25 目录结构中的 apps\src 目录中。如图 5-14 所示，路径为 C：\WTK25\apps\HelloToolkit\src。

要实现该文件的代码，用户可以输入或者访问第 5 章源代码目录中的 HelloToolkit.java 文件。HelloToolkit.java 代码生成一个类似于第 4 章中的 MIDlet。对于 HelloToolkit 代码，唯一的重要区别在于对 getAppProperty( ) 方法的调用（参见注释#1）。该方法恢复 User Defined 对话框中创建的Message 属性的相关值。下面是用于该类的代码：

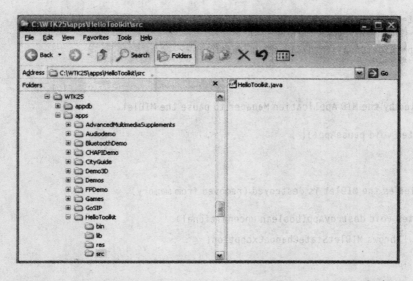

图 5-14 将用户源代码置于 src 目录中，该目录是 JWT 为用户项目创建的

```
/**
 * Chapter 5 \ HelloToolkit.java
 */
import javax.microedition.midlet.*;
import javax.microedition.lcdui.*;

public class HelloToolkit extends MIDlet
        implements CommandListener{
    protected Form form;
    protected Command quit;

    /**
     * Constructor for the MIDlet
     */
    public HelloToolkit(){
        // Create a form and add our components
        form = new Form("Hello JWT MIDlet");

        // #1 define the message attribute
        String msg = getAppProperty("Message");
        if (msg != null)
            form.append(msg);

        // Create a way to quit
        form.setCommandListener(this);
        quit = new Command("Quit", Command.SCREEN, 1);
        form.addCommand(quit);
    }

    /**
     * Called by the Application Manager when the MIDlet is starting
     */
```

```
protected void startApp() throws MIDletStateChangeException{
    // Display the form
    Display.getDisplay(this).setCurrent(form);
}

/**
 * Called by the MID Application Manager to pause the MIDlet.
 */
protected void pauseApp(){
}

/**
 * Called as the MIDlet is destroyed (removed from memory)
 */
protected void destroyApp(boolean unconditional)
        throws MIDletStateChangeException{
}

/**
 * Called when the user executes a command
 */
public void commandAction(Command command, Displayable displayable){
    // Check for our quit command and act accordingly
    try{
        if (command == quit){
            destroyApp(true);

            // Tell the Application Manager to exit
            notifyDestroyed();
        }
    }
    catch (MIDletStateChangeException me){
    }
}
}
```

5.4.1   连编并运行 HelloToolkit. java

将 HelloToolkit. java 文件放入 JWT25 目录路径中的 src 目录后,用户就可以连编并运行它生成的 MIDlet。要实现它,可在 JWT 主窗口中单击工具栏上的 Build 图标。如果用户已经正确地输入了代码,那么会在文本框中看到下列信息:

```
Project settings saved
Building "HelloToolkit"
Build complete
```

连编操作自动运行预验证命令,检查用户代码语法的合法性。如果有错误,那么错误报告会出现在 JWT 的文本框中。图 5-15 给出一个由于源代码的第 16 行末尾缺少了一个分号而生成的一个 Java 错误消息。

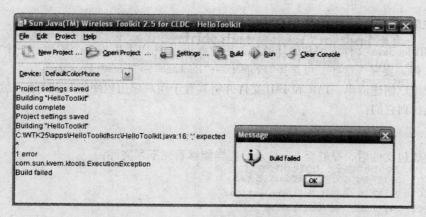

图 5-15　连编过程检测到一个语法错误

　　JWT 可以很方便地调试用户代码，即使用户使用的仅仅是最基本的文本编辑器。例如，如果用户使用的是记事本，那么可以使用 Alt + Tab 键进行切换。

　　当 JWT 报告连编成功完成时，单击 JWT 工具栏中的 Run 图标，用户会看到 JAM 中显示的用户 MIDlet 的仿真器。图 5-16 给出 HelloToolkit MIDlet。单击键盘上方的导航按钮查看与显示的 Message 属性相关的文本。

　　要注意，当用户选择仿真器时，如图 5-17 所示，有用的诊断信息会出现在 JWT 文本框中。

　　作为尝试，可单击 JWT 窗口的 Settings 图标。单击 User Defined 图标。单击与 Message 属性相对应的 Value 字段。将 Value 字段中的文本修改为"Message form home"。如果在字段上单击，可将其激活进行修改。修改结束后，单击 User Defined 视图的 OK 按钮。现在重新连编并运行 HelloToolkit MIDlet。单击键盘上的导航按钮，查看最新赋予 Message 属性的文本。

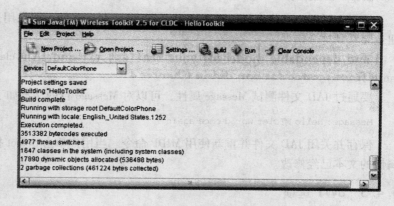

图 5-16　JWT 运行仿真器　　　　　图 5-17　执行 MIDlet 后，有用信息出现在工具包面板中

中的 HelloToolkit MIDlet

5.4.2   生成 JAD、JAR 和清单文件

一旦 MIDlet Java 文件连编并编译通过，用户就可以令 JWT 生成一个清单、一个 JAR 文件和一个 JAD 文件。要完成这些，可选择"Project"→"Package"→"Create Package"。

JWT 为用户创建清单、JAR 和 JAD 文件并将其置于用户应用程序的 bin 目录。然后，用户可沿下列路径找到它们：

```
C:\WTK25\apps\HelloToolkit\bin
```

用户生成包文件后，导航至 bin 目录，应当能够看到下列文件：

```
04/06/2007  04:37 PM  275 HelloToolkit.jad
04/06/2007  04:37 PM  1,310 HelloToolkit.jar
04/06/2007  04:37 PM  198 MANIFEST.MF
```

使用记事本打开 HelloToolkit.jad 文件，内容如下所示：

```
MIDlet-1: HelloToolkit, HelloToolkit.png, HelloToolkit
MIDlet-Jar-Size: 1310
MIDlet-Jar-URL: HelloToolkit.jar
MIDlet-Name: HelloToolkit
MIDlet-Vendor: Unknown
MIDlet-Version: 1.0
Message: Hello MIDlet World
MicroEdition-Configuration: CLDC-1.1
MicroEdition-Profile: MIDP-2.0
```

如果用户是从头进行开发，那么它为用户的 manifest.txt 和 JAD 文件提供了一种有用的独立模型(如第 4 章中所做的那样)。

如果用户使用下列命令，那么仿真器会运行，但它还会生成一个错误。

```
midp -classpath . -Xdescriptor HelloToolkit.jad
```

错误告诉用户，仿真器无法找到 HelloToolkit.class 文件。如果用户单击仿真器中的 Select 按钮也会看到这个错误。

要解决这一问题，可将 HelloToolkit.class 文件从 HelloToolkit\class 目录复制到 HelloToolkit\bin 目录。

要通过 JAD 文件测试 Message 属性，可以对 Message 行的文本如下进行修改：

```
Message: Hello MIDlet World once again
```

保存并关闭 JAD 文件并重新使用 MIDP 命令。当用户单击 Select 按钮时看到的消息说明赋给属性的文本已经修改。

5.4.3   JWT 选项

关于 JWT 2.5 使用的一些补充注释可能会有用。首先，要保存连编和运行动作的输出，可选择 File→Save Console。这一动作将一个文本文件保存到 JTW25 目录的会话子目录中。如果用户选择 File→Open Project，那么会出现 Open Project 对话框，如图 5-18 所示，用户可以在列出项目中找到自己新创建的项目。

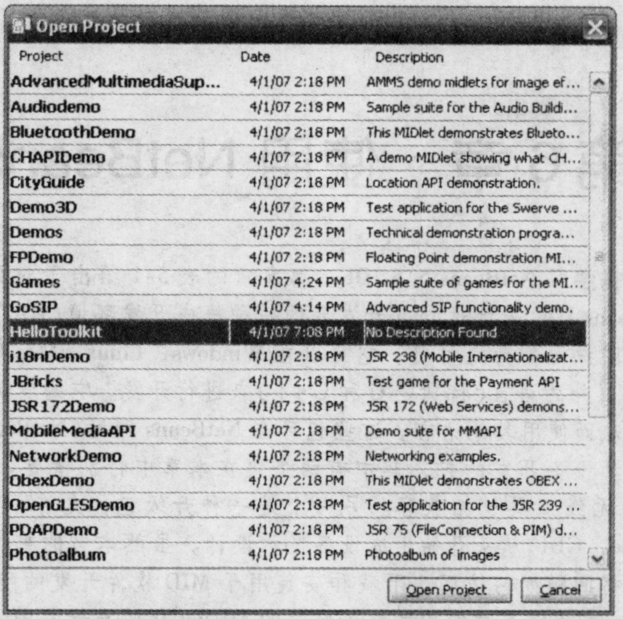

图 5-18　项目列表中出现用户的 MIDlet 项目

要从项目列表中移除一个项目，可导航至 src 文件并移除包含该项目的文件夹。例如，在这一实例中，用户将移除 HelloToolkit。到目前为止，保持项目列表不变，以便在后继练习时可以重新使用它。

5.5　小结

在本章中，用户使用了 JWT2.5。该应用程序可通过连编并运行 MIDlet 来测试用户 Java MIDlet 中的代码。用户要将 JWT 2.5 应用程序安装在自己的目录中，并如前所述，它会为每个用户所生成的项目生成目录。要使用 JWT，用户必须配置一个 API Selection 对话框，指明所使用的 CLDC 的版本（在这里，版本为 1.0）。随着对 MIDlet 开发的进一步理解，用户会用到更多的配置选项。在 Settings 对话框的 User Defined 面板中，用户可以生成可用于测试的属性。GetAppProperty( )方法允许用户从 JAM 中用于显示的代码中获取属性。JWT 2.5 没有提供一种全面的 IDE，但是，即使用户使用简单的文本编辑器联合对它进行部署，它也能极大地加速用户的开发工作。

第 6 章　使用 NetBeans

在本章中，读者将学习 NetBeans 5.5 IDE。第 5 章的表 5-1 给出了对 NetBeans 的简要讨论。如表 5-1 所示，NetBeans IDE 是针对 Java 开发者的一种集成开发环境（IDE）。NetBeans 是一种开源的应用程序，因此用户无需为之付费。它可以在 Windows、Linux、Mac OS 和 Solaris 系统上执行，用户可用除 Java 以外的语言（特别是 C 和 C++）来进行开发。它的默认语言是 Java，但用户可为它添加语言包，从而使用其他语言。这些包可在 NetBeans 网站（NetBeans. org）免费获得。用户还可以添加支持移动设备开发的包，其中有两个包在本章中特别重要。一个支持基本的 MID 软件开发，它与 Java 无线工具包相兼容。另一个是一种升级包，允许用户使用图形用户界面（Graphic User Interface，GUI）从头开始生成设备显示设计。虽然本书的重点是基本的 MID 软件，但是在本章中，用户将回顾如何访问、下载和安装用于 MID 软件开发的附加程序包。用户还可以使用 NetBeans IDE，利用第 5 章给出的略加修改的 MIDlet 代码来开发 MIDlet。

6.1　NetBeans IDE

本书不想让读者依赖于任何给定工具集或 IDE。但是，如第 5 章所示，Java 无线工具集为用户提供了一种无需重复修改清单、JAR 和 JAD 文件即可测试和完善用户 Java MID 代码的现成方法。NetBeans 将这种功能扩展为一种全面的开发设置。使用 NetBeans，用户不仅能够使用 Java 无线工具集提供的优势，而且能够获得许多覆盖了大多数用户开发动作的项目管理、配置和调试工具的支持。如果用户下载了 JDK 1.5. x（或 JDK 1.6. x），那么用户可以决定包括 NetBeans IDE 的下载并安装。安装后，用户即可进入编程、编译和运行 Java 程序，而无需执行任何配置工作。其次，关于 NetBeans IDE 的文档很全面并易于访问。在许多方面，它可与 Microsoft Studio IDE 及其文档相媲美，其 Express 版本目前是免费提供的。

要使用用于 MID 开发的 NetBeans IDE，用户必须安装 JDK 和 MIDP 软件。第 4 章和第 5 章提供了辅助这类动作的常规操作。本书使用的是 JDK 1.5. x 和 MIDP 2.0，而且记录了 NetBeans 5.5 IDE，它要求用户安装 JDK 的 1.5. x 或更新的版本。

NetBeans IDE 的主要特性如下：

- 它为 Java 程序员提供了绝好的 IDE，并且它肯定是开源领域内最好的 IDE。
- 对于涉及 MID 开发的动作，它提供了各种应用程序，允许用户开发、测试和部署 MIDlet 和 MIDlet 包。
- 它全面支持 Web 开发功能，提供了默认组件的扩展集，而令其很容易上载许多来自其他资源的组件。
- 它彻底解决了使用 XML Schema、Web 服务描述语言（Web Service Description Language，WSDL）、业务过程执行语言（Business Process Execution Language，BPEL）和安全 Web 服务

等进行涉及编程的企业开发工作。

- 对于建模和体系结构开发，它提供了访问支持基于面向服务的体系结构(Service Oriented Architecture，SOA)的应用程序开发的功能。
- 它对 C/C ++ 开发的支持与对 Java 开发的水平几乎相同，并且包含了支持内存管理的功能。

6.1.1 安装 NetBeans

要下载 NetBeans IDE，用户有两种常见选择。如前所述，如果用户下载 JDK 的 1.5.x 或更高版本，那么可以选择在下载时包括它。如果用户已经安装了 JDK 但尚未拥有 NetBeans，那么可以在 NetBeans 的主页(http://www.netbeans.org)上访问它。

如图 6-1 所示，NetBeans 主页直接提供了对 NetBeans IDE 和与 NetBeans IDE 相关的主要服务或程序包的访问。要下载 NetBeans IDE 的当前版本，可单击 Download NetBeans IDE 按钮。

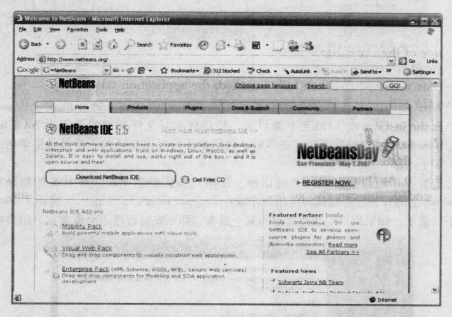

图 6-1　在下载页面上，单击 Download NetBeans IDE 按钮

用户会看到 NetBeans IDE 5.5 下载页面，如图 6-2 所示。要继续下载，可立即单击其中之一的镜像链接。这样就会调用一个 File Download 对话框。在初始化下载之前，要在本地驱动器上生成一个下载目录。如果用户已经遵循了第 4 章和第 5 章中讨论的常规操作，那么应当已经生成了一个名为 downloads 的目录。

NetBeans 5.5 的安装文件名为 netbeans – 5_5 – windows.exe。将该文件保存在下载目录中。5.5 版本的下载文件大小大约为 55 MB。完全下载后，应用程序大约需要 225 MB 空间。

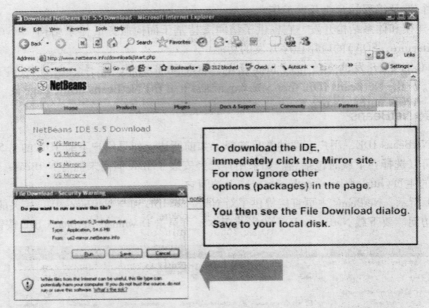

图 6-2　单击一个镜像网站，会出现 NetBeans IDE 的下载对话框

　　要开始 NetBeans IDE 的安装，可使用 Control Panel 中的 Windows Add or Remove Programs 对话框，然后单击 CD or Floppy。导航至下载目录，然后更改对文件类型的设置为 All Files，选择 netbeans-5_5-windows.exe（尽管不建议这样做，但用户还可以在自己的下载目录中单击 ＊.exe文件）。

　　初始化安装程序后，会出现一个对话框，让用户指定放置 NetBeans IDE 的目录（参见图 6-3）。Windows 上的安装程序默认将应用程序放在 Program Files 目录下的一个标识了 NetBeans 当前版本的子目录下。如果用户安装过之前的某个版本，那么安装程序不会覆盖它。用户可以安装

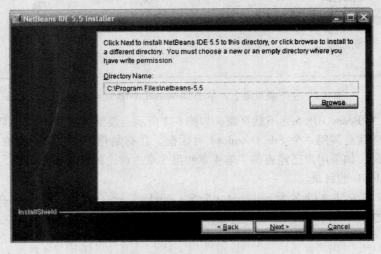

图 6-3　IDE 安装至一个单独的目录中

不同版本且不会引起任何问题，但它们必须位于单独的目录中。

指定目标目录后，用户选择希望与 NetBeans IDE 一起使用的 JDK 版本。如图 6-4 所示，本书所使用的版本是 1.6.0_01。NetBeans 的 1.4.x 版本更易使用，但对于本书所讨论的移动软件而言，1.5.x 则是必需的。如果用户已经安装了 1.5.x 版本，那么用户对使用本书中的软件不会有任何问题，但要记住该软件已经开发至图 6-4 所示的版本。

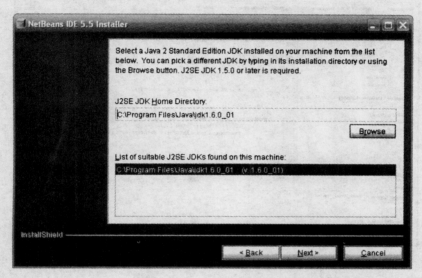

图 6-4　对于本书中的项目，选择 JDK 1.5.x 或更高版本

用户选择了希望与 NetBeans IDE 的安装相关的 JDK 版本，那么单击 Next。安装过程从此开始，到安装结束后，用户就可以直接到 Start 菜单中去测试一个 Java 程序。此时，用户在使用 NetBeans IDE 开发 MIDlet 之前还有一些任务要执行。本章的后续章节详述了如何下载 IDE 所需的程序包，以便有助于用户的 MIDlet 开发工作。

6.1.2　IDE 的完整性检查

要验证 NetBeans IDE 已经得到正确的安装，可以选择 Start→All Programs→NetBeans 5.5 并打开 NetBeans IDE。图 6-5 给出了初见应用程序的样子。起始的项目 Hello World App 已经为用户设置好，正如想像的那样，HelloWorldApp 类是项目的主类，该类已经准备好编译并运行。下面是一些起始点：

- 第 6 章的代码文件夹中是一个名为 HelloWorldApp 的项目。要打开该项目，可选择 File→Open Project。导航至 Chapter6MIDlets。打开文件夹并单击 HelloWorldApp，然后单击 Open Project Folder。
- 注意到，图 6-5 中已经单击了 Files 标签并打开了指向 HelloWorldApp.java 文件的路径。另外，Println( ) 方法中的标准 HelloWorld! 输出中已经添加了一个词（"Hello NetBeans World!"）。左下侧的窗格列出了类，显示了类构造函数和 main( ) 函数。如果用户双击一个项，那么光标会移至相应的行。这样，用户就可以很容易地更改自己的起始消息。

- 要连编项目，可选择 Build→Build Main Project 或者按 F11 键。
- 要运行程序，可选择 Run→Main Project 或者按 F6 键。
- 只想调用调试器，可选择 Run→Debug Main Project 或者按 F5 键。

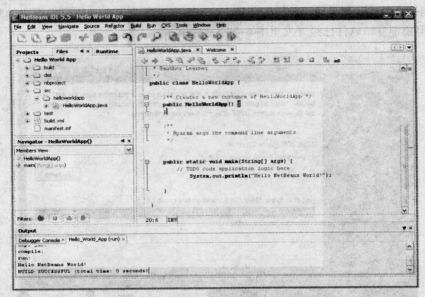

图 6-5　确认 NetBeans IDE 的安装已经成功

　　NetBeans IDE 提供了数百种服务，以补充用户的开发功能。关于这些的具体讨论超出了本章的范围，但概述了那些对 MIDlet 开发很重要的服务。

　　另外两项作为起始动作可能会更有趣：

- 要注意，连编了应用程序(按 F11)后，Output 窗口会告诉用户 IDE 已经为 HelloWorldApp 类产生了一个 JAR 文件。用户可以试着复制给定的命令到 Command Prompt 窗口中并从中执行 JAR 文件。

```
java - jar "C:\Documents and Settings\Hello World
App\dist\Hello_World_App.jar"
```

- 如果用户希望访问关于 IDE 的起始消息，那么可以选择 Help→Quick Start Guide。这一教程会教用户如何自己设置 HelloWorldApp。

6.2　添加移动性

　　安装了 NetBeans IDE 后，用户可以添加两个补充程序包来充分装备自己进行 MID 程序开发。本书没有充分利用这两个程序包，但目前是值得安装它们的。用户要安装的这两个程序包如下：

- **基本的移动性程序包**。该程序包与一个名为 netbeans - mobility - 5_5 - win. exe 的可执行文件相关。如图 6-6 所示，在 NetBeans 下载页面中，单击 NetBeans Mobility 5.5 Installer 链接。移动性是一种使用某些类似于 Java 无线工具集所提供的服务装备 IDE 的重要程序包。当用户在 NetBeans Project 选项中选择 Project→New 时，如果用户希望看到 Mobility 文件夹，那么就需要安装这一程序包。

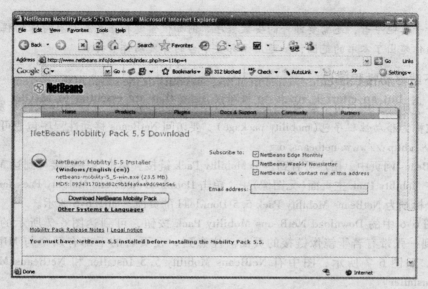

图 6-6　导航至下载页面

- **CDC 移动性程序包。**该程序包与一个名为 netbeans-cdc-5_5-win.exe 的可执行文件相关。
  如图 6-7 所示，在 NetBeans 下载页面中，单击 NetBeans Mobility CDC Pack 5.5 Installer 链
  接。这是一种功能相当强大的程序包，允许用户开发可命名的几乎任何一种类型的 MID
  应用程序。它的完整功能列表超出了本书的范围。当用户选择 Project→New 时，如果希
  望看到 CDC 选项，那么需要安装这一程序包。

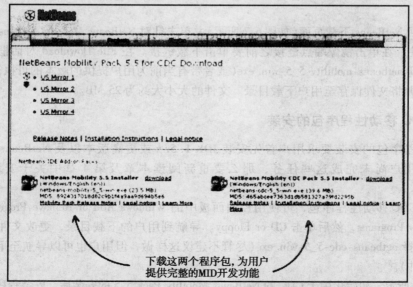

图 6-7　从 CDC 程序包开始，单击镜像链接之前的程序包链接

安装了移动性程序包后，用户可以执行本书描述的动作而无需进一步配置 NetBeans IDE。

注意：

对于其他平台，还需要额外的安装程序。例如，索爱和诺基亚都有特殊的程序包。这些安装动作超出了本书的范围，如适用于那些平台的开发动作一样。

6.2.1 下载移动性程序包

如上一节所述，用户可下载两个程序包，以使用 NetBeans IDE 进行 MID 软件开发。这些程序包通常被称为移动性程序包(mobility package)。要访问 NetBeans 移动性程序包，可到 NetBeans Internet 网站：http://www.netbeans.org。

在 NetBeans 网页中，用户可看到一个 Mobility Pack 链接。单击这一链接可到达 Mobility Pack 主页面。在 Mobility Pack 主页面(无图像)中，单击 Donwload NetBeans Mobility Pack for CDC 按钮，可到达一个标题为 NetBeans Mobility Pack 5.5 Donwload 的页面，如图 6-6 所示。

单击图 6-6 中的 Download NetBeans Mobility Pack 按钮，可到达图 6-7 所示的下载页面，然后可看到一张带有若干镜像链接的页面。注意到，在页岩的下部有两个与 MID 开发相关的程序包。如图 6-7 所示，图中有 NetBeans Mobility 5.5 Installer 和 NetBeans Mobility CDC Pack 5.5 Installer。

首先，下载标题中包含 CDC 的移动性程序包，这是较大的两个程序包。要初始化下载，首先单击指向 CDC 程序包的下载链接，页面刷新后，然后单击镜像链接之一。要注意，链接会根据用户单击的下载链接而刷新，因此，要在单击了针对用户希望访问的程序包的下载链接之后，才能单击某个镜像链接。

在 File Download 对话框出现后，可看到 netbeans-cdc-5_5-win.exe(或者带有当前为用户提供的版本的可执行文件)。单击 Save 选项并将文件保存至用户下载目录。文件的大小约为 40 MB。

现在返回 NetBeans 下载页面(如图 6-7 所示)并单击针对 NetBeans Mobility 5.5 Installer 的下载链接。要记住，在单击镜像端点链接之前要单击下载链接。在 File Download 对话框出现后，用户应当会看到 netbeans-mobility-5_5-win.exe(或者带有当前为用户提供的版本的可执行文件)。单击 Save 选项并将文件保存至用户下载目录。文件的大小大约为 25 MB。

6.2.2 CDC 移动性程序包的安装

移动性程序包的安装要求用户首先安装 JDK 1.5.x 或更高版本以及 NetBeans 5.5 或更高版本。如果用户尚未完成这些任务，那么要重新阅读本章及第 4 章中关于安装这两项的指南。

要安装 CDC 移动性程序包，可使用控制面板中的 Windows Add or Remove Programs 对话框。单击 Add New Programs，然后单击 CD or Floppy。导航到用户的下载目录，更改文件类型设置为 All Files，选择 netbeans-cdc-5_5-win.exe(尽管不建议这样做，但用户也可以导航至下载目录并单击 *.exe 文件)。

如图 6-8 所示，初始化用于 CDC 的 NetBeans Mobility Pack 5.5 的安装后，安装程序允许用户将 NetBeans 的某个版本与移动性程序包相关联。5.5 或更高版本最为适宜。选择一个版本并单击 Next。

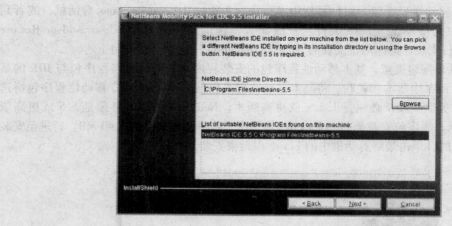

图 6-8 将移动性程序包与 NetBeans 的某个版本相关联

在接下来的对话框中，安装程序允许用户将移动性程序包与 JDK 的某个版本相关联。1.5.x 或更高版本最为适宜。选择用户的版本，然后单击 Next。用户会看到一个识别当前安装 JDK 的路径的对话框，如图 6-9 所示。

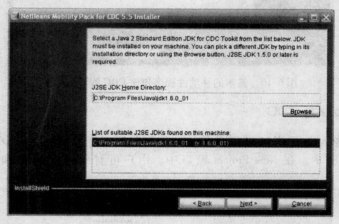

图 6-9 将移动性程序包与 JDK 的某个版本相关联

然后用户会看到安装的统计数字。用于 CDC 的 NetBeans Mobility Pack 5.5 要求大约 140 MB 内存。默认的安装位置为 C:\Program Files\netbeans-5.5\cdc2。单击 Next，初始化文件安装过程。当安装结束时，单击对话框中出现的 Finish。

6.2.3 基本移动性程序包的安装

在安装基本移动性程序包之前，用户必须已经安装了 JDK 1.5.x 或更高版本以及 NetBeans 5.5 或更高版本。如果用户尚未完成这些任务，那么要重新阅读本章及第 4 章的开头部分。在这里，还假设用户已经下载了基本的移动性程序包并已经安装了 CDC 移动性程序包。如果用户尚未完成这些任务，那么可重新阅读前面的章节。

要安装基本的移动性程序包，用户可使用 Windows Add or Remove Programs 对话框，或者到用户的下载目录中直接单击 ＊．exe 文件。一般而言，建议用户通过 Windows Add or Remove Programs 对话框进行安装。选择用于安装的 netbeans-mobility-5_5-win. exe 文件。

与 CDC 移动性程序包类似，基本移动性程序包的安装程序允许用户先将程序包与 JDK 的某个版本和 NetBeans 的某个版本相关联。将基本移动性程序包与用户针对 CDC 移动性程序包所选择出的相同版本相关联。JDK 必须是 1.5. x 或更高版本。NetBeans 的版本必须是 5.5 或更高版本。如图 6-10 所示，程序包安装至 Program Files 目录中，程序包的大小约为 40 MB。行进至安装的最后一个对话框时，单击最终对话框中的 Finish 以结束安装。

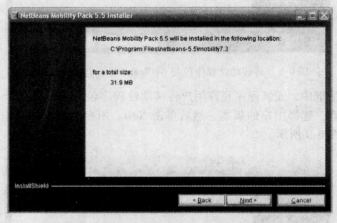

图 6-10   基本的移动性程序包比 CDC 程序包略小

6.2.4   确认 Mobile 与 CDC

安装了基本的移动性程序包和 CDC 移动性程序包后，打开 NetBeans IDE，选择 File→New Project。如图 6-11 所示，在 New Project 窗口中，用户可看到针对 CDC 和 Mobile 的文件夹。

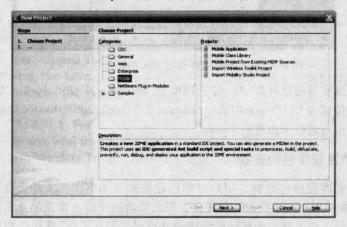

图 6-11   Mobile 和 CDC 文件夹随两个移动性
程序包的安装而被添加

Mobile 代表基本的程序包，CDC 代表 CDC 程序包。这两个文件夹（项目类型）的存在说明用户的安装已经成功完成，现在可以进行 MIDlet 的生成。

6.3　创建一个 MIDlet 项目

要创建一个 MIDlet 项目，需要打开 NetBeans IDE。关闭 IDE 中可能打开的所有文件，然后选择 File→New Project。

用户会看到 New Project 对话框，如图 6-11 所示。在 New Project 对话框的 Categories 窗格中，单击 Mobile 文件夹。

在 New Project 对话框的 Projects 窗格中，用户会看到项目的几种类型。在这个实例中，单击 Mobile Application，然后单击 Next，用户会看到 Name and Location 对话框，如图 6-12 所示。

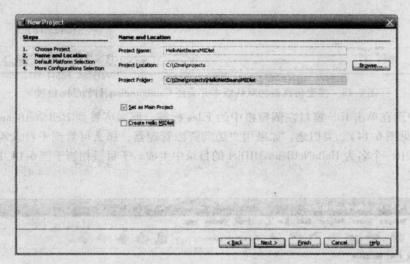

图 6-12　填写名字和位置字段

对于 Project Name 字段中，输入 HelloNetBeansMIDlet。在 Project Location 字段中单击 Browse 并选择用户在第 3 章中创建的 J2ME 目录 C:\j2me\projects 下的项目文件夹。

对于 Set as Main Project 复选框（如图 6-12 所示），选中该复选框。对于 Create Hello MIDlet 复选框，不要选中该复选框。现在单击 Next。

注意：

作为参考，用户可以在第 6 章代码文件夹中找到 HelloNetBeansMIDlet。

图 6-13 给出了接下来将看到的 Default Platform Selection 对话框。如果用户已经学习过第 5 章，那么可能会立刻注意到用户所看到的 Java 无线工具集版本并非是 2.5。用户看到的版本依赖于所使用的 NetBeans 移动性程序包。例如，在这里，版本级别为 2.2。保持 Emulator Platform 不变。对于 Device，选择 DefaultColorPhone。对于 Device Configuration，选择 CLDC-1.1。对于 Device Profile，选择 MIDP—2.0。除了 JWT 的版本级别之外，这些设置与第 5 章中用于 Java 无线工具集仿真的设置相同。单击 Finish。

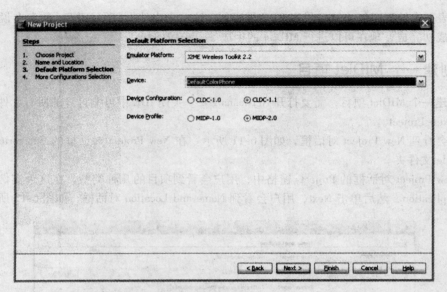

图 6-13   接受仿真器的默认版本并验证 Configuration 和 Profile 设置

如果用户现在单击 IDE 窗口左侧窗格中的 Files 标签，那么可看到 HelloNetBeansMIDlet 项目
已经生成（参见图 6-14）。类似地，如果用户访问资源管理器，那么可看到子目录现在已经生成
在 J2ME 路径中一个名为 HelloNetBeansMIDlet 的目录中生成。子目录相当于图 6-14 中左侧窗格中
所示的文件夹。

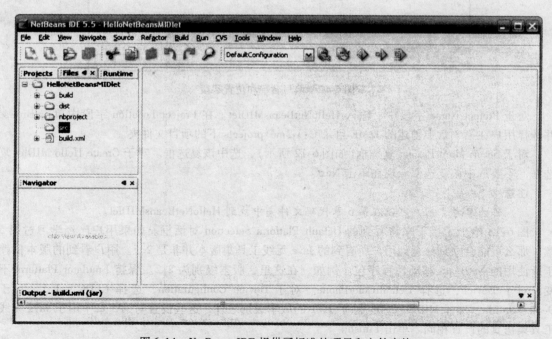

图 6-14   NetBeans IDE 提供了标准的项目和文件窗格

在 NetBeans IDE 窗口的左侧窗格中的目录树里，右击 HelloNetBeansMIDlet 文件夹，可看到一个弹出式菜单，如图 6-15 所示，选择 New→File \ Folder...。

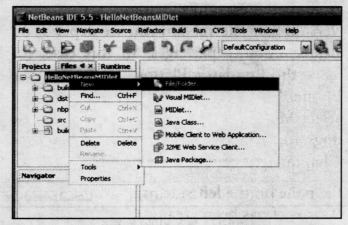

图 6-15   为项目创建一个新文件夹

接下来用户可看到 Choose File Type 对话框，如图 6-16 所示。该对话框类似于 New Project 文件夹，但两个窗格现在的标题是 Category 和 File Type，而不是 Category 和 Project Type。在 Category 下，单击 MIDP 文件夹。在 File Type 下，单击 MIDlet，然后单击 Next。

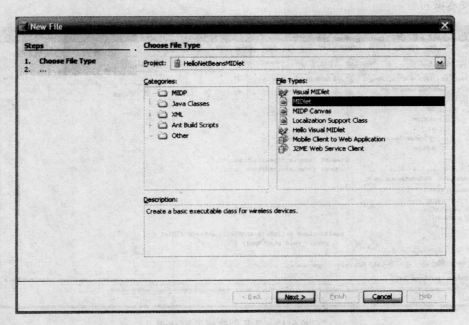

图 6-16   选择 MIDP 和 MIDlet

用户现在可以看到 New File 对话框。在 MIDlet Name 字段中，输入 HelloNetBeansMIDlet。如图 6-17 所示，IDE 使用相同的名字自动为用户填充 MIDlet Class Name 字段，单击 Finish。

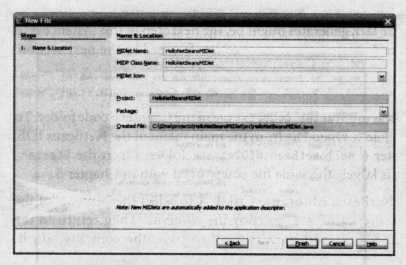

图 6-17 输入 MIDlet 的名字

NetBeans IDE 现在创建了 HelloNetBeansMIDlet. java 文件, 如图 6-18 所示。要定位文件, 可单击 IDE 左侧窗格中的 src 文件夹。当用户单击文件名时, 可以在 Navigator 窗格中看到其方法的描述。如果用户在文件中保存了代码, 那么可以看到它提供了基本的 MIDlet 方法、一个仿真器和重要的导入语句。

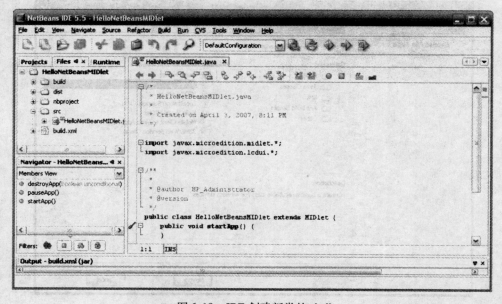

图 6-18 IDE 创建新类的 shell

由于它可能与 IDE 生成的代码具有相同的作用, 因此本实例的下一步是删除它并添加之前练习中的代码。

6.4　添加代码

要创建一个 MIDlet，可访问第 6 章代码文件夹中的 Starter_Code. txt 文件。要完成这项工作，可在 NetBeans IDE 的主菜单中选择 File→Open 文件，导航至第 6 章 HelloNetBeansMIDlet \ src 文件夹。打开 Starter_Code. txt 文件，该文件与第 5 章中的相应文件大致相同。

现在，在 NetBeans 编辑器中，使用 Ctrl + A 选择 Starter_Code. txt 文件的内容，按下 Ctrl + C 复制内容，然后返回 HelloNetBeansMIDlet. java 文件，使用 Ctrl + V 粘贴内容。完成后，单击 IDE 编辑字段顶部文件标签上的×，关闭 Starter_Code. txt 文件。

注意：

为预防起见，不要将一个 ∗. java 文件复制到用户 NetBeans 项目的 src 目录中，然后将其编译为产品的一部分。NetBeans 尚不支持这种动作。用户必须使用 New→File/Folder 或 File →New File 选项向项目中添加一个新文件。使用菜单项添加文件的适当名称，然后删除新文件的内容并将源文件的内容复制到它中。

虽然 HelloNetBeansMIDlet. java 文件中的代码与用户在第 5 章中使用的代码大致相同，但仍存在某些差别。在注释#1 中，属性 String 类型（msg）被声明。接下来的注释#2，String 类的构造函数用于创建 String 类的一个实例，并赋予 msg 属性。下一行中，调用 Form::append( )方法，使得用户可以看到 MIDlet 显示的赋予 msg 的文本。

注意：

第 9 章将更详细地研究 Form、Command 和 String 这些类。目前的任务是举例说明 NetBeans 的使用。为此，代码和其他地方中的注释减至最少。

下面是 HelloNetBeansMIDlet. java 文件中的代码。用户可以在第 6 章 HelloNetBeans 项目文件夹中找到该文件，Starter_Code. txt 文件也在其中：

```
/*
 * Chapter 6 \ HelloNetBeansMIDlet.java
 *
 */

import javax.microedition.midlet.*;
import javax.microedition.lcdui.*;

public class HelloNetBeansMIDlet extends MIDlet
                          implements CommandListener{
    // Attributes to display the message
    protected Form form;
    // process the Quit command
    protected Command quit;
    // #1 Process the message written to the Form (display)
    protected String msg;

    public HelloNetBeansMIDlet(){
      form = new Form("Hello NetBeans MIDlet");
     // #2 Assign a value -- change to experiment
      msg = new String("NetBeans is at Work!");
```

```
    // Write to the display
    form.append(msg);
    // Calls to register the Quit command
    form.setCommandListener(this);
    quit = new Command("Quit", Command.SCREEN, 1);
    form.addCommand(quit);
}
//End of constructor

protected void startApp() throws MIDletStateChangeException{
    // Display the form
    Display.getDisplay(this).setCurrent(form);
}

protected void pauseApp(){
}

protected void destroyApp(boolean unconditional)
        throws MIDletStateChangeException{
}

public void commandAction(Command command, Displayable displayable)
{
    // Check for the quit command and act accordingly
    try{
        if (command == quit){
            destroyApp(true);
            // Tell the Application Manager to exit
            notifyDestroyed();
        }
    }
    catch (MIDletStateChangeException me){
    }
}
}
```

将代码输入或复制到 IDE 的编辑字段中后，按下 F11 键连编项目，要运行 MIDlet，可按下 F6。

图 6-19 给出使用 HelloNetBeans. java 文件所创建的 MIDlet 输出。要操作 MIDlet，可单击 SELECT 按钮。要退出 MIDlet，可单击 click 下的软键（用户还可以按下软键对应的 F2 键或 F1 键），将会显示赋予 msg 属性的文本。为了实验，可更改文本消息（参见注释#2 下面的行）。修改之后，按下 F11 重新连编项目。要调试用户代码，右键单击 Projects 窗格中的文件名并选择 Compile File。

6.5　JAD 和 JAR 文件

回忆一下第 5 章中对话框中定义的对应于 JWT 接口中 JAD 文件的 Message 属性。getAppProperty( )方法重新获得已定义的值。通过修改用户

图 6-19　调用仿真器后，用户可看到自己的 MIDlet

代码和用于 NetBeans MIDlet 的 JAD 文件中的一个行，用户可以将 getAppProperty（ ）方法还原为源代码，并再次重复处理 Message 属性的工作。

　　NetBeans IDE 合并了 Java 无线工具集（JWT）的功能，正如 JWT 生成的 JAR 和 JAD 文件，NetBeans IDE 也生成这些文件。要定位这些文件，首先在 NetBeans IDE 的主菜单中选择 Window→Files，然后会看到 JAR 和 JAD 文件。单击 dist 文件夹，如图 6-20 所示。单击 JAD 文件，用户会看到 NetBeans 编辑窗口中显示的 HelloNetBeansMIDlet. jad 文件的内容。

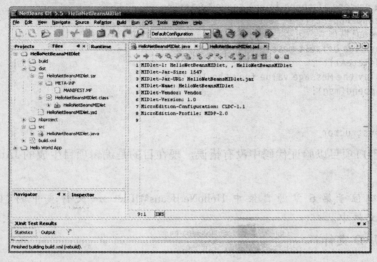

图 6-20　IDE 使用 JWT 功能创建 JAD 和 JAR 文件

　　如图 6-20 中 HelloNetBeansMIDlet. jad 文件的文本内容所示，建立第 5 章中用户使用的 Message 属性的 Property – Value 对在 JAD 文件中消失了。要使用户提供的来自 JAD 文件的消息出现，用户可以对文件进行一些修改。这将在下一节中介绍。关闭 HelloNetBeansMIDlet. jad 文件，在修改 JAD 文件之前进入下一节。

6.5.1　添加消息

　　在这里，用户可以修改代码，使它能够容纳消息。要完成这项工作，首先要对用户 HelloNetBeansMIDlet. java 文件中的代码进行备份。为此，可选择 Window → Files，令 HelloNetBeansMIDlet 项目的 File 窗格出现。然后右键单击 File 窗格顶部的项目名，选择 New Empty File。在 New Empty File 对话框中，输入 HelloNetBeansMIDlet. txt。确认已经包括了 txt 文件扩展名，单击 Finish。

　　一个名为 HelloNetBeansMIDlet. txt 的文件出现在编辑窗格中。如果 File 窗格消失，那么可以在 IDE 的左侧页边上单击，让它重新出现。单击 src 文件夹下的 HelloNetBeansMIDlet. java 并用 Ctrl + A 选择其内容，然后用 Ctrl + C 进行复制，之后用 Ctrl + V 将源文件的内容粘贴至 HelloNetBeansMIDlet. txt 中。

　　备份完成后，修改 HelloNetBeansMIDlet. java 中的代码，使得注释#1 打头的部分如下所示：

```
// #1 And process the message written to the Form (display)
```

```
   protected String msg;
   public HelloNetBeansMIDlet()
   {
     form = new Form("Hello NetBeans MIDlet");

   // #2 Assign a default value
     msg = new String("NetBeans is at Work!");
     form.append(msg);
   // Assign a new one if there is one there to assign
     msg = getAppProperty("Message");
     if(msg != null){
       //Remove the default message
       form.deleteAll();
       //Display the Message value from the JAD file
       form.append(msg);
     }
   }
   //End of constructor
```

连编并运行用户项目以验证代码中没有错误。现在目的是编辑项目生成的 JAD 文件。

注意：

　　备用代码位于第 6 章源目录中 HelloNetBeansMIDlet src 文件夹中的"Constructor with Message. txt"文件中。

6.5.2 修改 JAD 文件

　　如果用户打算编辑一个 JAD 文件，那么 NetBeans IDE 会有些困难。为此，可使用 Windows 资源管理器定位 C:\j2me\projects\HelloNetBeansMIDlet\dist 目录，在这里会找到 JAD 和 JAR 文件。使用记事本而不是 NetBeans 编辑器来打开 HelloNetBeansMIDlet. jad 文件。通过向 Message 属性添加一行进行修改。新添加的文本以黑体显示：

```
MIDlet-1: HelloNetBeansMIDlet, , HelloNetBeansMIDlet
MIDlet-Jar-Size: 1547
MIDlet-Jar-URL: HelloNetBeansMIDlet.jar
MIDlet-Name: HelloNetBeansMIDlet
MIDlet-Vendor: Vendor
MIDlet-Version: 1.0
Message: This is a new message
MicroEdition-Configuration: CLDC-1.1
MicroEdition-Profile: MIDP-2.0
```

保存但不要关闭 JAD 文件。

　　现在使用 Windows 资源管理器打开用户 NetBeans 项目中预验证的目录。项目路径为 HelloNetBeansMIDlet\build\preverified。在这个文件夹中可以找到生成预验证命令的 HelloNetBeansMIDlet. class 文件的版本。将该文件复制至 dist 目录：

图 6-21　修改 JAD 文件以查看 Message 属性值的改变

```
C:\j2me\projects\HelloNetBeansMIDlet\dist
```

　　现在使用命令提示符导航至 dist 目录(要完成这项工作，可使用框注

Drag and Drop Navigation 中描述的程序)。导航至 dist 目录后,提示符显示如下:

```
C:\j2me\projects\HelloNetBeansMIDlet\dist→
```

使用下列命令:

```
midp -classpath. -Xdescriptor HelloNetBeansMIDlet.jad
```

仿真器启动,用户可以单击 Select 按钮查看赋予 Message 属性的值,如图 6-21 所示。现在有了几个打开的窗口,因此,如果用户想继续进行实验,可以很容易地反复修改 JAD 文件中的值。

注意:

当 NetBeans 连编用户的 MIDlet 时,它会清除用户对 JAD 文件的修改。

拖放导航

想要更容易地使用本章中要处理的某些晦涩的目录路径,可以打开一个命令提示符和 Windows 资源管理器,如图 6-22 所示。在命令提示符窗口中,在提示符下输入 CD,然后输入一个空格,单击包含 Windows 资源管理器中文件的目录名,拖放至命令提示符窗口中,按下 Return 键。

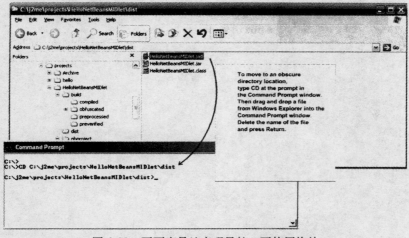

图 6-22　要更容易地实现导航,可使用拖放

6.6　小结

在本章中,用户下载并安装了 NetBeans IDE 5.5,然后下载并安装了 NetBeans Mobility 5.5 Installer 和 NetBeans Mobility CDC Pack 5.5 Installer。这两个程序包为用户提供了在 NetBeans 中开发移动设备软件的大量功能。使用这些程序包,用户可以创建用于 MIDlet 项目和用于定义 MIDlet 的 Java 文件。用户用第 5 章中讨论过的项目中的大部分代码取代为 MIDlet 自动生成的代码。使用前面以 Java 无线工具包完成的工作,用户已经可以研究 NetBeans IDE 是如何简化 MID 软件开发工作的。现在可以看出,JWT 的工作包含在 NetBeans 移动性程序包之内。JWT 在这里和在前面章节中给出的不同版本不会影响代码的使用。代码初始使用 JWT 的一个版本进行编译。当使用另一版本(如 2.2 版本)时,用户会看到一个不同的仿真器。从这个角度讲,未来将倾向于包含对开发 MID 游戏软件中所涉及的类和算法的检查。

第三部分　面向文本的活动

第7章　Java ME API 基础

本章介绍了 MIDP 和 CLDC 程序包中类和接口的实现。这是在一般水平上处理类和接口的 4 个章节中的第一章。根据对本书的学习方法，读者可以只使用接下来的 4 章作为参考，不过，它们只用小程序来介绍使用类和接口的基础，因此，研究这些章节可能对第 11 章进行有效的预习，第 11 章着重介绍游戏开发的详细内容。在这一章中，用户将研究 MIDP 应用程序的编程接口，它们可视为创建 MIDlet 时用户访问的类和接口的总集。在本章中，重点在支持 MIDlet 基本周期的类和方法、支持线程或计时器使用的类、以及提供了网络互连功能的类。在接下来的章节中将介绍 API 的其他特性。

7.1　MIDP API 概述

在使用 MIDP 时，用户要访问它的应用程序编程接口(API)。本章中所用的 API 包含 MIDP 中的类所提供的公共方法。这些类和方法中的一些已经出现在前面章节中，在这里和接下来的几个章节中，目标是更仔细地检查它们。

表 7-1 给出 MIDP 相对于其功能的一般种类的概述。功能的最大集合位于 UI(User Interface) 类中。这些常常在 LCDUI(Liquid Crystal Display User Interface) 的专题中提及。除了 LCDUI 类外，网络互连功能是极端重要的，与线程和计时相关的接口一样。

表 7-1　MIDP API 支持

节	说　明⊖
Application	本集合中的类支持设备，使它们可以运行多个 MIDlet
Utilities	包括基本的 Timer 和 TimerTask 类，除诸如 Stack、Vector、Calendar 和 Random 类之外
Networking	提供对连接、套接字、HTTP 连接和流的支持
Persistence	允许用户存储和恢复数据。其功能集中在一种基本的数据库记录管理系统(Record Management System，RMS)上

⊖　参见 http://java. sun. com/javame/reference/apis/jsr118/，全面了解构成 MIDP 的 API 的包。

（续）

节	说　明
Audio	包括各种拖放和收听音频的类
Gaming	提供了用于纹理、层管理、画布开发和精灵的类
User Interface	类的最大集合。它包括图像、数据、屏幕管理、文本显示、字体、组和许多其他 UI 项

7.2　MIDlet 类

　　用户在开发一个 MIDlet 时，可以扩展用户为 MIDlet 生成的类，该类来自 javax. microedition. midlet 程序包中的 MIDlet 类。它是一个抽象类，在前面章节中已经介绍了几个如何扩展来自它的类的实例。它提供通常被称为"配置文件"的应用程序，这意味着当它提供了刻画 MIDlet 的服务时，用户必须实现与用户使用的特定设备相关的控制机制。配置文件服务包括启动、暂停、恢复和停止 MIDlet 的必需服务。表 7-2 提供了这些服务的方法列表。

表 7-2　MIDlet 方法

方　法	说　明
String getAppProperty(String key)	返回与 JAR 或 JAD 中字符串关键字相关的属性值
abstract void destroyApp( )	在用户应用程序关闭之前，给用户致力于诸如保存状态和释放资源等动作的机会。该方法的参数是 Boolean 类型，并标识为 unconditional。一个无条件的 Boolean 值总产生一个动作。如果它为真，MIDlet 清除并释放其资源。如果它为假，MIDlet 抛出一个 MIDletStateChangeException 类型的异常以临时防止其销毁
abstract void pauseApp( )	当用户暂停游戏时调用 MIDlet
abstract void startApp( )	用户希望游戏重新开始的信号
abstract void notifyDestroyed( )	玩家决定退出游戏时通知应用程序管理软件
abstract void notifyPaused( )	告诉应用程序管理软件玩家暂停了 MIDlet
abstract void resumRequest( )	告诉应用程序管理软件 MIDlet 在暂停后重新开始

　　如表 7-2 所示，MIDlet 类的方法与应用程序管理软件大量交互。应用程序管理软件启用方法响应的许多动作，但方法允许用户初步了解指导应用程序管理软件的动作也是事实。交互同时存在于方向和持续中。应用于 MIDlet 类的方法上的交互也应用于大多数构成表 7-1 中所示 API 的类上。

注意：

　　API 类使用继承自 Object 类的标准方法。使用的方法如下：equals( )、getClass( )、hashCode( )、notify( )、notifyAll( )、toString( )、wait( )。

　　如前所述，用户可以用相当基础的术语查看 MIDlet 的生命周期并追踪其动作至表 7-2 中列出的方法。如图 7-1 所示，MIDlet 的生命周期开始于其构造，构造后，应用程序管理软件自动地将其置于暂停状态，然后调用 startApp( )方法将 MIDlet 设置为运行状态。方法运行过程中也可以暂停它。这在设备的用户转换为另一个 MIDlet 时便会发生。如果一个应用程序被暂停，那么可以使用 startApp( )方法再次重新启动它。另一方面，用户可以在调用 destroyApp( )的情况时关闭它。诸如 notifyPaused( )和 notifyDestroyed( )等其他方法对这些工作进行了补充。

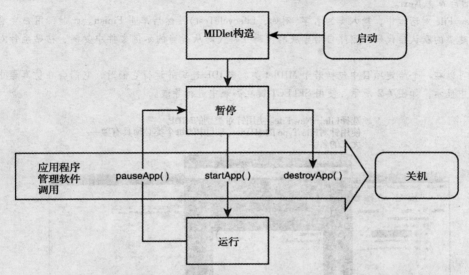

图 7-1　与用户和应用程序管理软件的交互描述了 MIDlet 的生命周期

一个 MIDlet 在运行过程中随时可暂停，这种情况发生时，应用程序管理软件立刻会调用 pauseApp( )方法。考虑两个应用程序 A 和 B。如果用户暂停了应用程序 A 并转换至应用程序 B，那么会对 A 调用 pauseApp( )方法，对 B 调用 startApp( )方法。当调用 pauseApp( )方法时，用于应用程序 A 的资源得到释放。当用户想重新启动应用程序 A 时，应用程序管理软件会对 A 调用 startApp( )方法而对应用程序 B 调用 pauseApp( )方法，用于应用程序 B 的资源得到释放。

MIDlet 的销毁方式与上相同。例如，如果用户决定关闭应用程序 A，那么应用程序管理软件会对应用程序 A 调用 destroyApp( )方法。随着 destroyApp( )方法的调用，MIDletStateChange-Exception 类得到启用。这个异常说明有试图关闭应用程序的企图但用于该应用程序的资源尚未释放，因此无法正常退出。

使用 NetBeans 的项目

此处与后续章节中的程序都使用 NetBeans IDE 开发。为此，用户可在第 7 章和本书的后续章节的资源目录中找到一个 NetBeans 子文件夹。第 6 章描述了如何使用 NetBeans IDE 进行启动。

如果用户不希望使用 NetBeans，那么代码文件夹会提供冗余代码文件，用户可用于复制并使用命令行进行工作，或者使用 Java 无线工具集。要寻求这些上下文中关于使用这些文件的帮助，可查看第 4 章和第 5 章中给出的相关讨论。

要访问本章提供的 NetBeans 项目，可从 NetBeans IDE 的主菜单中，选择 Project→Open Projects 并导航至用户将第 7 章代码示例复制到的目录位置。用户可在 NetBeans 子文件夹中找到这一项目。在 Open Projects 对话框中单击 Chapter 7 MIDlets 选择，然后单击 Open Project Folder，此时，用户可以连编（F11）并运行(F6)项目中的 MIDlet。

如果用户想创建自己的项目，那么可遵循第 6 章中关于创建一个 MIDlet 项目的指导，然后添加文件，选择 File→New File。在 New File 对话框中，单击 Categories 标签下的 MIDP，单击 Files Types 标签下的 MIDlet，然后单击 Next。

在 New File 对话框中，输入类的名字(例如，LifecycleTest)，然后单击 Finish。此时，用户会看到针对用户所创建类的默认启代码。删除自动生成的代码并将代码从适当的示例文件中复制、粘贴至针对该类的文本框。

用户可以在一个给定项目中包括若干 MIDlet 类。当 IDE 连编并运行它们时，它们会在仿真器中的典型设备列表中显示，如图 7-2 所示。使用 SELECT 键在列表中进行导航。

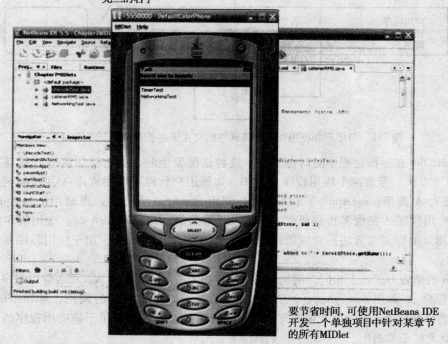

选择File→New File。使用针对类别的MIDP
使用针对File Type 的MIDlet。项目中的每个类必须具有独一无二的名字

要节省时间，可使用NetBeans IDE
开发一个单独项目中针对某章节的所有MIDlet

Chapter7MIDlets

图 7-2   NetBeans IDE 允许用户使用一个针对给定章节中文件的单独项目

7.2.1   LifecycleTest 类

LifecycleTest 类位于第 7 章的代码文件夹中。有关如何访问和运行它的讨论可参见框注"使用 NetBeans 的项目"。LifecycleTest 类举例说明了 MIDlet 类中的某些方法的动作，这其中包括构造函数、startApp( )、destroyApp( )和 notifyDestroyed( )方法。pauseApp( )方法也得到显示，但在这里用户不会看到来自它的输出。此外，LifecycleTest 类研究了 CommandListener::commandAction( )方法。下面是针对 LifecycleTest 类的代码，LifecycleTest 类的讨论位于代码中出现的数字引用(例如#1)中。

```
/*
 * Chapter 7 \ LifecycleTest.java
 *
 */

import javax.microedition.midlet.*;
import javax.microedition.lcdui.*;

public class LifecycleTest extends MIDlet
                            implements CommandListener{

private Form form;
private Command quit;
private boolean forceExit = false;
//Test attributes to show values as they are generated
private static int countStart,
                constructApp,
                destroyApp;
// #1 Construct the MIDlet
public LifecycleTest(){
    System.out.println("The constructor is called: " + constructApp++);
    form = new Form("Basic MIDlet Lifecycle.");
    form.append("The MIDlet starts and waits.");
    form.setCommandListener(this);
    // Create and add a command to close the MIDlet state
    quit = new Command("Quit", Command.SCREEN, 1);
    form.addCommand(quit);
}

// #2 Called by the application management software to start
protected void startApp() throws MIDletStateChangeException{
    System.out.println("Select clicked. The startApp() method is called: "
                    + countStart++);
    Display.getDisplay(this).setCurrent(form);
}

// #3 Called by the application management software to pause
protected void pauseApp(){
    System.out.println("pauseApp() called.");
}

 // # 4   Called by the application management software to destroy
protected void destroyApp(boolean unconditional)
                        throws MIDletStateChangeException{
    System.out.println("The destroyApp(" + unconditional
                    + ") method is called: " + destroyApp++);

    if (!unconditional){
        // Once using unconditional, next time forced.
        forceExit = true;
    }
}
```

```
// #5 Called when the user executed a command
public void commandAction(Command command, Displayable displayable){
    System.out.println("commandAction(" + command + ", " + displayable +
                        ") called.");
    try{
        if (command == quit){
            destroyApp(forceExit);
            notifyDestroyed();

        }
    }

    catch (MIDletStateChangeException me){
        System.out.println(me + " caught.");
    }
}

}
```

图 7-3 给出了 LifecycleTest 类支持的主要动作。SELECT 按钮调用构造函数和类的 startApp( ) 方法。SELECT 按钮右下方的断开电话按钮调用 destroyApp( )方法。用户可以重复构造和销毁类的对象，以查看其方法的输出。

SELECT调用构造函数
和startApp( )方法

当用户关闭应用程
序时，将调用
destroyApp( )方法

图 7-3   测试 MIDlet 的输出演示了应用程序的终止过程

运行应用程序并单击 SELECT 和断开按钮，如图 7-3 所示。用户调用该类对象的构造函数、startApp（）方法，然后调用 destroyApp（）方法。本章接下来的各节将详细讨论代码。NetBeans IDE 生成的输出如下所示：

```
Copying 1 file to C:\j2me\projects\Chapter7MIDlets\dist\nbrun#30652
Starting emulator in execution mode
Running with storage root DefaultColorPhone
The constructor is called: 0
Select clicked. The startApp() method is called:0
The destroyApp(true) method is called: 0
The constructor is called: 1
Select clicked. The startApp() method is called:1
The destroyApp(true) method is called: 1
The constructor is called: 2
Select clicked. The startApp() method is called: 2
The destroyApp(true) method is called: 2
Execution completed.
```

7.2.2 导入与构造

首先考虑 LifecycleTest 类定义中注释#1 之前的代码行，用户可以看到为了包括基本的 MIDP 类所需的 import 指令。在这之前用户已经见到过，但在这里要注意 midlet 和 lcdui 程序包。如前所述，midlet 程序包允许用户定义应用程序的基本配置文件活动。lcdui 程序包含的类提供了用户界面的主要组件，如 Form、CommandListener 和 Canvas 类。

接下来的 import 语句中可以看到类的签名行。为了定义该类，用户要扩展 MIDlet 类，该类允许用户访问 MIDlet 应用程序的核心功能。此外，用户实现了 CommandListener 接口，它允许用户处理来自命令生成事件的消息。

给出了 import 指令和类签名行后，接下来是声明 Form 和 Command 对象以及一些 boolean 和 int 类型的测试属性。forceExit 属性用作开关，允许用户退出 MIDlet。Form（form）和 Command（quit）对象是中心 UI 对象。Form 对象允许用户显示消息。Command 对象为关键字提供了若干已定义的属性，这其中包括用于 SCREEN、STOP 和 EXIT 的属性。此外，单纯为了测试目的而声明了几个静态属性：countStart、constructApp、destroyApp。用户可以增加这些属性的值以更清晰地显示出 MIDlet 主要方法的运转。

注释#1 后面的代码行中实现了 LifecycleTest 类的构造函数。构造函数使用 System. out. println（）方法向命令行（或 Output 字段）输出测试消息。在构造函数中，用户可为 Form 类调用构造函数。Form 构造函数有一个参数，是一个为 MIDlet 提供名字的字符串。然后，用户将 Form 对象赋予 form 标识符并使用 form 标识符调用 Form::append（）方法，它在 Form 对象构造过程中输出一条文本消息用于显示。之后，用户调用 Form::setCommandLisener（）方法，它用处理消息所需的功能装备 Form。该方法的参数是对 LifecycleTest 类对象的引用，它通过 this 关键字提供。

在 LifecycleTest 构造函数附近的代码行中，用户调用 Command 类的构造函数生成 Command 对象的一个实例，用户将其赋予 quit 标识符。Command 对象的生成后面将进一步进行讨论，现在只要注意，Command 构造函数接收三个参数。第一个是用于命令（"Quit"）的标签，第二个是标识命令类型的字段值（SCREEN），最后一个是一个整数，用于指定用户希望赋予命令的优先级。Form::addCommand（ ）方法然后将 Command 对象（quit）添加至 Form 对象（form）中。

7.2.3　开始与停止

LifecycleTest 类中注释#2 后对 startApp（ ）方法进行了定义。当调用该方法时，它会令应用程序的状态从暂停转换为运行。它还提供了一个位置，用户可用它来初始化或刷新用于显示的对象。在这里，Display::getDisplay（ ）方法得到静态调用以返回 MIDlet 的屏幕（Display 对象），然后用户可使用该对象调用 setCurrent（ ）方法去设置要显示的下一个对象（form）。当应用程序最初启动或者暂停后重新开始时会设计这一动作。这一动作对当前应用程序的结果是，当单击 SELECT 按钮时，用户会看到一个控制台消息，而 countStart 的静态属性值可让用户看到退出和重新启动应用程序时的变化。

在注释#3 的结尾几行中，用户定义了 pauseApp（ ）方法。当用户从一个 MIDlet 转换到另一个 MIDlet 时，pauseApp（ ）方法会清理不需要的资源。它是一种常用的方法，因为用户在 MIDlet 之间进行切换时必需尽可能多地释放资源。清理资源（销毁它们）要求用户在应用程序恢复时重新初始化它们。虽然初始化资源会导致延迟，但程序员通常会进行合理地折衷，而如果短暂的停顿在游戏恢复或其他动作之前，玩家也很少会反对。在这里，该方法不会引起任何动作，但随着本章工作的进一步深入，println（ ）方法将用于向命令行提供简短的测试报告。只有当应用程序在状态间进行转换时，应用程序管理软件才会调用 pauseApp（ ）方法。由于只有当 MIDlet 开始时这一条件在该类中才能得到满足，因此 pauseApp（ ）方法没有调用。

7.2.4　关闭

在注释#4 的末尾里，用户实现了 destroyApp（ ）方法。应用程序管理软件在 MIDlet 关闭时调用该方法。该方法用于确立赋予 MIDlet 安全关闭的权限。当该方法能够处理一次状态改变时，MIDlet 才能够安全关闭。在这里，状态的改变要求 MIDlet 能够销毁不再需要的已分配资源并保存不变的资源。如果无法做到，那么它会抛出一个 MIDletStateChangeException 类型的错误，通知系统该应用程序无法执行要求的改变。如果输出该函数的参数为真，那么 MIDlet 的状态转换为已销毁，并且调用最后一个名为 notifyDestroyed（ ）的方法。该方法的定义在这里设置，以便于当第一次退出失败后，下一次会设置 forceExit 的值为真，强制关闭 MIDlet。

7.2.5　命令动作

注释#5 后面的代码行中，用户实现了 LifecycleTest 类的最后代码。用户定义了 CommandListener::commandAction（ ）方法，在这里用户可以直接访问它，因为 LifecycleTest 类实现了 CommandListener 类。与前面方法相同，用户提供了一个 println（ ）语句用于测试。此后，用户提供了一个 try...catch 块，用于实现处理 quit 消息并销毁 MIDlet 的代码。

commandAction（ ）方法接收两个参数。第一个是要执行的命令，第二个是 Displayable 抽象类型（具体子类为 Canvas 和 Screen）。在 try...catch 块中，用户提供了一个选择语句，用于测试命令参数的值是否先于赋予 quit 标识符的值。如果相等，那么用户调用 destroyApp（ ）方法，以 forceExit 属性作为参数。如前所指出的，forceExit 属性是一个开关，其初始值设置为 false。第一

遍调用 destroyApp( )方法。如果 MIDlet 能够顺利地释放或保存资源，那么程序流会继续前进至
notifyDestroyed （ ） 方法，并且关闭 MIDlet。如果不相等，那么会显示一条
MIDletStateChangeException 消息，并进入 catch 块。在这里，唯一的结果是 println( )方法向控制
台打印出的一条消息。

7.3 使用 Timer 和 TimerTask 对象

　　Timer 对象可令用户调度用于执行的任务。它使用一个后台应用程序线程，而用户使用它调
度的任务可按事先决定的间隔执行一次或多次。用户可以在某个给定 MIDlet 中实现若干 Timer 对
象。每个 Timer 对象在应用程序中都有其自己的线程。Timer 类受到 TimerTask 类的支持，该类允
许用户指定任务。这两个类都在 java. util 程序包中，如表 7-1 所示。与 Timer 方法相关的异常有
两个，一个是 IllegalArgumentException，它指出赋予一个任务的间隔或延迟是负的，另一个是
IllegalStateException，它指出存在一个访问已销毁 Timer 对象的企图。表 7-3 总结了 Timer 类中的
方法。表 7-4 总结了 TimerTask 类。

表 7-3　Timer 方法

方　　法	说　　明
Timer( )	构造一个新 Timer 对象
void cancel( )	终止一个 Timer 对象和所有与之相关的任务
void schedule（TimerTask task，long period）	第一个参数指定要调度的任务。这是一个对 TimerTask 类型的对象的引用。第二个参数是 long 类型的，指定任务执行前流逝的周期，以毫秒计数
void schedule（TimerTask task，Date time）	第一个参数指定要调度的任务。这是一个对 TimerTask 类型的对象的引用。第二个参数是 Date 类型的，以毫秒计数，详细指定任务执行的时间
void schedule（TimerTask task，Date firstTime，long period）	第一个参数是 TimerTask 类型的，指定要执行的任务。第二个参数是 Date 类型的，建立任务执行的开始时间。第三个参数指定执行的周期数，以毫秒计数。要注意，每个执行的调度相对于之前执行后的延迟
void schedule（TimerTask task，long delay，long period）	第一个参数是 TimerTask 类型的。第二个参数是一个长整数，指定任务执行之前的时间，以毫秒计数。第三个参数建立延迟的周期。执行在第一个延迟后开始
void scheduleAtFixedRate（TimerTask task，Date firstTime，long period）	第一个参数是 TimerTask 类型的。第二个参数是 Date 类型的，建立任务执行的开始时间。第三个参数指定执行的固定周期，以毫秒计数
void scheduleAtFixedRate（TimerTask task，long delay，long period）	第一个参数是 TimerTask 类型的。第二个参数指定第一次执行之前的延迟，以毫秒计数。第三个参数为后续执行建立一个固定周期，以毫秒计数

表 7-4　TimerTask 方法

方　　法	说　　明
TimerTask( )	构造一个新的计时器任务

（续）

方　　法	说　　明
boolean cancel( )	结束任务。该方法可在任务运行之前结束或者在一个 Timer 对象的任务调度中插入以在该点结束它
abstract void run( )	该方法被另一方法重写，其包含 Timer 事件进行时得到执行的代码。该方法由 Runnable 接口提供，用于初始化一个任务的执行
long scheduledExecutionTime( )	返回任务最后一次运行的确切时间

要注意，表 7-3 中某些方法的参数包括术语 delay、period 和 fixed。当一种方法拥有一个延迟时，延迟指定 Timer 对象初始化后的一段周期。不同的执行方案应用于延迟。有的着重于周期，有的着重于延迟。

当执行着重于周期时，执行开始后，首先会执行一个已调度好的任务。如果一个 Timer 对象指定要在某个固定周期内执行的任务，那么它们会在指定的延迟周期后开始。之后，如果它们没有在已定义的延迟后执行，那么它们会与下一个任务挤在一个周期内执行。周期是受到保护的，即使两个任务之间没有延迟。这意味着事件依次快速执行。

使用固定频率的执行，情况会发生改变。一个事件的执行与前一事件的执行相关。第一个任务执行，不管所有其他的如何，下一个任务随后执行。如果一个事件遇到延迟，那么随后的所有事件执行都会延迟。

在表 7-3 中，用户可以看到所有的 Timer 方法都依赖于 TimerTask 类型的参数。用户先生成一个 Timer 类的实例，然后生成 TimerTask 类的实例并将它们赋予 Timer 类的实例。用户可以调度、运行或取消 TimerTask 对象。表 7-4 总结了 TimerTask 类提供的方法。

7.3.1　TimerTest 类

TimerTest 类提供了一个示例，说明如何定期向 MIDlet 显示打印出以毫秒计数的时间。要实现 TimerTest 类，用户可扩展 MIDlet 类并生成 Timer 和 PrintTask 类的实例。PrintTask 是一个扩展了 TimerTask 的内部类。下面是用于 TimerTest 类的代码。源文件位于第 7 章代码文件夹中。要注意，如果用户使用的是 NetBeans IDE，那么可以打开 Chaper7MIDlets 项目并这样访问代码。有关使用 NetBeans IDE 的更多信息请参见框注"使用 NetBeans 的项目"。代码将后续章节中进行更详细地讨论。

```
/**
 * Chapter 7 / TimerTest
 *
 */
import javax.microedition.midlet.*;
import javax.microedition.lcdui.*;
import java.util.*;

// #1
public class TimerTest extends MIDlet{
    private Form form;
    private Timer timer;
```

```
    private PrintTask task;
    private static int count = 10;
    private static long lengthOfPause = 1000;

    // #2 MIDlet constructor that creates a form, timer and simple task.
    public TimerTest(){
        form = new Form("Timer Test");
        // Setup the timer and the print timertask
        timer = new Timer();
        task = new PrintTask();
    }

    // #3 Start the application and scheulde the task
    protected void startApp() throws MIDletStateChangeException{
        // display our UI
        Display.getDisplay(this).setCurrent(form);

        // schedule the task for execution every 100 milliseconds
        timer.schedule(task, lengthOfPause, lengthOfPause);
    }

    // #4 If the applicaion pauses, stop the task execution
    protected void pauseApp(){
        task.cancel();
    }
    // #5 If there is a problem, exit and stop the timer
    protected void destroyApp(boolean unconditional)
                    throws MIDletStateChangeException{
        timer.cancel();
    }

    //======================
    // #6 Define ann inner class that extends the TimerTask class.
    class PrintTask extends TimerTask{

        // To implement a task you need to override the run method.
        public void run(){
            taskToRun();
        }//end run

        private void taskToRun(){
            // output the time the task ran at
            form.append("" + scheduledExecutionTime() + "\n");
            if(count >10){
                form.deleteAll();
                count=0;
            }//end if
            count++;
        }//end taskToRun() def
    }//end TimerTask
    //====================
}//end of class definition
```

7.3.2 导入与构造

在 TimerTest 类的注释#1 之前的代码行中，用户使用一个 import 语句访问 java. util 程序包，使用户可访问 Timer 和 TimerTask 类。注释#1 之后，用户为 TimerTask 类定义的签名行，如本书前面的示例所示，它扩展了 MIDlet 类。签名行之后，用户声明了五个类属性。第一个是一个 Form 对象（form），已经讨论过它了。接下来的两个属性与类中任务的定时执行有关。Timer属性 timer 允许用户生成一个或多个 TimerTask 对象。在这个类中，用户仅使用一个这种对象。它由 task 属性提供，具有 PrintTask 数据类型。PrintTask 数据类型由一个临时解释的内部类提供。

除了其他属性外，用户还生成一个 static long 类型的属性 lengthOfPause，并赋予值 1000。该属性可用于设置任务延迟值和周期值。用户还定义了一个 int 类型的 count 属性，管理要显示出的行数（10）。

在注释#2 中，用户定义了 TimerTest 对象的构造函数。构造涉及到生成一个 PrintTask 类的实例并为其指派 timer 属性。已知 TimerTest 对象的构造，在注释#3 的尾部，用户开始实现 startApp（ ）方法。为了定义该方法，用户首先试图设置显示。这一主题在前面已经讨论过。

然后用户使用 Timer::schedule（ ）方法向一个 PrintTask 对象赋予 Timer 对象。该实例中使用的 schedule（ ）方法的版本设置了任务、延迟以及任务的周期。这两个值以毫秒进行计算，因此，随着赋予 lengthOfPause 初始值，任务在实例化之后一秒执行，此后以每秒为周期执行一次（要进行实验，可更改初始值）。

7.3.3 取消任务

在 TimerTest 类中与注释#3 相关的代码行中，用户定义了 pauseApp（ ）方法。用户只使用一个语句定义该方法，其中涉及到使用 PrintTask 属性 task、调用 PrintTask::cancel（ ）方法（回忆一下，PrintTask 类由 TimerTask 类导出）。当用户转换 MIDlet 时，使用 cancel（ ）方法可取消 Timer动作。如果用户使用 NetBeans 实现 TimerTest 类，那么会发现，当用户在用于第 7 章的 MIDlet 之间转换时，这种情况就会发生。

在接下来的注释#5 的代码中，用户再次调用 Timer::cancel（ ）方法。这次调用的结果是取消Timer 对象，但如前所述，如果与 Timer 和 MIDlet 相关的资源尚未得到顺利销毁，那么方法会抛出一个 MIDletStateChangeException 错误。

7.3.4 PrintTask 内部类

在接下来 TimerTest 类的注释#6 代码中，用户生成一个名为 PrintTask 的内部类。为了定义PrintTask 类，用户扩展了 TimerTask 类。为此，用户重写了 run（ ）方法。重写 run（ ）方法需要向其中插入一个语句。该语句是对一个封装了要执行的 taskToRun（ ）任务的方法的调用。

run（ ）方法按照 Task::schedule（ ）方法设置的周期运行。此时，用户会看到 taskToRun（ ）方法按照 lengthOfPause 属性设定的周期运行的输出。这一动作可通过调用 Form::append（ ）方法进行查看。

append（ ）方法接着连接 TimerTask::scheduledExecutionTime（ ）方法返回的毫秒值。给定向

Timer::schedule( )提供的参数，这些值报告预先计算好的执行时间。这些时间被转换为字符串，由于每个字符串皆附加到输出中，因此它由一个回车（\ n）结束。count 属性的值由一个选择语句进行检查。当 count 值大于 10 时，Form::deleteAll( )方法得到调用，清空 MIDlet 的显示并允许显示另一个时间值序列。如图 7-4 所示，如果用户设置 lengthOfPause 属性为 1 000 或者 2 000，那么可以看到显示中的不同周期。

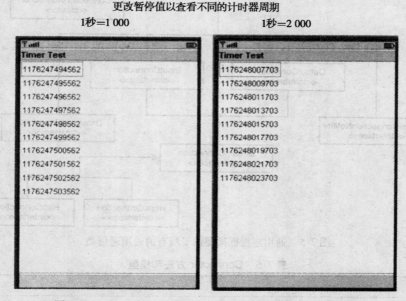

图 7-4　lengthOfPause 设置允许用户查看不同的计时器周期

7.4　网络互连

MIDP 包括了对通用连接框架（Generic Connection Framework，GCF）的支持。GCF 提供了一种相当直接的方法扩展对 MIDlet 的无限连接性。使用 GCF 创建连接需要使用名为 Connector 的具体类。Connector 类是一个工厂。用户利用工厂从 Connection 接口层次导出的接口生成特定类型的连接，如图 7-5 所示。Connector 类和 Connection 接口层次都由 javax.microedition.io 程序包提供。

如图 7-5 所示，基于 DatagramConnection 接口的 I/O 会使用报文。其他的则基于流。本章举例说明了一个流连接的使用。还要注意，Connector 类要与 ConnectionNotFound 异常类联合工作。

7.4.1　Connector 类

如前所述，Connector 类是一个工厂类，使用 Connection 层次提供的接口生成流和报文连接。工厂动作从使用 Connector 类的 open( )方法开始。如表 7-5 所示，open( )方法有若干种重载形式并且全部都是静态类。最简单的方法如同向 open( )方法传递参数，传递用户希望连接的资源名。例如，下面是与一个 HTTP 资源进行连接的方法：

```
Connector.open("http://java.sun.com");
```

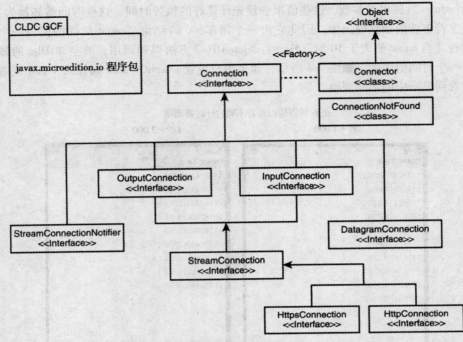

图 7-5　通用连接框架提供了所有的通用通信类

表 7-5　Connector 方法和模型

方　　法	说　　明
static Connection open(String name)	构造、打开和返回一个对指定 URL 名字的新连接
static Connection open(String name, int mode)	构造、打开和返回一个对指定 URL 名字和访问模式的新连接
static Connection open(String name, int mode, boolean timeouts)	构造、打开和返回一个对指定 URL 名字、访问模式和指定用户是否希望查看抛出的超时异常的新连接
static Connection openDataInputStream(String name)	打开一个连接，然后构造并返回一个数据输入流
static Connection openDataOutputStream(String name)	打开一个连接，然后构造并返回一个数据输出流
static Connection openInputStream(String name)	打开一个连接，然后构造并返回一个输入流
static Connection openOutputStream(String name)	打开一个连接，然后构造并返回一个输出流
static int READ	指定 READ 模式
static int READ_ WRITE	指定 READ_ WRITE 模式
static int WRITE	指定 WRITE 模式

7.4.2　HttpConnection 接口

在图 7-5 所示的 Connection 接口层次中，用户可发现一个接口的部分描述，该接口处理涉及低延迟网络任务的 HTTP 连接，它就是 HttpConnection 接口。对于游戏而言，用户可用它来按需下载内容、更新分数或元游戏数据、或者实现玩家间通信。表 7-6 回顾了一些该类提供的方法和属性。

表 7-6 HttpConnection 的方法和属性

方法	说明
long getData( )	恢复数据标头的值
long getExpiration( )	恢复截止时间标头的值
String getHeaderFieldKey(int n)	按索引恢复标头关键字
String getHeaderField(int n)	按索引恢复标头值
String getHeaderField(String name)	恢复命名标头字段的值
long getHeaderFieldDate(String name, long def)	以长日期格式恢复命名字段的值。如果字段不存在，那么返回 def 值
int getHeaderFieldInt(String name, int def)	将命名头字段的值恢复为整数。如果字段不存在，那么返回 def 值
long getLastModified( )	返回最后一次修改的头字段
String getURL( )	返回 URL
String getFile( )	返回 URL 的文件部分
String getHost( )	返回 URL 的主机部分
int getPort( )	返回 URL 的端口部分
String getProtocol( )	返回 URL 的协议部分
String getQuery( )	返回 URL 的查询部分
String getRef( )	返回 URL 的 ref 部分
int getResponseMessage( )	返回 HTTP 响应状态代码
String getResponseMessage( )	返回 HTTP 响应消息(如果存在的话)
String getRequestMethod( )	返回连接的请求方法
void setRequestMethod(String method)	设置 URL 要求的方法。可用的类型为 GET、POST 和 HEAD
String getRequestProperty(String key)	返回与命名的关键字相关的请求属性值
void setRequestProperty(String key, String value)	设置与命名关键字相关的请求属性值
HTTP_ OK	请求已成功

7.4.3 NetworkingHTTPTest 类

NetworkingHTTPTest 类提供了一个 MIDlet，允许用户使用 Connector 类为来自网站的数据打开一个流。要打开连接，用户要使用一个对 Connector::open( ) 方法的静态调用。用户使用 NetworkingHTTPTest 接口建立连接，然后将来自该连接的数据反馈至 InputStream 对象以接收流。使用 getResponseCode( ) 和 openInputStream( ) 方法允许用户确认并影响数据的传输。下面是 NetworkingHTTPTest 类的代码。用户可在第 7 章文件夹中找到。如果用户尚未连编和运行该代码，那么可查看框注"使用 NetBeans 的项目"。

```
/**
 *  Chapter 7 / NetworkingHTTPTest
 *
 */
import java.util.*;
import java.io.*;
import javax.microedition.midlet.*;
import javax.microedition.lcdui.*;
import javax.microedition.io.*;
```

```
// #1
public class NetworkingHTTPTest extends MIDlet
{
    private Form form;
    final int MAXLEN = 521;
    String httpText;

    public NetworkingHTTPTest() throws IOException{
        form = new Form("Http Test Connector");
// #2 Create a HTTP connection to the java.sun.com site
        String url =  "http://java.sun.com/";
        HttpConnection connection
                = (HttpConnection)Connector.open( url, Connector.READ );

        if (connection.getResponseCode() == HttpConnection.HTTP_OK) {
            InputStream inStream = connection.openInputStream();

            // #3 Open the stream and read data
            byte[] buffer = new byte[MAXLEN];
            int total = 0;
            while (total < MAXLEN) {
                int count = inStream.read(buffer, total, MAXLEN - total);

                if (count < 0) {
                    break;
                }
                total += count;
            }//end while
            // #4 Close the stream
            inStream.close( );
            httpText = new String(buffer, 0, total);
        }
    }
    protected void startApp() throws MIDletStateChangeException{
        Display.getDisplay(this).setCurrent(form);
        form.append(httpText);
    }

    protected void pauseApp(){
    }

    protected void destroyApp(boolean unconditional)
                            throws MIDletStateChangeException{
    }
}//end class definition
```

当用户运行 NetworkingHTTPTest MIDlet 时，可看到用户必须响应的一条安全提示。如图 7-6 所示，用户单击准许连接后，连接会打开，用户可以看到刚刚要连接的页面的 HTML 文本。

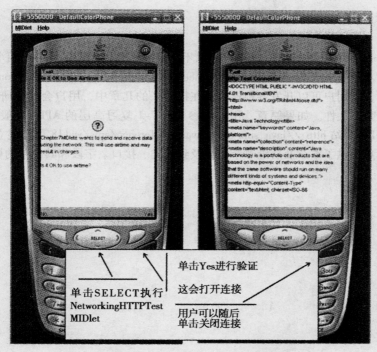

图 7-6　一条消息指示连接已打开

NetworkingHTTPTest 类中的注释#1 之后，用户会看到支持网络互连功能的所需的 import 指令，其中包括 javax. microedition. io 程序包中的类和接口，提供了 Connection 类和 HttpConnection 接口。还有一个用于 java. io 程序包的 include 语句，提供了 InputStream 和 IOException 类。注释#1 之后，用户声明了最后一个类属性 MAXLEN 来管理 MIDlet 读取的流长度。用户还要使用 String 属性 httpText，它允许用户显示 Form::append( )方法中的数据字符串。

在注释#2 的后续代码行中，用户生成一个 String 类型的本地标识符 url，用户将 Sun 网站的 URL 添加到其中。用户然后继续使用 Connector 类去静态地调用 open( )方法。open( )方法的第一个参数提供了要查找数据的位置。第二个参数建立流的类型。Connector 类的 READ_WRITE 属性规定，连接同时用于读和写。在这里使用 READ 属性也不会有问题。

然后用户调用 HttpConnection::getResponseCode( )方法验证连接已经建立。HttpConnection 接口定义的 HTTP_OK 属性提供了一个用于检验代码的值。假设连接成功建立，用户随后调用 openInputStream( )方法。该方法继承至来自 Connection 接口的 HttpConnection 接口。用户将流赋予 InputStream 类型的 inStream 标识符。

在注释#3 尾部的代码中，用户生成一个 byte 类型的数组(buffer)并调用 InputStream::read( )方法恢复流。read( )方法的第一个参数是放置数据的数据，第二个参数是偏移量，最后一个参数是流的长度。读取动作由 InputStream::close( )方法决定。

整个流读取完毕后，它被赋予 StringhttpText 属性。如注释#4 后面的代码行所示，用户调用 Form::append( )方法将数据显示出来。

7.5 小结

MIDlet、Timer、TimerTask 和 Connector 类只不过是 API 提供的众多类中的四个，而本章中给出的程序仅对其功能进行了简要介绍。在 Connection 接口层次中，HttpConnection 接口与许多其他接口一起工作，让用户可以开发各种连接。在接下来的几章中，用户会继续研究 API 中的类，例如，第 8 章研究持久性。如果愿意，用户可参考表 7-1 复习高层的 API。一般而言，就 MIDP 2.0 而言，对 MIDP 网站 http://java. sun. com/javame/reference/apis/jsr118 预先建立链接是个好主意。该网站为用户提供了本章及后继章节所涉及到的类、接口、字段和其他项的概况。

第 8 章　RMS 的持久性

在本章中，用户将继续研究第 7 章介绍的主题。本章中对这些主题的研究集中在 RecordStore 类上。该类由 4 个接口类完成：RecordEnumeration、RecordFilter、RecordComparator 和 Record-Listener。来自 RecordStore 类的两个关键方法允许用户添加接口为管理记录提供的功能。本章还介绍了 enumerateRecords( ) 和 addRecordListener( ) 方法，这两种方法是 RecordStore 类接口的一部分。用户使用 RecordStore 类及其随从的接口类可以执行的动作有很多，其中许多方法与那些数据库引擎的特性相兼容。RecordStore 对象与定义它们的 MIDlet 是相互独立存在的，因此，只要它们共享相同的程序组，它们就可以受到其他 MIDlet 的访问。RecordStore 类及其随从的接口类包括在 microedition. rms 程序包中。

8.1　持久性

当用户开发一个 MIDlet 时，通常会使用持久数据。持久数据是一种在 MIDlet 的多次执行间保持不变的数据，例如，分数、当用户访问一个给定 MIDlet 时显示的个人信息或者电话数据。用户是通过记录管理系统(Record Management System，RMS)存储并取回这种数据。记录管理系统是一组设计用于提供类似于数据库引擎服务的组件。

RMS 将数据存储为记录。记录是一种字节数组，使用一个整型值进行标识，当用户将记录添加到持久数据存储器时，该值被自动地赋予记录。然后用户将 this 赋予数据存储器。它与数组的索引类似，但其值从 1 开始，而不是从 0 开始。

RMS 的中心组织是 RecordStore 类。RecordStore 类在许多方面类似于一个标准的 Java Collection 类。但是，它与 collection 对象截然不同，因为 RecordStore 对象是不同内存位置中的保留内存，它对给定 MIDlet 程序组中的所有 MIDlet 都是可见的。

每个 RecordStore 对象都使用唯一的名字进行标识，可在对象生成时任意进行指派。如果删除了与一个给定 RecordStore 对象相关的 MIDlet，那么 RecordStore 对象也必须删除。换言之，当 RecordStore 对象存在于自己的空间中，它仍然与一个应用程序相关联。

四个主要的接口都与 RecordStore 类相关。RecordEnumeration 接口允许用户对项进行迭代(或者枚举)。RecordComparator 接口允许用户比较一个 RecordStore 中的项。RecordListener 接口允许用户检查一个项中的变化。RecordFilter 接口提供了一个 match( ) 函数，其运行类似于一个正规表达式，允许用户测试 RecordStore 中的项是否相同。有些异常类与 RecordStore 类和相关接口相关联。表 8-1 给出了 javax. microedition. rms 程序包提供的组件的概述。

表 8-1 RMS 程序包

类	说　　明
RecordStore	这是一个具体类，它是记录的集合。该类的一种关键方法是 addRecord( )方法
RecordComparator	这是一个接口，它允许用户比较一个 RecordStore 对象中的两条记录
RecordEnumeration	这是一个接口，它提供了一种在 RecordStore 对象上迭代的方法
RecordFilter	这是一个接口，它提供一种 matches( )方法，用于测试赋予记录的值，以确定它是否与某一特定值相匹配
RecordListener	这是一个接口，它赋予用户检查涉及到添加、更改或删除记录的记录操作能力。用户与 RecordStore∷addRecordListener( )方法联合使用它
Exception	有许多与该程序包相关的异常类，其中包括：InvalidRecordIDException、RecordStoreException、RecordStoreFullException、RecordStoreNotFoundException 和 RecordStoreNotOpenException

8.1.1　RecordStore 类

如前所述，RecordStore 类提供了一个存储 RMS 记录的内存字段。如图 8-1 所示，RecordStore 对象是持久的（永久的），存在于 MIDlet 程序包内。如图 8-1 中的实线所示，一个给定的 RecordStore 对象与一个特定的 MIDlet 相关，但它也可以受程序包中的其他 MIDlet 访问。

RecordStore 对象在某些方式上与 java.util 程序包中的 Collection 接口类似（例如，Vector、HashTable 或者 Stack）。另一方面，它是一种完全不同的实体。例如，RecordStore 对象并不仅仅是 MIDlet 的一种属性。当它生成时，如图 8-1 所建议的，它与 MIDlet 共享一个共同的作用域，但它拥有一个单独的地址空间，而且能够受除生成它的 MIDlet 之外的 MIDlet 访问。

表 8-2 总结了 RecordStore 类的接口。RecordStore 对象可以使用 openRecordStore( )方法生成，记录可使用 addRecord( )添加至对象中，使用静态 deleteRecordStore( )方法可删除 RecordStore 对象。当一个记录存在时，许多方法都提供了关于它的信息。其中包括 getNumRecords( )、getSize( )和 getName( )方法。如何使用这些方法（及其他方法）的示例位于 RecordStoreTest 类中，将在本章的下一节中进行介绍。

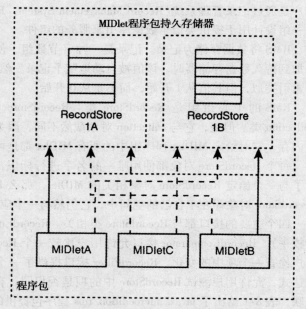

图 8-1　MIDlet 访问该 MIDlet 所属 MIDlet 程序包中生成的 RecordStore 对象

表 8-2 RecordStore 方法

方　　法	说　　明
static RecordStore openRecordStore（String recordStoreName，boolean createIfNecessary）	打开一个记录存储器，如果不存在，那么生成一个
void closeRecordStore（）	关闭一个记录存储器
static void deleteRecordStore（String recordStoreName）	删除一个记录存储器
long getLastModified（）	获得最后一次修改存储器的时间
String getName（）	获得存储器的名称
int getNumRecords（）	返回存储器中当前的记录数
int getSize（）	返回存储器使用的总字节数
int getSizeAvailable（）	返回空闲空间的数量（要注意，记录要求更多的存储器以管理开销）
int getVersion（）	取回 RecordStore 对象的版本号。记录每更新一次则该号码加一
static String[ ] listRecordStores（）	返回用户访问的 MIDlet 上的所有记录存储器的字符串数组
int addRecord（byte[ ] data，int offset，int numBytes）	向存储器中添加一个新记录
byte[ ] getRecord（int recordId）	使用 ID 取回一个记录
int getRecord（int recordId，byte[ ] buffer，int offset）	将一个记录取回至一个字节缓冲区中
void deleteRecord（int recordId）	删除与 recordId 参数相关的记录
void setRecord（int recordId，byte[ ] newData，int offset，int numBytes）	使用新字节数组修改与 recordId 相关的记录的内容
int getNextRecordID（）	当插入下一记录时取回其 ID
int getRecordSize（int recordId）	返回记录存储器的当前数据大小，以字节为单位
RecordEnumeration enumerateRecords（RecordFilter，RecordComparator，keepUpdated）⊖	返回一个 RecordEnumeration 对象，该对象用于对一个记录集合进行枚举
void addRecordListener（RecordListener listener）⊖	添加一个 listener 对象，该对象在 RecordStore 对象中记录更改时调用
void removeRecordListener（RecordListener listener）⊖	删除前面使用 addRecordListener 方法添加的一个侦听器

8.1.2 RecordStoreTest 类

　　RecordStoreTest 类允许用户打开一个 RecordStore 对象，为其指派一些月份的名称并显示指派的月。完成这些动作后，当用户转换到另一个 MIDlet 时，用户也关闭并销毁 RecordStore 对象。用户可以容易地修改 this，从而不必销毁对象。RecordStoreTest 类包含若干定制的功能——createRecordStore（）、populateRecordStore（）、updateRecord（）和 displayRecordStore（），它们重构

⊖　这些方法的处理在 RecordEnumeration、RecordFilter 和 RecordComparator 的相关节中会更广泛。参见本章中处理这些主题的其他章节对此的进一步讨论。

类的主要动作。但是，注意到 RecordStore 对象已经关闭并在 destroyApp( )函数中删除也是很重要的。RecordStore 对象的销毁允许用户重复地执行 RecordStoreTest MIDlet 而无需积累大量记录。如果用户希望继续通过重复执行 MIDlet 累积记录，那么可以注释掉对 deleteRecordStore( )方法的调用。下面是 RecordStoreTest 类的代码。用户可以在第 8 章文件夹中找到这一代码，如果用户使用 NetBeans，那么可以在 Chapter8MIDlets 目录中访问它。

```java
/*
 * Chapter8 \ RecordStoreTest
 *
 */
import java.io.*;
import javax.microedition.midlet.*;
import javax.microedition.rms.*;

public class RecordStoreTest extends MIDlet{
    // #1 Declare a RecordStore attribute and a name
    private RecordStore rs;
    private static final String STORE_NAME = "Test RecordStore Object";


//The openRecordStore() method requires that an exception be handled
 public RecordStoreTest() throws Exception{
        // #2 Create an instane of the RecordStore object
            //See "Problems Caused by Deletions""
            //RecordStore.deleteRecordStore(STORE_NAME);
        createRecordStore();
        // Define a String array and assign elements
        String[] months = {"April", "May", "June", "July", "August"};

        // #2.1   Write records to a RecordStore object
        //Use the length propraty to iterate through the array
        for (int itr=0; itr < months.length; itr++){
            populateRecordStore(months[itr]);
        }
        // #2.2 Retrieve records from a RecordStore object
        int len = months.length+1;
        for (int itr=1; itr < len; itr++){
            // if(itr < rs.getSize())
            displayRecordStore(itr);
        }
        /* #2.3 Remove a record using an index
         * Uncomment to show results
         * Warning! Call this method only if the line
         * following #6.1 is not commented out.
         */
        removeRecord(3);

        // #2.4 change the value of a record
        updateRecord(2, "October");


    }// End of constructor
```

```
// #3 Create the RecordScore
private void createRecordStore()throws RecordStoreException{
    // Create an instane of the RecordStore object
    rs = RecordStore.openRecordStore(STORE_NAME, true);
    System.out.println("The current number of records: "
                                    + rs.getNumRecords());
    System.out.println("Name of the current RecordStore object: "
                                    + rs.getName());
}//end createRecordStore

// #4 Create the RecordScore
private void populateRecordStore(String word)throws RecordStoreException{

    int newRecordId = 0;
    byte[] rec = word.getBytes();
    if(word.length()==0){
        rec = new String("none").getBytes();
    }
    try
    {

        newRecordId = rs.addRecord(rec, 0, rec.length);
    }
    catch (Exception ex)
    {
        System.out.println(ex.toString());
    }
    System.out.println("Record store now has " + rs.getNumRecords()    +
                    " record(s) using " + rs.getSize() + " byte(s) " +
                    "[" + rs.getSizeAvailable() + " bytes free]");
}//end populateRecordStore

// #5 Display the records in the RecordStore object
private void displayRecordStore(int index)throws Exception{

    // Determine the size of each successive record
    int recordSize = 0;
    if(index < rs.getSize()){
        recordSize = rs.getRecordSize(index);
    }
    // Check for the existence of the record
    if (recordSize > 0)
    {
        String value = new String(rs.getRecord(index));
        // Report progress to the console
        System.out.println("Retrieved record: "
                            + index + " Value: " + value);
    }
}//end displayRecordStore
protected void startApp() throws MIDletStateChangeException{
```

```
        destroyApp(true);
        notifyDestroyed();
    }

    protected void pauseApp(){
    }

    // #6 Close and delete the RecordStore object
    protected void destroyApp(boolean unconditional)
                        throws MIDletStateChangeException{
        //Close the RecordStore and then Remove it
        try{
            rs.closeRecordStore();
            // #6.1 Comment out out to
            // persist between sessions
            RecordStore.deleteRecordStore(STORE_NAME);
        }catch(RecordStoreException rse){}
    }
// #7 Do not use this option if line after #6.1 is commented out
    private void removeRecord(int recID)throws Exception{
        String record;
        int recordNum = 0;
        try{
            record = new String(rs.getRecord(recID));
            System.out.println("Store size: " + rs.getNumRecords());
            if(rs.getRecordSize(recID)>0){
                // #7.1 Use the record id to delete
                rs.deleteRecord(recID);
                System.out.println("Record removed: " + record);
                System.out.println("New store size: " + rs.getNumRecords());
            }
        }catch(RecordStoreException rse){
            System.out.println("Record " + recID + " not found.");
            System.out.println(rse.toString());
        }
    }//end removeRecord


    // #8 Update a record
    private void updateRecord(int recID, String newValue)throws Exception{
        String record;
        try{

            record = new String(rs.getRecord(recID));
            System.out.println("Old   record ("+ recID+ ") data: " + record);
            if(rs.getRecordSize(recID)>0){
                rs.setRecord(recID, newValue.getBytes(), 0, newValue.
length());
                record = new String(rs.getRecord(recID));
                System.out.println("Changed.New record ("+ recID
                                            + ") " + record);
            }
```

```
        }catch(RecordStoreException rse){
            System.out.println("Record " + recID + " not found.");
            System.out.println(rse.toString());
        }
    }//end removeRecord

}//end RecordStoreTest
```

8.1.3　构造

图 8-2 给出当 RecordStoreTest 类在 NetBeans IDE 中执行时的前几行输出。所示动作反映出 RecordStoreTest 类的构造中 creatRecordStore( )调用时的动作。后面的章节将处理执行类的进一步动作。

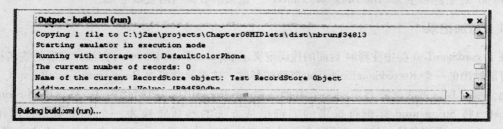

图 8-2　输出显示 RecordStore 对象的构造和状态

在 RecordStoreTest 类中注释#1 的前几行中，用户可看到导入了 io 和 rms 程序包。rms 程序包提供了用于 RecordStore 对象的类和与之相关的接口。io 程序包提供了与数据流相关的服务。在注释#1 后面的代码行中，RecordStore 数据类型用于生成一个类属性 rs，随后定义了一个提供了 RecordStore 对象名的属性(STORE_NAME)。要注意，它是 String 类型，并且是属性和静态属性。

注释#2 的相关代码行定义了 RecordStoreTest 构造函数。定义构造函数是因为它能够提供一个通用类型 Exception 的异常。使用这种级别的异常处理是因为 Exception 类的子类型是能够处理的。在这里，最重要的是 RecordStoreException 类型。

在构造函数方面有 4 个定制方法得到调用：createRecordStore( )、populateRecordStore( )、displayRecords( )和 removeRecord( )。构造函数中的第一个动作是调用 createRecordStore( )方法，它包含生成一个记录存储器的代码。记录存储器生成后，下一步是要生成一个 String 数组 months，指派 5 个月份名称。该数组随后用于注释#2.1 之后的代码行中，作为 populateRecord-Store( )的参数。该方法的参数包括一个由计数器标识的来自 months 数组的一个元素(itr)。months 数组的每个元素都添加至 RecordStore 对象中。

在注释#2.2 后面的代码行中，displayRecords( )方法得到调用。在这个实例中，RecordStore::getNumRecords( )方法用于取回 RecordStore 对象中的记录数。getNumRecords( )方法返回一个整型值，该值增加 1 以改变后面循环的作用域。循环语句调用 displayRecords( )方法，它成功地取回 rsRecordStore 对象中的记录。

注释#2.3 后面是 removvRecord( )方法。该方法演示了从 RecordStore 对象中删除记录。如示例代码中所示，最初赋予该方法一个无效的记录编号。要查看它的运行方式，在执行更改前，首先请阅读 8.1.7 节的内容。注释#2.4 中是 updateRecord( )方法，该方法需要记录编号和用于记录的值作为参数。

注释#3 的最后几行定义了 createRecordStore( )方法。该方法利用 RecordStore 类的静态 openRecordStore( )方法，因此，它必须定义以便能够处理 openRecordStore( )方法生成的异常。RecordStoreException 类型包括了异常。openRecordStore( )方法使用的版本要求第一个参数命名 RecordStore 对象（STORE_NAME）。如果对象不存在，那么第二个参数（true）着重于对象的构造。方法返回的 RecordStore 对象的实例随后赋予 rs 属性。

接下来的几行调用了 getNumRecords( )和 getName( )方法。getNumRecords( )方法返回一个整数，显示 RecordStore 对象中的记录数。getName( )方法返回 DataStore 的名字，其返回类型为 String。这些返回的值被用作 println( )方法的参数。如图 8-2 所示的行中，取回的值显示 RecordStore 对象的名字为"The DataStore Object"，记录的数量当前被赋予 0。

8.1.4 添加记录

在 RecordStoreTest 类中注释#4 后面的代码定义了 populateRecordStore( )方法。方法的签名行提供了可能抛出的一个 RecordStoreException 类型的异常。这类异常可由 RecordStore::addRecord( )方法抛出。要实现该方法，需要声明一个本地变量 newRecordID 并初始化为 0。然后使用 String:: getBytes( )将 String word 标识符提供的字符串从方法的参数转换为一个 byte 数组，以用作 addRecord( )方法的参数。然后，代码会检验提交给方法的参数。如果提交的是一个空字符串，那么会向记录中插入一个默认值"none"。String 构造函数被用于生成默认值，而 String::getBytes( )则用于将 String 对象转换为一个 byte 数组，在与 RecordStore 对象一起工作时需要用到它。结果被赋予 rec 标识符。

在 populateRecordStore( )方法的 try...catch 块中，对 RecordStore::addRecord( )调用将一个记录添加至 RecordStore 对象（rs）中。RecordStore 对象自动扩展以适应新的记录。addRecord( )方法的第一个参数是 byte 数组 rec。第二个参数是 rec 数组的第一个有效字符的索引（索引 0）。最后一个参数是要添加的元素的字节数，该字节数可从 rec 数组的 length 属性中取得。addRecord( )方法的返回值是一个整数，表示 RecordStore 对象中新添加记录的位置（或记录 ID）。这个整数赋予 newRecordID 标识符。如图 8-3 所示，返回的值从 1 开始。

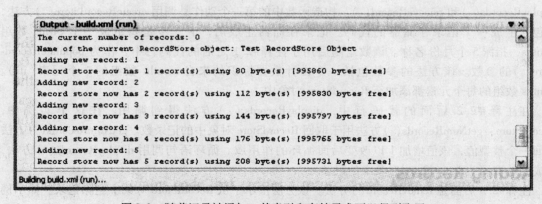

图 8-3　随着记录被添加，其索引和存储需求可以得到取回

添加记录过程一旦完成，println( )方法便用于打印记录和 RecordStore 对象的状态。在对 println( )方法的第一次调用显示 newRecordID 标识符的值。此外，三个 RecordStore 方法得到调用，而 println( )方法用于显示它们返回的值。getNumRecords( )方法返回一个整数，显示记录的数量。getSize( )方法以字节为单位显示 RecordStore 对象的大小。getSizeAvailable( )方法显示 RecordStore 对象剩余可用的字节数。图 8-3 给出随着每个新添加记录不断变化的值。

8.1.5　取回并显示记录

RecordStoreTest 类中注释#5 的相关代码行定义了 playRecordStore( )方法。该方法取回并显示 RecordStore 对象中存储的值。该方法接收一个整形参数，表示要取回的记录的索引。由于该方法调用 RecordStore::getRecord( )方法，因此它必须能够处理异常。Exception 类型满足这一需求。

方法体的第一行中，对 RecordStore::getRecordSize( )方法的调用返回一个以字节为单位表示记录大小的整数。记录本身由 displayRecordStore( )参数列表提供的 index 参数进行标识。以这种方法取回的值赋予本地 recordSize 标识符，它在随后测试记录合法性的选择语句中使用。一条记录的长度必须大于等于 1 个字节。

要取回记录中存储的值，需要调用 DataStore::getRecord( )方法。该方法返回一个 byte 数组，因此，要格式化返回的数据用于显示，要将其作为 String 构造函数的参数，然后将 String 实例赋予本地 String 标识符 value，它用作 println( )方法的参数之一，该方法显示出如图 8-4 所示的月份名。index 标识符提供了每个记录的索引和赋予记录的值。

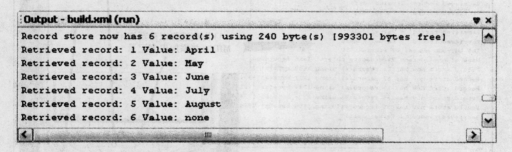

图 8-4　DataStore::getRecord( )方法允许用户取回已赋予 RecordStore 对象的值

注意：
> 图 8-4 中，要注意，作为对 populateRecordStore( )方法的测试，仅对这次运行，一个空字符串(,"")插入到月份列表尾部，用于定义 RecordStoreTest 构造函数中月份列表：
>
> ```
> String[] months = {"April","May","June","August",""};
> ```

8.1.6　关闭与销毁

RecordStoreTest 类的注释#6 相关代码行定义了 destroyApp( )方法。在注释#6.1 之前的代码行中，用户调用了 closeRecordStore( )方法。该方法锁定 RecordStore 对象，并允许用户在 MIDlet 之间来回切换而不产生错误或破坏数据。它并没有删除 RecordStore 对象中的数据。另一方面，注释#6.1 之后的代码调用了静态 deleteRecordStore( )方法，而该方法则确实删除了 RecordStore 对象。作为该方法的一个参数,用户要提供 RecordStore 对象的名字(STORE_NAME)。要调用该方法,用户必须将其放置于 try...catch 块中。用于 catch 块的参数类型是 RecordStoreException。如果 RecordStore 尚未生成或者无法销毁,那么该数据类型能够处理生成的异常。

destroyApp( )方法中的代码行允许用户对类进行一些简单的判断以研究不同的选项。RecordStoreTest 类着重于持久数据的生成,这种数据在应用程序执行之间依然存在。为了方便起见,类最初设置为删除它生成的持久数据以便用户能够更容易地研究概念。要看到持久数据的累积,可注释掉包含 deleteRecordStore( )方法的代码行,如图 8-5 所示。除非用户从 deleteRecordStore( )方法中删除注释,否则记录会继续在 RecordStore 对象中累积,重新连编该类也无法删除它们。尽管在图 8-5 中很难识别,但随着对 SELECT 按钮的数次单击,生成了 55 条记录。

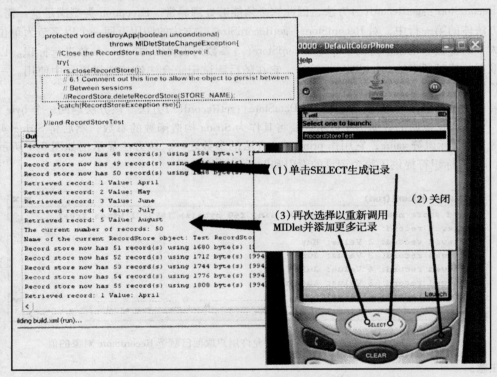

图 8-5 通过更改用于删除 RecordStore 的代码,可以看到在连编和运行
RecordStoreTest 类之后仍会保持数据

8.1.7 删除记录

为了删除记录,RecordStoreTest 类的注释#2.3 中的相关代码调用了 removeRecord( )方法。为了继续本节的内容,需要下列任务:

(1)验证注释#6.1 后面的代码行如下所示:

```
//#6.1 Comment out this line to allow the object to
// persist between sessions
RecordStore.deleteRecordStore(STORE_NAME);
```

（2）向注释#2.3 后的方法调用提供一个除 2 以外的合法数字：

```
deleteRecord(2);
```

（3）重新连编并编译用户程序。

（4）更多细节请参见框注"删除引起的问题"。

removeRecord( )方法允许用户删除一个用户使用 RecordStore 对象中的记录 ID（或索引）所设计的记录。该方法的定义在注释#7 之后。在方法的定义中，签名行指出它可能会抛出一个 Exception 类型的异常。

removeRecord( )方法的参数是一个 int 值（recID）。recID 的值传递给 RecordStore::getRecord( )方法，它返回一个 byte 数组。String 构造函数用于将数组转换为 String 类型，然后将它赋予 record 标识符。这个标识符传递给 println( )方法，以显示记录存储器中的月份名。接下来调用 getNumRecords( )方法获得记录的初始数目。该方法返回一个 int 值并与输出字符串连接在一起。

记录的合法性建立后，deleteRecord( )方法得到调用。这是 RecordStore 类中用于删除记录的关键方法。它接收一个整型参数，用于标识要删除的记录的索引。它没有返回值。记录删除后，println( )方法得到调用，显示记录删除后 RecordStore 对象的新尺寸。新尺寸由 getNumRecords( )方法返回。如图 8-6 所示，针对索引 2，删除"May"，并将记录数减 1。

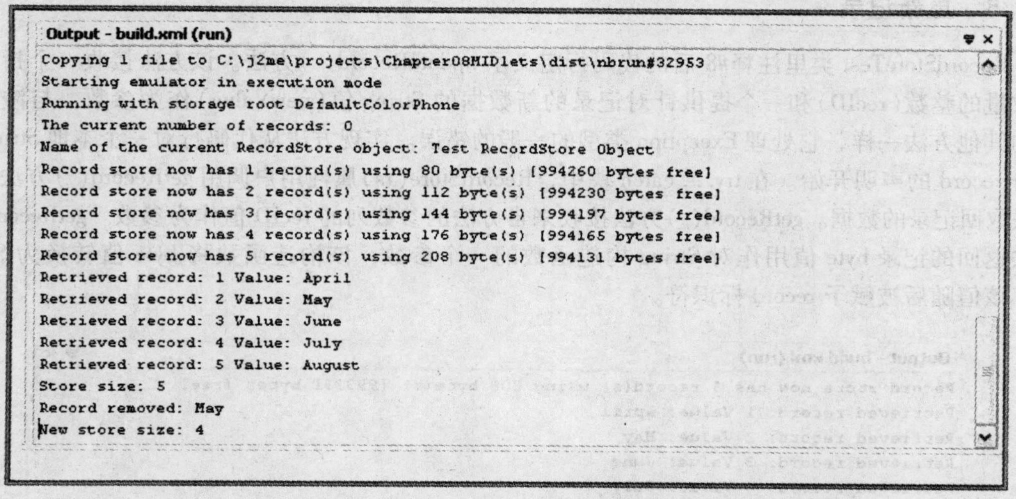

```
Output - build.xml (run)
Copying 1 file to C:\j2me\projects\Chapter08HIDlets\dist\nbrun#32953
Starting emulator in execution mode
Running with storage root DefaultColorPhone
The current number of records: 0
Name of the current RecordStore object: Test RecordStore Object
Record store now has 1 record(s) using 80 byte(s) [994260 bytes free]
Record store now has 2 record(s) using 112 byte(s) [994230 bytes free]
Record store now has 3 record(s) using 144 byte(s) [994197 bytes free]
Record store now has 4 record(s) using 176 byte(s) [994165 bytes free]
Record store now has 5 record(s) using 208 byte(s) [994131 bytes free]
Retrieved record: 1 Value: April
Retrieved record: 2 Value: May
Retrieved record: 3 Value: June
Retrieved record: 4 Value: July
Retrieved record: 5 Value: August
Store size: 5
Record removed: May
New store size: 4
```

图 8-6　deleteRecord( )从 RecordStore 对象中永久地删除一条记录

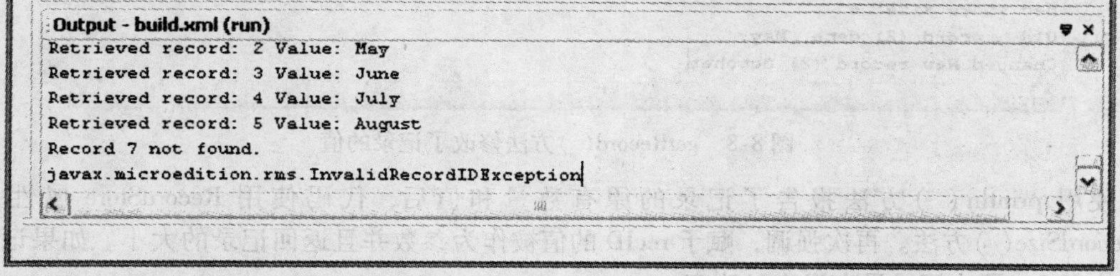

```
Output - build.xml (run)
Retrieved record: 2 Value: May
Retrieved record: 3 Value: June
Retrieved record: 4 Value: July
Retrieved record: 5 Value: August
Record 7 not found.
javax.microedition.rms.InvalidRecordIDException
```

图 8-7　如果超出记录集合的默认范围的 7 用作 removeRecord( )方法的参数，那么会产生一条错误

　　异常处理通过将大多数代码放入 try... catch 块里 removeRecord( )方法中完成。catch 块参数的定义使用 RecordStoreException 数据类型。该数据类型提供了它自己的输出消息，但在这里，它有益于提供一条附加消息，来说明问题产生的原因。图 8-7 给出了如果 recID 参数的值超出了本练习的范围所发生的情况。

删除引起的问题

当用户使用 removeRecord( )方法进行实验时，永远也不要取消下列注释#6.1 的代码行：

RecordStore. deleteRecordStore(STORE_NAME);

如果用户碰巧运行了注释掉该行的程序，那么程序会产生一条错误。类的该方法不再始终包括允许对已删除记录的删除功能。如果用户在删除记录后遇到这些问题，那么要将下列代码插入构造函数中注释#2 的后面并重新连编和运行程序。这会让程序从头开始重新连编数据存储器。

//#2 Create an instance of the RecordStore object
RecordStore. deleteRecordStore(STORE_NAME);

这些问题可使用许多方法得到补救，其中一种方法是使用枚举。

8.1.8　更新记录

　　RecordStoreTest 类里注释#8 后的代码行定义了 updateRecord( )方法。该方法接收一个指出记录数量的整数(recID)和一个提供针对记录的新数据的 String 值(newValue)作为参数。与涉及记录的其他方法一样，它处理 Exception 类型的一般的错误。实现方法从代码行对一个本地 String 标识符 record 的声明开始。在 try... catch 块中，RecordStore(rs)属性用户调用 getRecord( )方法，该方法取回记录的数据。getRecord( )方法接收来自方法的参数列的 recID 值作为参数。getRecord( )方法返回的记录 byte 值用作对 String 构造函数的一个参数，该构造函数将 byte 值转换为 String 值。该值随后被赋予 record 标识符。

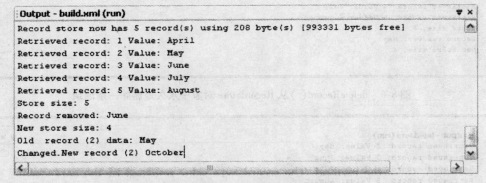

图 8-8　getRecord( )方法修改了记录的值

　　使用 println( )方法报告了记录的原有数量和值后，代码使用 RecordStore 属性调用 getRecordSize( )方法。再次强调，赋予 recID 的值被作为参数并且返回记录的大小。如果记录的尺寸小于 0，那么记录没有发生过改变。

要改变记录，需要调用 RecordStore∷setRecord（ ）方法。该方法接收 4 个参数。第一个参数是要修改的记录数（recID）。第二个参数是要插入记录的值，它必须是一个 byte 数组。要注意，要将来自方法的参数列表中的 String 参数转换为一个 byte 数组，那么要使用 String∷getBytes（ ）方法。第三个参数是偏移量或者接收新字符串中数据的起始点。第四个参数指出从新字符串中的偏移点读取字符的数量。

新数据值插入后，再次调用 println（ ）方法。如图 8-8 所示，recID 和 record 标识符提供了新的记录值并确认该值已经应用于适当的记录上。

8.2　记录枚举和记录存储

使用 RecordEnumeration 对象能够在 RecordStore 对象中的记录之间进行来回地迭代。用户生成一个 RecordStore 对象并用记录填充后，与 RecordEnumeration 对象相关的基本过程首先要涉及到声明一个 RecordEnumeration 对象，然后是调用 RecordStore∷enumerateRecord（ ）方法对 RecordStore 对象中的对象进行枚举，并且初始化 RecordEnumeration 对象。

图 8-9 给出了完成这一任务的基本途径。用户生成了 RecordEnumeration 对象后，需要用它来调用诸如 hasNextElement（ ）和 nextRecord（ ）的方法，在 DataStore 记录中进行导航。

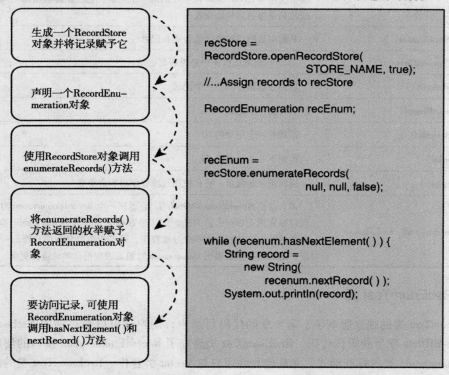

图 8-9　enumerateRecords（ ）方法允许用户连接 RecordStore 类和 RecordEnumeration 接口的活动

enumerateRecords（ ）方法是 RecordStore 类的成员之一。它在本章前面的表 8-2 中已经列出，该表总结了 RecordStore 的方法。当时对它们稍加注意是因为对 RecordEnumeration 接口的依赖。在这里，值得进一步讨论它，因为在使用与 RecordEnumeration 类相关的方法之前使用它是必需的。

表8-3 列出了与 RecordEnumeration 接口相关的方法。在当前设置中，最直观的就是 hasNextElement( )和 nextRecord( )方法。hasNextElement( )方法可在大多数标准的 for 和 while 循环语句中使用，它降低了实现时间并且能够产生安全的结果。nextRecord( )方法返回一个 byte 数组，因此必须使用诸如 String 构造的技术转换其返回值，使其能够将记录值用作显示。对于删除或添加后必须重新生成枚举的情况而言，numRecords( )和 destroy( )方法是非常有用的。

表8-3　RecordEnumeration 方法

方　　法	说　　明
void destroy( )	销毁枚举对象
boolean isKeptUpdated( )	表明如果修改了相关记录存储器，那么该枚举对象是否得到自动连编
keepUpdated(boolean keepUpdated)	修改 keepUpdated 状态
void rebuild( )	导致枚举对象的索引重新连编，它能够导致实体顺序的改变
void reset( )	将枚举重置回其生成时的状态。换言之，当用户增加一个枚举对象时，无需再次指明 RecordStore 对象中的第一个元素。它已经得到增加或减少。该方法将其重置回其初始位置
boolean hasNextElement( )	从前向后测试枚举中是否还有记录
boolean hasPreviousElement( )	从后向前测试枚举中是否还有记录
byte[ ] nextRecord( )	取回存储器中的下一个记录
byte[ ] previousRecord( )	获得前一个记录
int previousRecordId( )	返回前一个记录的 ID
int nextRecordId( )	返回下一个记录的 ID
int numRecords( )	返回记录的数量，它在使用过滤程序时非常重要
enumerateRecords(null, null, false)[⊖]	该方法由 RecordStore 对象调用，它返回一个 RecordEnumeration 对象，然后就可以调用上面列出的方法。默认参数可分别设置为 null，null 和 false。第一个参数允许用户添加一个过滤程序，第二个参数允许用户添加一个比较程序，最后一个参数表明 Enumeration 对象是否应当自动地进行更新

8.2.1　RecEnumTest 类

RecEnumTest 类的独立版本位于第 8 章的代码目录中，用户也可以通过使用 NetBeansIDE 打开 Chapter8MIDlets 项目获得该代码。RecEnumTest 类研究了 RecordEnumeration 接口的使用，并且回顾了 Enumeration 类的标准形式，尤其他允许用户与 Vector 类合作。RecEnumTest 类的设置方式与 RecordStoreTest 类非常类似，但做了一些小小的改进。除了使用带有控制和递增计数的循环语句外，它只使用了枚举。下面是 RecEnumTest 类的代码，对代码的讨论随后进行。

⊖　这是一个 RecordStore 方法，这里列出它是因为它是连接 RecordStore 类和 RecordEnumeration 接口的中心方法。

```
/*
 * @ see Chapter 8 / RecEnumTest.java
 */
import java.io.*;
import javax.microedition.midlet.*;
import javax.microedition.rms.*;
import java.util.*;

public class RecEnumTest extends MIDlet{
    // #1 Declare a RecordStore attribute and a name
    private RecordStore rs;
    private static final String STORE_NAME = "Test RecordStore Object";
    private Vector months = new Vector();


    public RecEnumTest() throws Exception{
        // #2 Set up the data
        setUpVector();


    // Construct an empty RecordStore object
    createRecordStore();


    // #2.1 Place items from the Vector object into the
    // the RecordStore object
    Enumeration monthEnum;
    for (monthEnum = months.elements(); monthEnum.hasMoreElements();/**/){
        assignRecord(  monthEnum.nextElement().toString() );
    }


    // #2.2
    displayRecordStore();
}// End of constructor


// #3 Add elements to the Vector class attribute
private void setUpVector(){
    //Add elements to the Vector object
    months.addElement("April");
    months.addElement("May");
    months.addElement("June");
    months.addElement("July");
    months.addElement("August");


    // #3.1 Declare and use local instance of a standard Enumerator
    Enumeration monthEnum;
    // Use the enumerator
    for (monthEnum = months.elements(); monthEnum.hasMoreElements();/**/){
        System.out.println("Vector item: " + monthEnum.nextElement());
    }
}// end setUpVector

private void createRecordStore()throws RecordStoreException{
```

```java
    // Create an instance of the RecordStore object
    rs = RecordStore.openRecordStore(STORE_NAME, true);
    System.out.println("The current number of records: "
                                    + rs.getNumRecords());
    System.out.println("Name of the current RecordStore object: "
                                    + rs.getName());
}//end createRecordStore

// #4 Assign a record to the DataStore object
public void assignRecord(String record){
    if(record.length()==0){
        record = "none";
    }
    byte[] rec = record.getBytes();
    try{
        rs.addRecord(rec, 0, rec.length);
        System.out.println("Record assigned. Number of records: "
                                        + rs.getNumRecords());
    }catch (Exception ex){
        System.out.println(ex.toString());
    }
}//end assignRecord

// #5 Create and RecordEnumerator and iterate through the records
public void displayRecordStore(){
  try{
    if (rs.getNumRecords() > 0){
        // #5.1
        RecordEnumeration recEnum;
        recEnum = rs.enumerateRecords(null, null, true);
        while (recEnum.hasNextElement()){
            // 5.2 Retrieve the numbers
            int recNum = recEnum.nextRecordId();
            //Use the record number to get the data
            //For the RecordStore itself
            String record = new String(rs.getRecord(recNum));
            System.out.println(" Record ID: " + recNum +
                            " Record value: " + record);
        }
    }
  }catch (Exception e){
        System.out.println(e.toString());
  }
}//end displayRecordStore

  protected void startApp() throws MIDletStateChangeException{
    destroyApp(true);
    notifyDestroyed();
  }

  public void pauseApp(){
```

```
    }

protected void destroyApp(boolean unconditional)
                           throws MIDletStateChangeException{
    //Close the RecordStore and then Remove it
    try{
        rs.closeRecordStore();
        RecordStore.deleteRecordStore(STORE_NAME);
    }catch(RecordStoreException rse){}
}// end destroyApp

}// end of class
```

8.2.2　向量与枚举

注释#1 之前的代码行是 import 语句。但要注意的是对 util 程序包的包含。该程序包提供了 Vector 和 Enumeration 类,它们在 RecEnumTest 类中与 RecordEnumeration 接口一起使用。后面将更详细地讨论 util 类。注释#1 后的代码行中添加了一个 Vector 属性(months)。Vector 类从 Collection 类中导出,提供了与 Enumeration 一起使用的类实例。在这里,它取代了前面示例中出现的数组。

注意:

> 如果读者熟悉与 Collection 类一起使用的模板构造函数,那么要注意,在其实现中,构造的模板样式并未使用。MIDP 类的这一版本不支持模板。但是,要修改对模板样式的声明,用户要使用下列形式:
>
> Vector < String→ months = new Vector < String→ ();

一般而言,程序员会建议使用 ArrayList 而不是 Vector 对象,但是,ArrayList 在 util 程序包中并未针对 MIDP 的支持进行提供。

注释#2 附近的代码行实现了 RecEnumTest 类的类构造。首先调用了 setUpVector( )方法,设置针对类的数据。注释#3 实现了 setUpVector( )方法。在该方法的代码行中,Vector 对象(months)用于调用 addElement( )方法。该方法将一个元素附加至 Vector 对象的尾部。对象的类型隐含地与 Vector 相关,因此,当从中取回时,通常必须强制转换或者重新声明其类型。Vector 在新元素添加时得到自动扩展。在该实例中,将添加 5 个月份名称。

注释#2.1 后面的构造函数代码行和注释#3.1 后面的代码行都声明了一个 Enumeration 对象(monthEnum)。这两种情况都调用了 Vector∷elements( )方法。elements( )方法标识 Vector 对象中的元素并返回一个 Enumeration 对象。再次强调,在这两个地方,都将它赋予 monthEnum 标识符。

随后,Enumeration 对象用于一个 for 循环语句中。该语句的第一个参数将 monthEnum 对象用作计数器。第二个参数提供控制,在这里是对 Enumeration 类的 hasMoreElements( )的调用。该方法返回一个 true 值,因此它在 Enumeration 对象中存储的元素上进行迭代,直至到达最后一个元素。在该点上,它返回 false。空注释(/* */)看起来仅仅是强调不需要显式的增量动作。hasNextElement( )用来增加并控制语句的动作。

假定由 println( )方法给定的报告在注释#3.2 后立即得到调用，那么输出则如图 8-10 所示。在这里，只使用了 months Vector 对象和 Enumeration 对象。尚无记录赋予 RecordStore 对象。

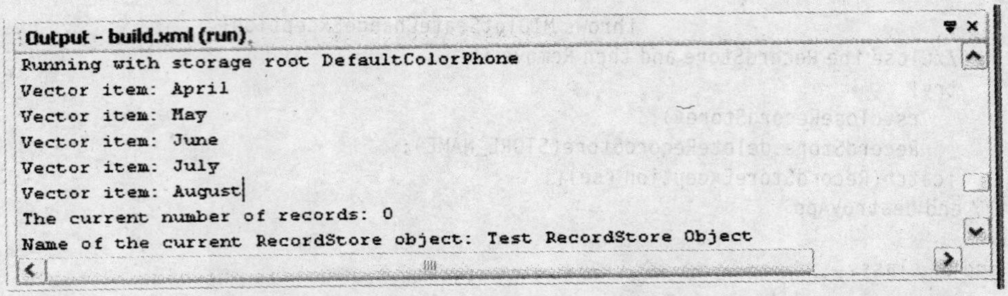

图 8-10   Vector 及其相关的 Enumeration 对象替代数组和使用控制与计数器的循环语句

将月份赋予 RecordStore 对象发生在构造函数中，位于注释#2.1 后面的代码行。for 循环语句使用 Enumeration 对象而 nextElement( )方法重复提供了带有月份名的 assignRecord( )方法。assignRecord( )方法在注释#4 后面的代码行中定义，该方法是本章中前面所示 populateRecordStore( )方法的重构版本。

重构隔绝了 RecordStore::addRecord( )方法的动作，从而令其能够每次向 RecordStore 对象添加一个单独的记录(rs)。

nextElement( )方法接着取回 Enumeration 对象中存储的每个枚举的月份，但是，由于需要一个String 参数，因此必须先后使用 toString( )方法和 nextElement( )方法。如前所述，调用 toSring( )方法是将已经赋予 Vector 对象的元素数据类型进行插入的一种途径。图 8-11 显示了 assignRecord( )方法的动作，它为添加至 RecordStore 对象中每个月份发出如下消息：

Record assigned. Numer of records;

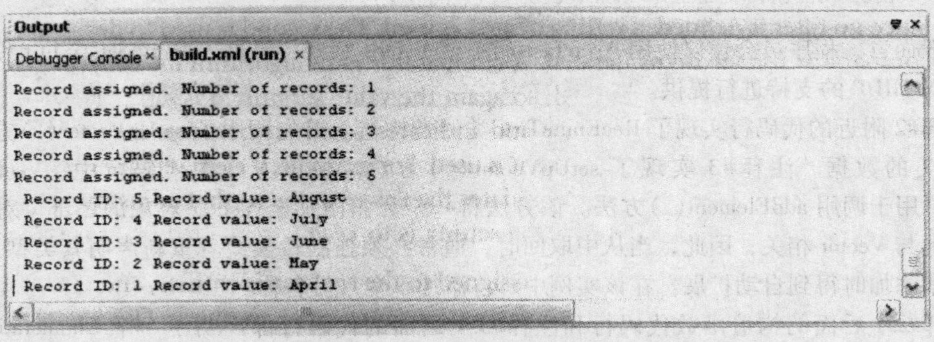

图 8-11   RecordEnumeration 对象可令用户相当容易地显示记录

8.2.3   RecordStore 和 RecordEnumeration

RecEnumTest 类中注释#5 相关的代码行实现了 displayRecord( )方法。该方法的版本与本章前面给出的使用 RecordEnumeration 接口的方法不同。特别是在注释#5.1 中，声明了一个本地RecordEnumeration 标识符 recEnum。接下来的代码行中，使用 RecordStore rs 属性调用了RecordStore::enumerateRecords( )方法。

enumerateRecord( )方法接收三个参数。第一个参数可用于为迭代的项指定一个过滤器，它是一种匹配算法。由于没有定义过滤器，因此设定为 null。第二个参数用于为迭代的项指定一个比较器，比较器是一种用于排序项的算法。由于没有定义比较器，因此其值再次指定为 null。第三个参数是 boolean 类型，说明 RecordEnumeration 在其使用时是否得到自动更新。例如，如果 true 设置在删除元素后自动地更新了 Enumeration，那么可以自动地进行判断。在这里，设置为 true。

记录的枚举赋予 recEnum 标识符，recEnum 标识符随后用于调用 hasNextElement( )方法。hasNextElement( )方法在 RecordEnumeration 对象中存储的记录上进行迭代，每次找出下一个元素则返回 false。在这里，它用于控制 while 循环语句。

在 while 循环语句中，注释#5.2 后的代码行使用 recEnum 对象调用 nextRecordId( )方法。该方法接下来返回 recEnum 对象中每个枚举项的 ID 或索引号。返回值为 int 类型并赋予 recNum 标识符。recNum 标识符随后用作 RecordStore∷getRecord( )方法的参数，该方法返回一个拥有赋予某一记录的值的 byte 数组。为了修改这一返回值使之能够得到显示，可以使用一个 String 构造函数。新的 String 对象可赋予 record 标识符，图 8-11 中所示输出的最后五行报告了该方法的动作。

Enumeation∷hasMoreElements( )方法和 RecordEnumeration∷hasNextElement( )方法显然比较相似。这些方法都在集合上进行迭代，然后在结尾处返回 false。Enumeration∷nextElement( )方法和 RecordEnumeration∷nextRecordID( )方法也同样。这些方法对每次调用都返回后继元素，递增枚举。对这些方法应用的动作也应用于 Vector∷elements( )方法和 RecordStore∷enumerateRecords( )方法。

8.3 使用 RecordComparator 对象

如前所述，比较器是一种用于排序项的算法。RecordComparator 类型的对象被用作 RecordStore∷enumerateRecords( )方法的第一个参数。在许多情况下，枚举并不需要排序算法，因为将项赋予一个 RecordStore 的排序可以相当简单地通过迭代进行检查。另一方面，有时排序项的能力会变得很重要。在这里，RecordComparator 接口变得特别有用。

接口的核心部分是 compare( )方法，它是 RecordComparator 接口中唯一可见的方法。如表 8-4 所示，该方法接收两个 byte 类型的数组作为参数。参数指定记录（rec1 和 rec2）。排序算法的默认顺序如表 8-4 所示，但三个属性（EQUIVALENT、FOLLOWS 和 PRECEDES）可用在 compare( )方法定义中的选择结构里，以生成各种结果。例如，可以反序或按字母序。

表 8-4   RecordComparator 方法及相关细节

方法或属性	说　明
int compare（byte[ ] rec1, byte[ ] rec2）	该方法在 RecordComparator 接口的特殊化中得到重写，用于生成一个适用于过滤的类。在该方法中，两个记录 rec1 和 rec2 进行比较。如果按排序次序 rec1 在 rec2 之前，那么默认返回 RecordComparator. PRECEDES。如果按排序次序 rec1 在 rec2 之后，那么返回 RecordComparator. FOLLOWS。如果 rec1 和 rec2 相同，那么返回 RecordComparator. EQUIVALENT。String∷compareTo( )方法可用于定制操作

（续）

方法或属性	说　明
static int EQUIVALENT	对于给定的排序次序，两个记录是相同的
static int FOLLOWS	对于给定的排序次序，compare（ ）参数列表中的第二个参数在比较参数列表中的第一个参数之后
static int PRECEDES	对于给定的排序次序，compare（ ）参数列表中的第一个参数在比较参数列表中的第二个参数之后
enumerateRecords（null，*comparator*，false）⊖	该方法由 RecordStore 对象调用并返回一个 RecordEnumeration 对象。参数可默认设置为 null、null 和 false。第二个参数允许用户添加一个比较器。要生成该类必须要特殊化（实现）RecordComparator 接口
String::compareTo（String）	该方法常常用在 compare（ ）方法中的条件集合定义中。给定两个字 WordA 和 WordB，如果 WordA 按字母序在 WordB 之前，那么返回一个负整型值。如果 WordA 按字母序在 WordB 之后，那么返回一个正整型值。如果 WordA 按字母序与 WordB 相等，那么返回 0

要实现 RecordComparator 接口，标准的方法是使用 RecordComparator 接口实现一个内部类，然后生成该类的一个实例，在 enumerateRecords（ ）方法调用时使用一个参数。如果需要的排序算法不同，那么可以生成若干个内部类。本节中的讨论重新探讨了两个实现。

8.3.1　ComparatorTest 类

ComparatorTest 类位于第 8 章源代码文件夹中。与本章中的其他类相同，它包含在用于 NetBeans IDE 的 Chapter8MIDletes 项目文件夹中。ComparatorTest 类提供了两个内部类 RComparator 和 AComparator。AComparator 类实现了一个 compare（ ）方法，按字母序排序 RecordStore 对象中的项，而 RComparator 方法按反字母序排序它们。displayRecordStore（ ）方法的之前版本得到重新定义，令其能够接收 RecordComparator 类型的参数。RComparator 和 AComparator 类型的对象可传递给它，因为它们都是 RecordComparator 接口的子类。

```
/*
 *  Chapter 8 \ ComparatorTest.java
 *
 */
import java.io.*;
import javax.microedition.midlet.*;
import javax.microedition.rms.*;
import java.util.*;

public class ComparatorTest extends MIDlet{

    // Declare a RecordStore attribute and a name
    private RecordStore rs;
    private static final String STORE_NAME = "Test RecordStore Object";
    private Vector months = new Vector();
```

⊖　这是 RecordStore 方法。在这里列出它是因为它是连接 RecordStore 类和 RecordComparator 接口的中心方法。

```
//Construct
public ComparatorTest() throws Exception{
    // Set up the data
    setUpVector();
    // Construct an empty RecordStore object
    createRecordStore();

    // #1 Use Comparators
    RComparator rComp = new RComparator();
    AComparator aComp = new AComparator();
    displayRecordStore(rComp);
    displayRecordStore(aComp);

}// End of constructor

private void setUpVector(){
    //Add elements to the Vector object
    months.addElement("April");
    months.addElement("May");
    months.addElement("June");
    months.addElement("July");
    months.addElement("August");
    months.addElement("September");
    months.addElement("October");
    months.addElement("November");

    // Declare a local instance of a standard Enumerator
    Enumeration monthEnum;
    // Use the enumerator
    for (monthEnum = months.elements(); monthEnum.hasMoreElements() ;) {
        System.out.println(" Vector item: " + monthEnum.nextElement());
    }
}

// Create the RecordScore
private void createRecordStore()throws RecordStoreException{
    // Create an instane of the RecordStore object
    rs = RecordStore.openRecordStore(STORE_NAME, true);
    System.out.println("Name of the current RecordStore object: "
                                    + rs.getName());
    //Verify content
    Enumeration monthEnum;

    for (monthEnum = months.elements() ; monthEnum.hasMoreElements() ;) {
        assignRecord(  monthEnum.nextElement().toString() );
    }

}//end createRecordStore

// Assign individual records to the RecordStore object (rs)
public void assignRecord(String record){
    if(record.length()==0){
        record = "none";
```

```
      }
      byte[] rec = record.getBytes();
      try{
        rs.addRecord(rec, 0, rec.length);
      } catch (Exception ex){
        System.out.println(ex.toString());
      }
  }
// #2 Display the records in the RecordStore object
// Using one of two comparators
public void displayRecordStore(RecordComparator compare){
  try{
    if (rs.getNumRecords() > 0){
      RecordEnumeration recEnum;
      recEnum = rs.enumerateRecords(null, compare, true);
      //Retrieve class names
      System.out.println("Order after " +
                         compare.getClass().toString() );
      while (recEnum.hasNextElement()){
        int recNum = recEnum.nextRecordId();
        String record = new String(rs.getRecord(recNum));
        System.out.println(" Record ID: " + recNum +
                           " Record value: " + record);
      }
    }
  }catch (Exception e){
      System.out.println(e.toString());
  }
}


// Close and delete the RecordStore object


protected void destroyApp(boolean unconditional)
                         throws MIDletStateChangeException{
    //Close the RecordStore and then Remove it
    try{
      rs.closeRecordStore();
      RecordStore.deleteRecordStore(STORE_NAME);
    }catch(RecordStoreException rse){}
}

protected void startApp() throws MIDletStateChangeException{
    destroyApp(true);
    notifyDestroyed();
}

public void pauseApp(){
}
//=========================================================
// #3 Inner class to define a AComparator -- Alphabetical
```

```
// Overload one method - compare
 public class AComparator implements RecordComparator{
     public int compare(byte[] rec1, byte[] rec2) {
          String str1= new String(rec1);
          String str2= new String(rec2);
          int cmp = str1.compareTo(str2);
          if (cmp > 0) return RecordComparator.FOLLOWS;
          if (cmp < 0) return RecordComparator.PRECEDES;
          //(cmp == 0)
          return RecordComparator.EQUIVALENT;
          }
 }//End inner class


 //=====================================================


 // #4 Inner class to define a RComparator -- Reverse
 public class RComparator implements RecordComparator {
     public int compare(byte[] rec1, byte[] rec2) {
          String str1= new String(rec1);
          String str2= new String(rec2);
          int cmp = str1.compareTo(str2);
          if (cmp < 0) return RecordComparator.FOLLOWS;
          if (cmp > 0) return RecordComparator.PRECEDES;
           //(cmp == 0)

          return RecordComparator.EQUIVALENT;
          }
 }// End inner class

 //=====================================================

}// end of ComparatorTestclass
```

8.3.2　使用 enumerateRecords( )方法

在与 ComparatorTest 类中注释#1 相关的代码行中，有两个 RecordComparator 对象得到声明和定义，它们是 RComparter 对象和 AComparator 对象。声明之后，它们作为两次调用 displayRecordStore( )方法的参数被传递。对 displayRecordStore( )方法的两次调用导致了 setUpVector( )方法中定义的月份列表按字母升序和降序得到显示。

注释#2 后的代码行定义了 displayRecordStore( )方法。该方法接收一个 RecordComparator 类型的参数（compare）。该参数传递给 enumerateRecords( )方法，该方法接收一个 RecordComparator 对象作为第二个参数。它的第一个参数是一个过滤器。这里尚未定义过滤器，因此过滤器参数设定为 null。第三个参数允许更新 RecordStore 枚举，该参数被设定为 true。enumerateRecords( )方法的返回值为使用 RecordComparator 对象定义的一个 RecordEnumeration 对象（recEnum）。

提供给 displayRecordStore( )方法的参数随后相继用于调用 getClass( )方法和 toString( )方法，令用于排序枚举的 Recordcomparator 类名可作为名称显示。给定这一标签，recEnum 对象然后可用作一个 while 循环语句的参数，以调用 RecordEnumeration::hasNextElement( )方法。如前所述。该方法返回 true，直至到达枚举项的末尾，并在该点返回 false。调用 nextRecord( )方法会返回记录的 ID，与 RecordComparator 算法排序相同，当记录的 ID 用作 getRecord( )方法的参数时，可以取回记录中的值。图 8-12 给出对 displayRecordStore( )方法两次调用的输出。

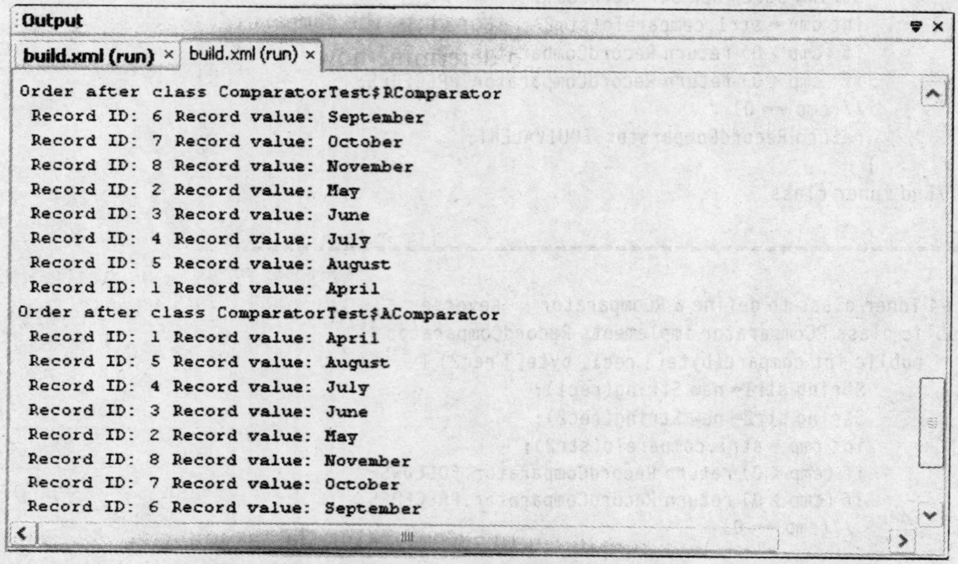

```
Output                                                    ▼ ×
build.xml (run) ×  build.xml (run) ×
Order after class ComparatorTest$RComparator
 Record ID: 6 Record value: September
 Record ID: 7 Record value: October
 Record ID: 8 Record value: November
 Record ID: 2 Record value: May
 Record ID: 3 Record value: June
 Record ID: 4 Record value: July
 Record ID: 5 Record value: August
 Record ID: 1 Record value: April
Order after class ComparatorTest$AComparator
 Record ID: 1 Record value: April
 Record ID: 5 Record value: August
 Record ID: 4 Record value: July
 Record ID: 3 Record value: June
 Record ID: 2 Record value: May
 Record ID: 8 Record value: November
 Record ID: 7 Record value: October
 Record ID: 6 Record value: September
```

图 8-12　compare( )方法的定义决定了 RecordComparator 动作的结果

8.3.3　特殊化 RecordComparator 接口

要特殊化 RecordComparator 接口，用户必须重新定义 RecordComparator∷compare( )方法。该方法允许用户定义一个用于排序枚举中项的算法。CompratorTest 类中注释#3 后面的代码行定义了 AComparator 类，这是一个内部类。在该类的定义中，参数由 compare( )方法的 byte 数组参数导出的 String 值构成(byte[ ] rec1，byte[ ] rec2)。要将 byte 数组转换为 String 对象，可重复使用 String 构造函数。String 对象可使用 String∷compareTo( )方法，对调用的 String 项与作为参数提交给它的 String 项进行比较。该方法根据比较结果返回三个值。下面再次总结其工作流程。

- 给定两个字 WordA 和 WordB，如果 WordA 按字母序在 WordB 之前，那么返回一个负整数。
- 如果 WordA 按字母序在 WordB 之后，那么返回一个正整数。
- 如果 WordA 按字母序与 WordB 相等，那么返回 0。

在 AComparator 类的实现中，compareTo( )方法用于生成一个整数，该整数用于决定如何返回 RecordComparator 常数的值。选择语句用的是 if 语句，令如何使用 compareTo( )方法的值变得更加清晰。方法返回的值赋予 cmp 标识符，该标识符随后包含在后面的选择语句中。两个 if 选择参数的相似处可以容易地看出如何以正序和反序将项进行排序。

在注释#3 后面的代码行中，正向比较算法在 AComparator∷compare( )方法中实现。在这里，如果第一项大于第二项(cmp→0)，那么返回 FOLLOWS 的值。如果第一项小于第二项(cmp＜0)，那么返回 PRECEDES 的值。如果两者相等，那么返回 EQUIVALENT 的值。使用该算法，RecordStore 对象中的项按字母序进行排序。

注释#4 后面的代码行实现了 RComparator 类。该类实现了 compare( )方法的一种版本，按反序对项进行排序。在这种设置中，如果第一项小于第二项(cmp < 0)，那么返回 FOLLOWS 的值。如果第一项大于第二项(cmp → 0)，那么返回 PRECEDES 的值。如果两者相等，那么返回 EQUIVALENT 的值。使用这一算法，RecordStore 对象中的项按字母反序进行排序。

8.4 使用 RecordFilter 对象

过滤器是一种算法，用户可以将其提交给 RecrodStore::enumerateRecords( )方法，指导它从 RecordStore 对象中只选择特定的记录。要生成一个过滤器，用户要实现 RecordFilter 类的一种特殊化版本。要特殊化该类，用户要重写 matches( )方法。实现了 RecordFilter 类的特殊化版本后，用户就可以将其实例用作 enumerateRecords( )方法的第一个参数。表 8-5 汇总了与该类相关的某些细节。

表 8-5　RecordFilter 的详细信息

方　　法	说　　明
boolean matches(byte[ ] candidate)	如果候选记录通过过滤规则合法地传递，那么它返回 true。用户在特殊化 RecordFilter 接口时必须定义这一方法
String::indexOf(char, int)	常常用于 compare( )方法的重新定义中的该方法返回一个整数，表示其第一个参数指明的字符的开始位置。第二个参数指定启动搜索的字符串位置。如果负数用作起始位置，那么方法将其视为零。如果指定起始索引的数字大于字符串的长度，那么方法返回 −1
enumerateRecords(*filter*、null, false)⊖	该方法由 RecordStore 对象调用，返回一个 RecordEnumeration 对象。用户可以按 filter，null 和 true 为方法设置参数。第一个参数允许用户添加一个过滤器，必须特殊化(实现)RecordFilter 接口才能生成用于过滤器的类

8.4.1 FilterTest 类

FilterTest 类与本章中其他类一起位于第 8 章文件夹中，它还包含在用于 NetBeans IDE 的 Chapter8MIDlets 项目中。该类涉及的代码已经在本章中出现过，但添加了一些新特性。一个名为 TextFilter 的内部类得到实现，其中定义了 FilterTest 接口中的主要方法，令包含特定文本的记录能够从 RecordStore 对象里的记录里挑选出来。针对该类的构造函数接收一个用作过滤器的字符串作为参数。

用于过滤的文本可以是能够比较为 RecordStore 对象指派的所有或部分元素的任意字符串。要使用 TextFilter 接口的特殊化版本，可定义 displaySelectedRecords( )方法，它接收用作过滤器的文本作为参数，其实现允许参数用在 TextFilter 对象的构造中。下面是 FilterTest 类的代码，进一步讨论将在后面进行。

⊖ 这是 RecordStore 方法。在这里列出它是因为它是连接 RecordStore 类和 RecordComparator 接口的中心方法。

```
/*
 * Chapter 8 \ FilterTest.java
 *
 */
import java.io.*;

import javax.microedition.midlet.*;
import javax.microedition.rms.*;
import java.util.*;

public class FilterTest extends MIDlet{
    // Declare a RecordStore attribute and a name
    private RecordStore rs;
    private static final String STORE_NAME = "Test RecordStore Object";
    private Vector months = new Vector();

    public FilterTest() throws Exception
    {
        // #1 Set up the data
        setUpVector();
        // Construct an empty RecordStore object
        createRecordStore();
        // #1.1
        displaySelectedRecords("none");
    }// End of constructor

    // #2 Set up data so that there are some "none" values
    private void setUpVector(){
        //Add elements to the Vector object
        months.addElement("April");
        months.addElement("May");
        months.addElement("nonentity");
        months.addElement("June");
        months.addElement("none");
        months.addElement("July");
        months.addElement("August");

        // Declare a local instance of a standard Enumerator
        Enumeration monthEnum;
        // Use the enumerator
        for (monthEnum = months.elements(); monthEnum.hasMoreElements() ;){
            System.out.println("Vector item: " + monthEnum.nextElement());
        }
    }

    // Create the RecordScore
    private void createRecordStore()throws RecordStoreException{
        rs = RecordStore.openRecordStore(STORE_NAME, true);
        System.out.println("The current number of records: "
                                    + rs.getNumRecords());

      System.out.println("Name of the current RecordStore object: "
                                    + rs.getName());
```

```
        Enumeration monthEnum;
        for (monthEnum = months.elements() ; monthEnum.hasMoreElements() ;){
            assignRecord(  monthEnum.nextElement().toString() );
        }
    }//end createRecordStore

    // Assign individual records to the RecordStore object (rs)
    public void assignRecord(String record){
        if(record.length()==0){
            record = "none";
        }
        byte[] rec = record.getBytes();
        try{
            rs.addRecord(rec, 0, rec.length);
            System.out.println("Record assigned. Number of records: "
                                            + rs.getNumRecords());
        } catch (Exception ex){
            System.out.println(ex.toString());
        }
    }


    // #3 Use the filter for the records
    public void displaySelectedRecords(String textFilter){
      try{
        if (rs.getNumRecords() > 0){
        // Verify the arugument
        String letters = new String(textFilter).trim();
        System.out.println("Filtered with: " + letters);

        // #3.1 Create and instance of the filter
          TextFilter filter = new TextFilter(letters);
        // Use the instance of the filter as an argument
        RecordEnumeration recEnum
                = rs.enumerateRecords(filter, null, true);
        //Retrieve record numbers and data fromthe DataStore object
         while (recEnum.hasNextElement()){
            int recNum = recEnum.nextRecordId();
            String record = new String(rs.getRecord(recNum));
            System.out.println("(Found) Record ID: " + recNum);
            System.out.println(" Record value: " + record);
            }
          }
        }catch (Exception e){
            System.out.println(e.toString());
        }
      }

    // #4 Define a class for filtering
    //=====================================================
class TextFilter implements RecordFilter{
```

```
        private String textToFind = null;
        // #4.1
        public TextFilter(String text)
        {
            textToFind = text.toLowerCase();
        }


        // #4.2
        public boolean matches(byte[] value){
          String str = new String(value).toLowerCase();
          // Look for a match
          if (textToFind != null && str.indexOf(textToFind) != -1){
           return true;
          } else{
           return false;
          }
        }// end match
    }// end LetterFilter
    //=================================================


        // Close and delete the RecordStore object
        protected void destroyApp(boolean unconditional)
                            throws MIDletStateChangeException{
            //Close the RecordStore and then Remove it
            try{
                rs.closeRecordStore();
                RecordStore.deleteRecordStore(STORE_NAME);
            }catch(RecordStoreException rse){}
        }

        protected void startApp() throws MIDletStateChangeException{
            destroyApp(true);
            notifyDestroyed();
        }

        public void pauseApp(){
        }
    }// end of FilterTest class
```

8.4.2　FilterTest 的构造

　　FilterTest 类在注释#1 之前的代码行中，该类定义了 RecordStore（rs）和 Vector（months）属性，生成了一个 Vector 类的实例。注释#1 后的代码行调用了 setUpVector（　）类。在本章之前讨论的类中，该方法曾用于定义 RecordStore 对象中使用的主要记录列表。如注释#3 后的代码行所示，情况与前面相同，不同之处在于使用了更多的记录，并且在几个实例中使用 addElement（　）方法将一个包含"none"的字符串或子字符串附加到 Vector 对象（months）。

　　与注释#1.1 相关的代码行中调用了 displaySelectedRecords（　）方法。该方法接收一个 String 类型的参数。在这里,参数为"none"。要跟踪参数的运行,必须检查在注释#3后定义 displaySelectedRecords( )方法的代码。该函数的参数使用 TextFilter 标识符进行定义。该参数随后用作 String 构造函数的参数并赋予 letters 标识符。String∷trim( )方法在将其赋予 letters 标识符之前从过滤器文本中去除了后面的空格。

println( )方法将赋予 letters 标识符的值显示到控制台之后,注释#3.1后的代码行再次将 letters 标识符用作 TextFilter 构造函数的参数。构造函数接收一个参数,指定用作过滤器的字符串。TextFilter 类的实例赋予 filter 标识符。

过滤器标识符随后可用作 RecordStore 类的 enumerateRecords( )方法的参数。该方法使用 rs 属性进行调用,而 TextFilter 类的一个实例则用作其第一个参数。它的第二个参数用于指定一个比较器。在这里并没有定义比较器,因此 RecordEnumeration 对象得到自动更新,该值被设置为 true。RecordEnumeration 对象赋予 recEnum 对象,而给出过滤器的定义,nextRecordId( )方法仅返回那些包含"none"字符串的记录。图 8-13 给出了输出结果。

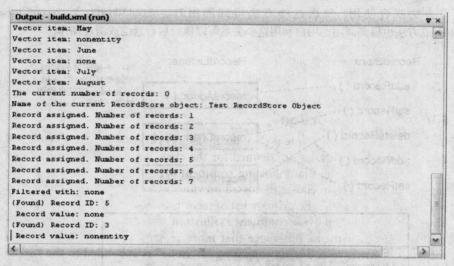

图 8-13　TextFilter 类中进行的过滤涉及到将 indexOf( )方法封装到 match( )方法中

8.4.3　特殊化 RecordFilter 接口

要定义用于 RecordStore∷enumerateRecords( )方法中的过滤器,需要重写 RecordFilter 接口的 matches( )方法。要完成这项工作,如注释#4尾部的代码行所示,需要生成一个内部类 TextFilter。TextFilter 类实现了 RecordFilter 类。

该类包含一个 String 类型的属性 textToFind。如注释#4.1相关的代码行所示,为了实现 TextFilter 构造函数,要定义一个参数(文本类型的)。该参数随后由 String∷toLowerCase( )方法转换为小写字符并赋予 textToFind 属性。将字符串转换为小写字符可确保过滤的一致性。

给定该构造序列,注释#4.2后的代码行实现了 matches( )方法。matches( )方法接收一个 byte 数组类型的参数(value)。value 标识符在 String 构造函数中用作参数。该构造函数调用 toLowerCase( )方法将结果字符串转换为小写字母,并将结果赋予 str 标识符。该标识符随后用在一个使用复合布尔表达式的选择语句中。第一部分测试字符串是否存在，第二部分测试 String::indexOf( )方法返回的值。

如表 8-5 所示，indexOf( )方法返回一个整数，表示其第一个参数指派的字符的起始位置。第二个参数指定字符串中开始搜索的位置，如果指示起始索引的数字大于字符串的长度，那么方法返回 -1。一般而言，这里的 match( )封装了 indexOf( )方法，返回的结果为 text 参数提供的字符串。如图 8-13 所示，过滤器允许枚举对象检查与字符串或子字符串"none"对应的那些记录列表。indexOf( )方法也可以查找这些记录。

8.5   RecordListener 对象的使用

RecordListener 接口提供了三种方法，允许用户为涉及到添加、修改和删除记录的 RecordStore 动作生成侦听器。侦听器是一种自动与某一方法配对的方法，它报告所配对方法的动作。如图 8-14 所示，RecordListener 接口提供了三种方法，它们与 RecordStore 类的 addRecord( )、deleteRecord( )和 setRecord( )方法联合使用。每次这些方法得到调用时，recordAdded( )、recordChanged( )或 recordDeleted( )方法也得到调用。用户利用这一关系可以执行后台通信或清理动作。

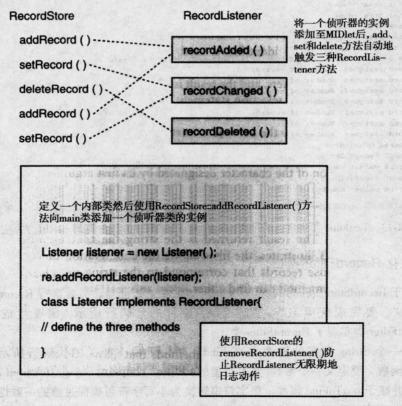

图 8-14   向一个 MIDlet 添加侦听器的一种方法是使用一个内部类

要提供这种服务，一种方法是生成一个内部类，实现 RecordListener 接口。在该类中，要重写 RecordStore 接口的三种方法以定义与三个 RecordStore 消息相关的执行动作。

表 8-6 列出了 RecordListener 接口的某些接口特性。除 RecordListener 接口提供的功能外，要使用记录侦听器，必须调用 RecordStore 类的 addRecordListener( )方法。它会添加侦听器并且有助于调用 removeRecordListener( )方法删除侦听器事件列表中的项。

表 8-6　RecordListener 与相关方法

特　性	方　法
void recordAdded (RecordStore recordStore， int recordId)	当 RecordStore 类的 addRecord( )得到调用，它是调用的 RecordListener 方法
void recordChanged (RecordStore recordStore， int recordId)	当 RecordStore 类的 setRecord( )得到调用，它是调用的 RecordListener 方法
void recordDeleted (RecordStore recordStore， int recordId)	当 RecordStore 类的 deleteRecord( )得到调用，它是调用的 RecordListener 方法
void removeRecordListener(listener)⊖	这是一个用于从 MIDlet 类中删除一个记录侦听器的 RecordStore 方法
void addRecordListener(RecordListener listener)⊖	当修改（添加、删除、修改）RecordStore 对象中的记录时，这是一个向 RecordStore 对象添加一个侦听器的 RecordStore 方法，侦听器可以发出进行修改或者采取其他动作的相关消息

8.5.1　RecordListenerTest 类

RecordListenerTest 类给出了如何生成一个具有内部类（Listener）特色的 MIDlet 类（RecordListenerTest）的示例。内部类实现了 RecordListener 方法，使得它们能够用作添加、删除和修改与 RecordStore 类相关的方法的定制侦听器集合。在这里，内部类 Listener 定义了 RecordListener 方法，显示命令行消息。这些侦听器取代了本章之前开发的用于跟踪类中事件的大多数 println( )方法调用。要激活侦听器方法，必须调用 RecordStore∷addRecordListener( )方法，如表 8-6 所示，该方法要接收一个 RecordListener 对象作为参数。用户可以在第 8 章源文件夹里的独立版本中或者在设置于 NetBeans IDE 中的 Chapter8MIDlets 项目中找到 RecordListener 类。代码的讨论将在后面进行。

```
/*
 * Chapter 8 \ RecordListenerTest.java
 *
 */
import java.io.*;
import javax.microedition.midlet.*;
import javax.microedition.rms.*;
import java.util.*;

public class RecordListenerTest extends MIDlet{

    private RecordStore rs;
    private static final String STORE_NAME = "Test RecordStore Object";
    private Vector months = new Vector();
```

⊖　这是一个 RecordStore 方法，这里连接 RecordStore 类和 RecordEnumeration 接口的中心方法，因此在这里列出。

```java
    Listener listener = new Listener();
    private final int RECORD_LIMIT = 10;
    private Random random;

    //Construct
    public RecordListenerTest() throws Exception{
        random = new Random(12L);
        // #1 Add a record listener to the class
        rs = RecordStore.openRecordStore(STORE_NAME, true);
        rs.addRecordListener(listener);

        setUpVector();
        // Construct an empty RecordStore object
        createRecordStore();
        // #1.1
        displayRecords();
        // #1.2
        updateRecord(1, randomMonth());
        removeRecord(2);
    }// End of constructor

// #2 Set up data so that there are some "none" values
    private void setUpVector(){
        //Add elements to the Vector object
        int itr = 0, ctrl = 5;
        while(itr < ctrl){
            months.addElement(randomMonth() );
            itr++;
        }

        Enumeration monthEnum;
        for (monthEnum = months.elements(); monthEnum.hasMoreElements() ;){
            System.out.println("Vector item: " + monthEnum.nextElement());
        }
    }

// #3 Generate data randomly
private String randomMonth(){
    String changes[] = {"January", "February", "March",
                        "April",   "May",      "June",
                        "July",    "August",   "September",
                        "October", "November", "December"};
    int randInt = 0;
    randInt = random.nextInt(12);
    String val = changes[randInt];
    return val;

}

// 3.1 Create the RecordScore
private void createRecordStore()throws RecordStoreException{
    setUpVector();
    if(rs.getNumRecords()< RECORD_LIMIT){
```

```
            for(Enumeration monthEnum = months.elements();
                        monthEnum.hasMoreElements();){
                assignRecord(  monthEnum.nextElement().toString() );
            }
        }
    }//end createRecordStore

    // #3.2 Assign individual records to the RecordStore object (rs)
    public void assignRecord(String record){
        if(record.length()==0){
            record = "none";
        }
        byte[] rec = record.getBytes();
        try{
            rs.addRecord(rec, 0, rec.length);
        } catch (Exception ex){
            System.out.println(ex.toString());
        }
    }

// #3.3 Call to the listner with each creation of a record
    public void displayRecords(){
      try{
        if (rs.getNumRecords() > 0){
          RecordEnumeration recEnum;
          recEnum = rs.enumerateRecords(null, null, true);
            while (recEnum.hasNextElement()){
                int recNum = recEnum.nextRecordId();
                String record = new String(rs.getRecord(recNum));
                System.out.println(" Record ID: " + recNum +
                                    " Record value: " + record);
            }
        }
      } catch (Exception e){
            System.out.println(e.toString());
      }
    }

    // #3.4 Call to the listner with each deletion
    private void removeRecord(int recID)throws Exception{

        try{
            if(rs.getRecordSize(recID)>0){
                rs.deleteRecord(recID);
            }
        }catch(RecordStoreException rse){
            System.out.println("Record " + recID + " not found.");
            // System.out.println(rse.toString());
        }
    }//end removeRecord
```

```
// #3.5 Call to the lisener with each update
private void updateRecord(int recID, String newValue)throws Exception{
    String record;
     try{
        record = new String(rs.getRecord(recID));
        if(rs.getRecordSize(recID)>0){
            rs.setRecord(recID, newValue.getBytes(), 0, newValue.
length());
        }
    }catch(RecordStoreException rse){
        System.out.println("Record " + recID + " not found.");
        //System.out.println(rse.toString());
    }
}//end

// #4 Create a Listener class
//=======================================================
class Listener implements RecordListener
    {

        // #4.1 Reports that a record is added
        public void recordAdded(RecordStore recordStore, int recID){
            String listenerID = "(recordAdded listener)";
            try{
                System.out.println(listenerID   + " Added record " + recID
                                                + " to "
                                                + recordStore.getName());
                System.out.println("(recordAdded listener) Number of records: "
                                                + recordStore.getNumRecords());
            }
            catch(Exception e){
                System.out.println(e);
            }
        }


        // #4.2 Reports that a record is changed
        public void recordChanged(RecordStore recordStore, int recID){
            String listenerID = "(recordChanged listener)";
            try{
                String change = new String(recordStore.getRecord(recID));
                System.out.println(listenerID   + " Changed record " + recID
                                                + " to "
                                                + change);
            }catch (Exception e){
                System.out.println(e);
            }
        }
        // #4.3 Reports when a record is deleted
        public void recordDeleted(RecordStore recordStore, int recID) {
            String listenerID = "(recordDeleted listener)";
            try{
```

```
                System.out.println(listenerID  + " Deleted record " + recID
                                              + " from "
                                              + recordStore.getName());
                System.out.println("New store size: " +
                                    rs.getNumRecords() + "\n");
            }
            catch (Exception e){
                System.out.println(e);
            }
        }
    }// end inner class
    //==================================================

    // #5 Close and delete the RecordStore object
    protected void destroyApp(boolean unconditional)
                               throws MIDletStateChangeException{
        //Close the RecordStore and then Remove it
        try{
            rs.removeRecordListener(listener);
            rs.closeRecordStore();
            /// #5 Remove the listener
            RecordStore.deleteRecordStore(STORE_NAME);
        }catch(RecordStoreException rse){}
    }


    protected void startApp() throws MIDletStateChangeException{
        destroyApp(false);
        notifyDestroyed();
    }

        public void pauseApp(){
        }
    }// end of class
```

8.5.2　RecordListenerTest 的构造

　　如 RecordListenerTest 类中注释#1 之前的代码行所示，发生在 RecordListenerTest 类的构造函数中的动作首先是声明一个 RecordStore 属性（rs），然后初始化内部类 Listener 的一个实例（linstener）。要直接将 Listener 类与 RecordListenerTest 类相关联仅生成它的一个实例是不够的，但这却是必需的前提条件。除了 Listener 对象外，还提供了属性列表作为常数值 RECORD_LIMIT，该值控制类向 RecordStore 对象添加的记录数量。该属性用于 createRecordStore（ ）方法中（参见注释#3.1），以检查已向 MIDlet 记录存储器添加的记录数。它的初始化设置为10。

　　定义了 RECORD_LIMIT 常数后，还声明了一个用于 Random 类对象的标识符（random）。构造函数作用域内的第一行生成一个 Random 类的实例并赋予 random 标识符。Random 构造函数的参数是一个 long 类型的值，用于设置 Random 对象生成的随机数的范围。要将一个文本常量指派为一个 long 类型的值，需要向常数附加一个 L(12L)，当 Random 类的一个实例在类作用域内生成并在构造函数中初始化时(如此处所示)，它可以生成新的值，就如同它接下来在不同上下文中调用 randomMonth( )方法所使用的那样。

注释#1 后的代码行生成一个 RecordStore 对象的实例，并将其赋予 rs 属性。之后调用了 addRecordListener( )方法，该方法将属性列表中生成的 listener 属性作为其参数。addRecordListener( )方法是 RecordStore 接口的重要组成部分，removeRecordListener( )方法与之相呼应，它在 destroyApp( )方法中得到调用(参见注释#5)。侦听器的移除可防止重复调用应用程序时累积侦听器消息。

RecordListener 对象添加后，setUpVector( )方法得到调用。该方法已经在本章前面的若干类中进行过讨论，它将元素赋予 Vector 类属性(months)。在这一实现过程中，如注释#2 后的代码行所示，通过调用 randomMonth( )方法将元素添加至 Vector 中。while 语句用于添加 5 条记录。通过调用 randomMonth( )方法作为 Vector::addElement( )方法的参数添加一个月份的值。randomMonth( )方法在每次调用时返回一个月份的名称。

8.5.3 指派记录

注释#3 后定义了 randomMonth( )方法，它没有参数，返回类型为 String。要定义该方法，第一步要生成一个包含一年 12 个月份的 String 数组(changes)，然后调用 Random::nextInt( )方法。random 属性已经在类作用域中声明并且在类构造函数中得到初始化。当它用于调用 nextInt( )方法时，它会返回从 0 到其参数所设置的数字集的一个伪随机数。在这里，参数是 12，因此范围是 0~11。参数定义了方法返回的范围大小而不是范围内的其本身。nextInt( )返回的数值用作一个索引，以从 changes 数组中恢复月份名称。该值由 randomMonth( )方法作为一个 String 对象返回，每调用该方法一次，理论上都会生成一个随机的月份名。

8.5.4 RecordListener 的动作

注释#1.1 之前的代码行调用了 createRecordStore( )方法。该方法在注释#3.1 后的代码行中定义。定义开始是对 setUpVector( )方法的调用(参见注释#2)，它刷新可添加到 RecordStore 对象中的月份列表。接下来，RECORD_LIMIT 常数用于控制添加至 RecrodStore(rs)对象中的记录数。只要 getNumRecords( )方法返回的值小于 RECORD_LIMIT 的预定义值，那么可将记录赋予 RecordStore 对象。将该元素引入这个程序可限制其每次执行都生成新记录的问题。初始值为 10，但如用于实验，该值可设为 50、500 乃至任意其他值。然后，使用一个 Enumeration 对象的紧凑来实现一个 for 循环语句。在循环块中调用了 assignRecord( )方法。

这是非常重要的一步。与注释#3.2 相关的代码行中，assignRecord( )方法保持着与本章中前面相关类大致相似的外观，充当 addRecord( )方法的封装器。每调用一次该方法，RecordStore 对象就增添一个记录，正如图 8-15 所示，一条消息显示在控制台上。但是，要注意，打印该消息的 println( )方法目前不在 assignRecord( )方法中。消息现在由 Listener::recordAdded( )方法产生。该侦听器已经附加在 addRecord( )方法上，并在得到调用时产生一条消息。图 8-15 给出当调用 addRecord( )方法 10 次后生成记录的初始集合时侦听器产生的消息。

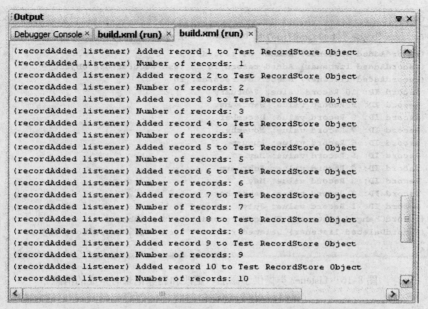

图 8-15 每次调用 addRecord( )方法都会生成一条消息

displayRecords( )方法在注释#1.1 后调用。该方法在注释#3.3 后的代码行中定义。该方法唯一的重要特性是无需 RecordComparator 或 RecordFilter 对象即可设置 enumerateRecords( )方法。该方法的第三个参数是 true，因此 RecordEnumeration 对象可按需更新。

注释#1.2 处调用了 updateRecord( )方法和 removeRecord( )方法。这些方法与 assignRecord( )方法类似，调用来自侦听器的动作。removeRecord( )方法（参见注释#3.4）调用 RecordStore 类的 deleteRecord( )方法。只要 deleteRecord( )方法执行，其动作就会触发 Listener 类的 recordDeleted( )方法。在相同的位置上，updateRecord( )方法（参见注释#3.5）调用 RecordStore 类的 setRecord( )方法。这次轮到调用 Listener 类的 recordChanged( )方法。下一节将给出这些方法生成的消息。

8.5.5 特殊化 RecordListener 接口

在 RecordListenerTest 类的注释#4 末尾的代码行定义了 Listener 内部类。为了定义该类，必须实现 RecordListener 接口。为此，需要重写接口的三种方法。如注释#4.1、#4.2 和#4.3 之后的代码行所示，这三种方法分别为 recordAdded( )、recordChanged( )和 recordDeleted( )方法。

用户可以使用相同的技术实现这三种方法。在当前设置中，方法涉及将之前嵌入到 RecordListenerTest 类中的代码移动到 Listener 类的方法中。例如，在实现 recordAdded( )方法时，一条针对 addRecord( )动作的标准消息"（recordAdded listener）"被赋予一个本地 String 标识符 listenerID。此后实现了一个 try...catch 代码块，其中，对 println( )方法的一系列调用会报告其动作。

如图 8-15 和图 8-16 所示，由于 RecordStore(rs)对象位于类作用域的外部和内部，因此调用 getName( )和 getNumRecords( )方法会报告关于添加、更改和删除记录的相关动作。

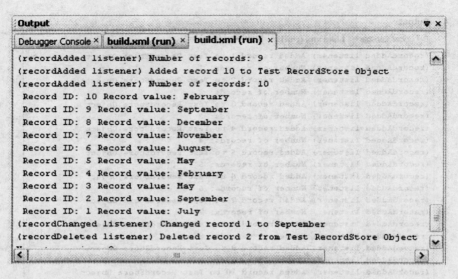

图 8-16　Listener 类提供了添加、更改和删除记录时生成的消息

8.5.6　异常

本章中给出的类已经提供了异常处理的示例，但示例所示有限。在测试会话期间通过调用 toString( )方法可以容易地标识出抛出异常的类型。这些异常如表 8-7 所示。用户可以使用 println( )方法将默认的异常文本输出到命令行中。本章中给出的许多类中，一般的 Exception 类型足以处理大多数异常。

表 8-7　RMS 异常

异　　常	说　　明
InvalidRecordIDException	指出由于记录 ID 不合法导致某个操作无法完成
RecordStoreException	指出记录存储操作中发生一个一般异常
RecordStoreFullException	指出由于记录存储系统存储已满从而导致某个操作无法完成
RecordStoreNotFoundException	指出由于记录存储未能找到，而导致某个操作无法完成
RecordStoreNotOpenException	指出试图在一个已关闭的记录存储上执行某个操作

无需重启 MIDlet 通常即可处理 RecordStoreNotFoundException、RecordStoreNotOpenException、InvalidRecordIDException 和 RecordStoreException。但对 RecordStoreFullException 而言情况则不是这样，它通常要求释放资源为要执行的 MIDlet 提供的足够空间。

8.6　小结

本章中，用户通过对永久对象的集中学习，从而继续研究了 MID API。可用于永久对象的资源是很多的，但它们都集中于 RecordStore 类上。使用静态 RecordStore::openRecordStore( )方法可向 MIDlet 添加一个 RecordStore 对象。使用静态 RecordStore::deleteRecordStore( )方法可移除一个对象。RecordStore 类为完成通常与数据库相关的基本任务，提供了 addRecord（）、getRecord（）、setRecord（）和 deleteRecord（）方法。RecordEnumeration 接口让为 RecordStore 对生成枚举对象成为可能。为此，使用了 RecordStore 类的 enumerateRecords（）方法。RecordEnumeration 接口包括 hasNextElement（）和 nextRecordID（）方法。enumerateRecords（）方法还可用于向与 RecordEnumeration 接口相关的动作添加 RecordFilter 和 RecordComparator 接口的对象。RecordFilter 接口要求重写 matches（）方法。RecordComparator 接口要求重写 compare（）方法。与这些功能一起还提供了另一种方法，即使用 RecordListener 接口提供的侦听器。通过定义 RecordListener 接口的 recordAdded（）、recordChanged（）和 recordDeleted（）方法，可以实现 RecordStore 类的 addRecord（）、setRecord（）和 deleteRecord（）方法的自动化。

27 个　RecordStore 对象的初始化页面配置等等。其中，有了 addListener()、getRecord、deleteAll()、delete、delete、RecordEnumeration 的 ElementAtSizeListener 类（也可能是对象的类，使用 RecordStore 的 equipmentsetcerout（）方法 RecordEnumeration 类，以调用 hasNextElement（）、其 nextInt、numerateRecord、枚举方式集合中目的方式查找由 RecordEnumeration 对象中的方式指定整理方式的方式。其方式 Record Filter 对以及文字文件上 numbers 等查找 RecordComparator 的方式编程控件中。方式等等整理查找方式进行文件中。整理查找方式查找使用 RecordListener 接口的方式以及对象的方法以及文件中的方式文件查找方式方式 X RecordListener 查找接口

第 9 章　用户界面基础

从本章开始的一系列章节研究 MIDP 中帮助用户易于实现用户界面的类。提供这些服务的类中首先要介绍的是 Displayable 类，它为诸如 Form、TextBox、Alert 和 List 的这些类提供了一种模式。联合使用 Command 对象与 Displayable 对象以及 CommandListener 接口提供的功能，用户就可以容易地处理 Displayable 对象产生的消息。处理消息可用 CommandListener 接口的 commandAction（ ）方法完成。该方法可使用户跟踪 Displayable 和 Command 类型的消息。抽象级别描述了 MIDP 的用户界面组件，抽象级别越高，组件的实现越容易。

9.1　用户界面(LCDUI)

MIDP 提供了三个用户界面类集合。一个集合提供了高级的抽象 UI，另一个集合提供了低级的具体 UI。位于中间抽象级的是游戏 API，将另两个集合的特性结合在一起。每个类集合都能帮助用户达到特定的目标。本章及接下来的几章讨论了对高级类。第 11 章讨论了低级类，第 13 章讨论了游戏 API 类的特定方面。

图 9-1 给出了带有不同抽象级别的类之间的不同。用户为设备开发的软件的某些特性提供了很少的开发选项，另一些特性提供的更多一些。选项越少，提供高抽象类(提供相当标准化特性的类)就越合理。选项的数量越多，允许更大的灵活性就越合理。

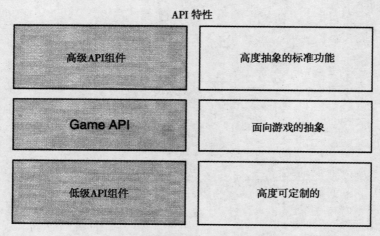

图 9-1　抽象级别描述了 ME UI 类

在高级别上，UI 令设备完全抽象化。例如，通过修改按键、按钮的标准操作或者显示选项以适应数以千计可能成为目标的设备的特性，做这样的事情是毫无意义的。对于这些特性，

MIDP 在特定设备上的实现决定了用户所看到的和用户反应的方式。一个标准化的交互集合得到支持。

在低级别上，由于用户实现的例程代表着令应用程序或游戏变得有趣的创造力，因此事情发生了变化。企图将这种动作抽象化是不现实或者不明智的。为此，低级 UI 得到应用，它提供的组件和功能允许用户以各种方式实现各种不同的动作。

游戏 API 代表着抽象的中间级。用户使用游戏 API 时需要访问一个小类集体，如 GameCanvas、Layer 和 Sprite，它们为用户提供了扩展、标准化特性，在某些情况下还提供了抽象特性，以允许用户实现游戏动作。

9.2　类层次结构

提供了用户界面的类集合通常称为液晶显示用户界面（Liquid Crystal Display User Interface，LCDUI）。LCDUI 的使用集中于屏幕及如何与用户交互。这种使用 UI 的方法简化了程序实现，但面对多得令人眼花缭乱的设备时仍然保持着灵活性。表 9-1 总结了 LCDUI 程序包中的高级类。这些类由 javax. microedition. lcdui 和 javax. microedition. lcdui. game 程序包提供。关于类的全面概述请访问 http://java. sun. com/javame/reference/apis/jsr118/。如表 9-1 所示，提供这些对象的类可分为以下几种功能类别：

- 系统或应用程序类，如 Display、Font、AlertType 和 Ticker。
- 低级 API 类，如 Canvas 和 Graphics。
- 高级 API Screen 类，如 Alert、Form、List 和 TextBox。
- 游戏 API 类，包括 GameCanvas、Sprite 和 TiledLayer。
- 高级 API Form 组件类。这些类来自于 Item，包括 ChoiceGroup、DateField、Gauge、ImageItem、StringItem 和 TextField。

表 9-1　选择性的 LCDUI 类概要

类	说　　明
接口	
Choice	提供用于管理所选项的公共接口
CommandListener	让用户生成一个侦听来自高级 UI 的命令事件的侦听器
ItemStateListener	让用户生成一个用于修改一个 Item 对象状态的侦听器
UI 系统和应用程序类	
Display	代表系统的显示和输入设备的管理器
Font	获得字体及其规格
Image	用于保持图像数据的类
AlertType	定义了用户可生成的警告类型的帮助类，如 ALARM、CONFIRMATION、ERROR、INFO、WARNING
Displayable	针对可显示的对象的抽象基类
高级 UI	
Command	抽象接口上的用户动作

（续）

类	说　　明
屏幕类	
Screen	为高级 UI 组件提供一个基类
Alert	警告用户某些情况的屏幕。一个 Alert 对象可以是一个屏幕。它接管整个显示，但没有类似其他 Screen 对象的命令
List	包含系列选择的屏幕对象
TextBox	用于编辑文本的屏幕对象。一个 TextBox 对象使用整个屏幕并具有附加特性，如剪贴板和剪切、复制及粘贴工具
表单与项	
Form	充当一个或多个 Item 的包含器的屏幕
Item	用于向一个 Form（或一个 Alert）粘贴事物的基类
Space	不可交互的对象，用于设置项之间的空格
ChoiceGroup	提供了一个表示系列选择的 UI 组件
DateField	提供了一个让用户输入一个日期的 UI 组件
Gauge	展示一个漂亮的图形条来显示进度
ImageItem	提供一个也是一张 Image 的 Item（更多信息请参见 Item 项）
StringItem	一个显示 String 的 Item 对象
TextField	一个用户编辑文本的 Item。一个 TextField 是用户可嵌入到表单中的一种简单控制
Ticker	沿着显示器滚动大量文本的 Item
低级 UI	
Graphics	提供 2D 图形工具
Canvas	用于生成低级 UI 图形的基类
游戏 API	
GameCanvas	用于游戏的用户界面的主要基础材料
Sprite	游戏中主要的可视元素
TiledLayer	提供了一组单元格的可视元素
Layer	用于组织可视对象显示的抽象类
LayerManager	用于管理图层呈现的对象

　　LCDUI 的较高级别动作的核心为 MID 的显示部分。显示器上所显示的一般可称为屏幕（screen）。一个屏幕可及时地在任意给定点显示。这种情况类似于看一副牌的正面。当用户开始看一副牌时，每张牌都是一个屏幕。提供屏幕的类按四个基本组进行概述：

- 低级 UI：可通过 Canvas 类访问。
- 游戏 API：使用 game 类实现的活动。
- 表单：UI 组件的显示组。
- 较高级别上的复杂组件：这种组件通常是 Screen 类的子类，如 TextBox、List 和 Form。

当用户与屏幕一起工作时，用户会生成可见的特性和不可见的特性。MIDP 提供的动作越靠近高级组件，其可视性越明显。图 9-2 给出用于表 9-1 中的大多数类的 LCDUI 类层次结构。要注意，游戏 API 中的类包含在 lcdui. game 程序包中，而其他类则包含在 lcdui 程序包中。斜体所显示的类名为抽象的。

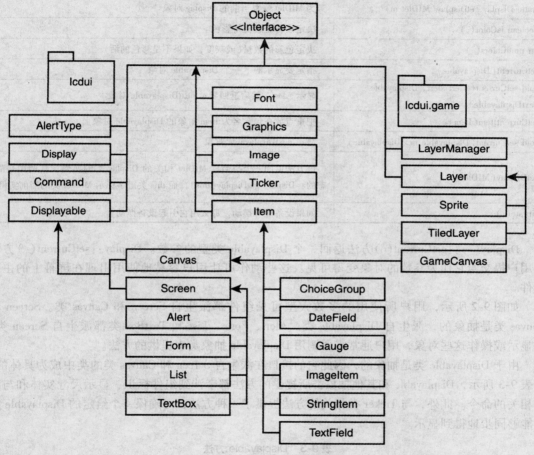

图 9-2 LCDUI 的类层次结构

9. 3 Display 与 Displayable

Display 类提供了用于与 MIDlet 可视交互的基础。一个 MIDlet 中有且只能有一个 Display 类的实例。Display 对象允许用户与设备通信提供一种显示可视化屏幕组件的上下文。要获得一个显示的实例，用户可使用 getDisplay( )方法。该方法是静态的，返回一个 Display 类型的对象。对 getDisplay( )的调用要遵循下列形式：

```
Display display = Display.getDisplay(this);
```

this 关键字标示 MIDlet 类的当前实例。表 9-2 总结了 Display 类接口中的若干方法。

表 9-2　Display 方法

方　　法	说　　明
void callSerially(Runnabler)	随后串行调用一个 java. lang. Runnable 对象
Displayable getCurrent( )	获得当前的 Displayable 对象
static Display getDisplay(MIDlet m)	为 MIDlet 恢复当前的 Display 对象
boolean isColor( )	决定设备是否支持彩色
int numColors( )	决定色彩的数量(或灰度,如果不是彩色的话)
setCurrent(Displayable)	指定要显示的下一个 Displayable 对象
void setCurrent(Alert alert, Displayable nextDisplayable)	显示 Alert,然后返回显示 nextDisplayable 对象
setCurrentItem(Item)	把重点放在包含名为 Item 对象的 Displayable 对象上
void setCurrent(Displayable nextDisplayable)	显示 nextDisplayable 对象
getDisplay(MIDlet)	该方法返回一个与当前 MIDlet 相关的 Display 类的实例,其调用是静态的:Display. getDisplay(this),而 this 关键字标示 MIDlet 类的当前实例
vibrate( )	如果设备能够摆动,那么用它引起设备摆动

Display( )::getCurrent( )方法返回一个 Displayable 类型的参数。Display::setCurrent( )方法将用户提交给它作为参数的对象变得可见。这些动作可让用户容易地使用出现在屏幕上的主要组件。

如图 9-2 所示,用户所使用的多数大型可见组件都派生自 Screen 和 Canvas 类。Screen 和 Canvas 类是抽象的,派生自 Displayable 类。Alert、Form、List 和 TextBox 类都派生自 Screen 类。要显示或操作这些对象,用户通常需要调用 Displayable 抽象类中提供的方法。

由于 Displayable 类是抽象的,因此它的接口在派生自 Screen 和 Canvas 类的类中成为具体的。如表 9-3 所示,Displayable 和其他抽象类所提供的方法都牵涉到组件标识、显示尺寸实体和与实体相关的命令。此外,与 Ticker 类相关的方法提供了一种方法,可确保一个给定的 Displayable 对象能够同步地得到显示。

表 9-3　Displayable 方法

方　　法	说　　明
addCommand(Command cmd)	将一条命令与 Displayable 对象相关联
int getHeight( )	返回应用程序可用的可视字段的高度。以像素为单位
Ticker getTicker( )	返回与 Displayable 相关的 Ticker 对象
String getTitle( )	返回 Displayable 的标题
int getWidth( )	返回对象可使用的字段宽。以像素为单位
boolean isShown( )	返回一个布尔值以指示 Displayable 对象当前是否是可见的
void removeCommand(Command)	使用它取消一条给定命令与 Displayable 对象的关联

（续）

方　　法	说　　明
void setCommandListener (CommandListener)	将 CommandListener 的一个实例与 Displayable 对象相关联。对该方法的调用代替之前已关联的 CommandListener 的实例
void setTicker(Ticker)	将一个滴答与一个 Displayable 对象相关联。对该方法的调用代替之前的关联
void setTitle(String)	设置 Displayable 对象的标题
protected void sizeChanged(int w, int h)	该方法必须得到重写，它提供了一种方法，提请注意用于一个 Displayable 对象的字段已经发生改变

9.3.1　DisplayTest 类

DisplayTest 类可让用户使用 Display、Displayable、Screen 和 TextBox 类之间的基本交互。用户可在第 9 章的文件夹中找到该类，它还包含在 NetBeans Chapter9MIDlets 项目中。getDisplay（　）方法首先获得与设备相关联的 Display 对象，然后如图 9-3 所示，用户调用 setCurrent（　）方法修改要显示的 TextBox 对象。setCurrent（　）方法的参数类型为 Displayable，由于其类从 Screen 类派生而来，因此 TextBox 类型的对象可用作参数。

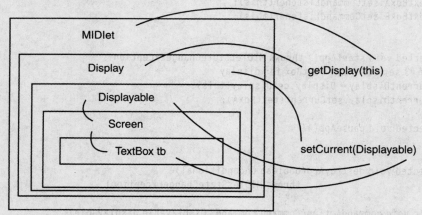

图 9-3　从 Displayable 派生而来的类可用作 setCurrent（　）方法的参数

除了屏幕交互外，DisplayTest 类还使用了 Command 对象。Command 对象可让用户将事件和处理程序与 Displayable 对象相关联。这样，当调用 MIDlet 时，它会显示"Albert"（参见图 9-4）。屏幕顶部的文本表示它是名字的第一个字。当用户单击调用 Last Name 事件时，可以看到"Gore"，显示的标题随事件发生改变。有关 Command 类的进一步讨论将在下一节进行。下面是DisplayTest 类的代码。

```
/*
 *  Chapter 9 \ DisplayTest.java
 */
import javax.microedition.midlet.*;
import javax.microedition.lcdui.*;
public class DisplayTest extends MIDlet implements CommandListener{
```

```
    // #1 Attributes
    private TextBox textBoxA,
                    textBoxB;

    private Command quit,
                    change;
    private Display currentDisplay;
    //Constructor
    public DisplayTest(){
        // #2 Create an instance of TextBox
        textBoxA = new TextBox("Here is the first name:",
                                "Albert", 20, TextField.ANY);
        textBoxB = new TextBox("Here is the last name:",
                                "Gore",   20, TextField.ANY);
        // #2.1 Create instances of Command
        change = new Command("View Last Name", Command.EXIT, 1);
        quit   = new Command("Quit",           Command.EXIT, 2);
        // Associate commands with the textbox
        textBoxA.addCommand(change);
        textBoxB.addCommand(quit);
        // #2.2 Associate the command with the TextBox instance
        textBoxA.setCommandListener(this);
        textBoxB.setCommandListener(this);
    }

    protected void startApp() throws MIDletStateChangeException{
        // #3 set the first TextBox for display
        currentDisplay = Display.getDisplay(this);
        currentDisplay.setCurrent(textBoxA);
    }
    protected void pauseApp(){
    }

    protected void destroyApp(boolean unconditional)
                            throws MIDletStateChangeException{
    }
    public void commandAction(Command command, Displayable displayable){
        try{

            if (command == change){
                // #4 Cascaded calls to set the second TextBox for display
                currentDisplay.getDisplay(this).setCurrent(textBoxB);
            }

            if (command == quit){
                destroyApp(true);
                notifyDestroyed();
            }
        }catch (MIDletStateChangeException ex){
            System.out.println(ex + " Caught.");
        }
    }//end commandAction
}// end class
```

DisplayTest 类中注释#1 相关代码行中, 用户生成一个 TextBox、Command 和 Dispaly 类型的属性集合。声明标识符作为类属性可令其在用作示例的不同方法中使用。在注释#2 的尾部, 构造函数提供了 TextBox 对象的两个实例: textBoxA 和 textBoxB, 并赋予类属性。

与注释#2.1 相关的代码行中, 用户生成了 Command 类的实例并赋予 Command 类的两个属性 quit 和 change。在注释#2.2 中, 用户调用 addCommand( ) 和 setCommandListener( ) 方法将命令事件与当前 MIDlet 相关联(以 this 关键字标识)。

鉴于两个 TextBox 对象现在可以生成事件, 就可以实现让事件引发修改已显示项的功能。第一个变化在 startApp( ) 方法中完成。在注释#3 后面的代码行中, 用户使用对 getDisplay( ) 方法的静态调用, 恢复对当前 Display 对象的引用, 并将其赋予类 Display 的属性 currentDisplay。getDisplay( ) 方法的参数类型为 MIDlet, this 关键字提供了对其类的当前实例的引用。然后用户调用 Display 类的 setCurrent( ) 方法, 它一个 DisplayTest 类型的参数, 而 textBoxA 对象属于 DisplayTest 的子类 TextBox 类。当调用 MIDlet 时, 显示的第一项是 textBoxA, 它给出屏幕标题 "Here is the first name" 和 TextBox 的文本 "Albert"。

在 commandAction( ) 方法的作用域中, getDisplay( ) 和 setCurrent( ) 方法再次得到调用。如注释#4 后面的代码行所示, 在这里, 一连串的调用实现了为当前显示指派 textBoxB 的任务。当用户单击引发 "View Last Name" 事件的软键盘时, 这一动作得到调用。屏幕会显示 "Gore", 并且刷新屏幕, 让用户看到 "Quit" 选项。单击 "Quit" 软按钮可关闭 MIDlet。图 9-4 给出 Display 类促成的一系列变化。

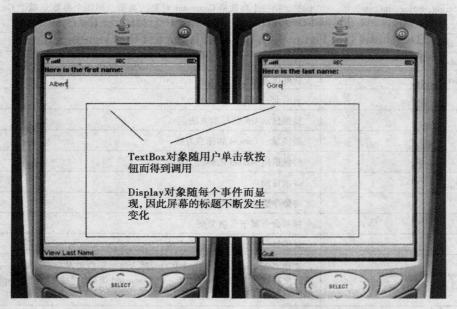

图 9-4 随着事件的处理, 不断显示出 Displayable 对象(TextBox)

9.3.2 Command 与 CommandListener

前一节中的 Displayable 类利用 Command 对象, 从而让用户能够使用软按钮调用可在屏幕上显示不同 TextBox 图像的事件。Command 对象可与软按钮相关联，让用户能够将事件赋予任意 Displayable 对象。这些对象主要与三种属性相关联：

- 类型。类型指 BACK、CANCEL、EXIT、HELP、ITEM、OK、SCREEN 和 STOP。Command 对象类型决定着命令标签的显示方式。
- 标签。它们是 Command 类的预定义属性。如 DisplayTest 类所示（参见图 9-4），标签是识别命令的检验标准。
- 优先级。一个 Command 的优先级对于接收最高优先级的事件而言通常从 1 开始。2 级以上的级别代表较低的优先级。

如表 9-4 所示，Command 类提供了两种构造。一种构造函数接收三个参数，另一种构造函数接收四个参数。两者的区别在于四参数的构造函数允许用户为命令提供一种扩展的文本。下面是一个如何使用该构造函数的示例：

```
Command cancelCommand;
cancelCommand = new Command("Cancel", Command.CANCEL, 1);
```

表 9-4　Command 与 CommandListener

类　　型	说　　明
Command(String, int, int)	构造一个新的 Command 对象。第一个参数定义命令的标签。第二个参数是 Command 对象的类型。第三个参数是赋予 Command 对象的优先级
Command(String, String, int, int)	构造一个新的 Command 对象。第一个参数定义短标签。第二个参数定义长标签。第三个参数是 Command 对象的类型。第四个参数是赋予 Command 对象的优先级
int getCommandType( )	返回命令的类型
String getLabel( )	获得标签
int getPriority( )	获得优先级
BACK	返回前一屏幕
OK	提供显示 OK 的标准方法
CANCEL	提供显示 Cancel 的标准方法
EXIT	提供退出 MIDlet 的标准方法
HELP	寻求帮助
ITEM	将命令添加至项列表
SCREEN	标示命令属于定制类型
STOP	提供显示停止信号的标准方法
void commandAction(Command, Displayable)	它是 CommandListener 接口中的一种方法。用户实现 CommandListener 接口，然后重写这一方法，该方法当一个 Command 类型的参数在任意 Displayable 类型的对象上执行时被调用
setCommandListener(MIDlet)	该方法是 Displayable 类接口的一部分，它允许用户向 MIDlet 注册 Displayable 类型的任意对象，使得对象生成的事件可接受处理

该构造函数的参数生成一个 Command 对象，带有 "Cancel" 标签，显示类型为 SCREEN，优先级为 1。表 9-4 给出 Command 类方法和属性的概述。除了 Command 方法和属性外，它还提供了关

于 CommandListener 接口和 Displayable 类的 setCommandListener（ ）方法的信息。用户使用 CommandListener 接口只为了一个目的：处理 Command 对象产生的事件。CommandListener 接口提供了一种方法 commandAction（ ）。

要将一个类与 CommandListener 接口相关联，用户需要实现 CommandListener 接口。该接口包括一种方法 commandAction（ ）。下面是 DisplayTest 类的简化版本，展示了为处理由 TextBox 对象生成的事件而实现 Command 和 CommandListener 类。

```java
// See the DisplayTest class for an executable version of this code.
// This is an essential view of the DisplayTest for discussion only.
// #1 Implement the CommandListener interface
public class DisplayTest extends MIDlet implements CommandListener{
    // #2 Declare identifiers for the Displayable and Command classes
      private TextBox textBoXA;
      private Command change;
    public DisplayTest(){
        // #2.1 Define an object derived from Displayable
        textBoxA = new TextBox("Here is the first name:",
                               "Albert", 20, TextField.ANY);
        // #3 Create an Instance of the Command
        change = new Command("View Last Name", Command.EXIT, 1);
        // #3.1 Associate commands with the textbox
        textBoxA.addCommand(change);
        // #3.2   Register the object that generates the event
        textBoxA.setCommandListener(this);
    }
    // #4 Override (implement) the one method of the
    //CommandListener interface
    public void commandAction(Command command, Displayable displayable){
        if (command == change){
          //Define an action
        }
    }//end commandAction
}// end class
```

在注释#1 末尾的代码行中，用户实现了 CommandListener 接口。它强制用户重写（定义） commandAction（ ）方法。该方法的定义在注释#4 之后。在这一实例中，定义涉及到处理 Command 和 Displayable 参数，以标识已经生成一个事件的 Command 对象。这里使用了一个选择语句来计算事件。此时只使用了一个事件（change）。如果它被标识为 change 事件，那么它将得到处理。

一个 Displayable 对象可以生成一个事件。TextBox 类是 Displayable 类的子类（通过 Screen 类派生）。在这一情况下，如注释#2 后的代码行所示，用户生成一个 TextBox 类的实例。然后在注释#3 中生成一个 Command 类的实例并将其赋予 change 标识符。注释#3.1 后的代码行中，用户使用 addCommand（ ）方法将 change 命令与 TextBox 对象相关联。注释#3.2 后的代码行中，用户调用 setCommandListener（ ）方法向引用 MIDlet 对象的 this 注册 TextBox 对象。假定每个 Command 对象都带有一个唯一的 TextBox 标识符（change），那么在注释#4 末尾的代码行中，用户可以在 commandAction（ ）方法作用域内使用一个选择语句来处理 TextBox 对象生成的事件。

9.3.3 TextBox

DisplayTest 类还提供了 TextBox 类的示例。如前所述，TextBox 类是 Displayable 类的子类，因此可以与 Command 类相关联。在 DisplayTest 类中，只用到了 TextBox 对象的最基础用法。在下面的程序中，TextBox 类将在不同的上下文中得到重新研究。到目前为止，注意到它能够让用户在剪贴板上进行复制、剪切和粘贴就足够了。用户还可以向其中输入多行文本。此外，用户可以使用掩码屏蔽用户允许输入的文本类型。表 9-5 给出 TextBox 类的某些主要方法和属性的基本讨论。有关 TextBox 类扩充使用的讨论请参见本章中对 NameGameTest 类的介绍。

表 9-5   TextBox 方法与属性

方　　法	说　　明
TextBox(String, String, int, int)	构造函数。第一个参数是 String 类型的，允许用户提供带有默认文本体的对象。第二个参数也是 String 类型的，提供了标题。第三个参数是 int 类型的，指定对象显示的最大字符数。最后一个参数指定 TextBox 的外观模式。模式是在 TextField 类中定义的值，下面给出一览表：PLANE、ANY、PASSWORD、UNEDITABLE、SENSITIVE、NON_PREDICTIVE、INITIAL_CAPS_WORD、INITIAL_CAPS_SENTENCE
void delete(int, int)	删除字符。第一个参数指定要删除的起始位置。第二个参数指定要删除的字符数
int getCaretPosition( )	返回当前光标的位置
int getChars(char[ ])	获得 TextBox 的内容，放在一个字符数组中
int getConstraints( )	返回 setConstraints( ) 方法或者通过构造而应用到 TextBox 对象上的 TextField 约束值
int getMaxSize( )	获得能够存储在该 TextBox 中最大的字符数
String getString( )	将文本框的当前内容作为一个 String 对象返回
setString(String)	用作为参数提供的 String 对象代替现存的文本
void insert (char [ ], int, int, int)	第一个参数是一个字符数组，提供要插入到文本框中的字符。第二个参数指定要使用的字符数组中的起始索引。第三个参数从起始索引开始建立要插入的字符数。最后一个参数指定文本框中开始插入的索引
void insert(String, int)	将文本插入到 String 参数定义的文本框中的由 int 参数指定的位置上
void setchars(char[ ] data, int offset, int length)	用新值替代字符
void setConstraints(int constraints)	更改约束
int setMaxSize(int)	更改文本框的最大尺寸
void setString(String)	将内容置于一个字符串中
void setTitle(String)	为标题设置字符串。如果参数为 null，那么标题将不显示
int size( )	返回使用的字符数

9.3.4 Alert 与 AlertType

如图 9-2 所示，Alert 类是从 Displayable 类派生的另一种类。作为一个 Displayable 类，Alert 类可与 Command 对象相关联，与 CommandListener 类与 Command 类的关联类似，它由 AlertType 类补充。AlertType 类派生自 Object 类。AlertType 类的属性允许用户定义要调用的 Alert 类型。

Alert 类提供了类似于会话的动作。与会话类似，Alert 对象有两种基本形式。一种类似于无模式会话，它按固定周期显示，不会中断应用程序的调度动作。另一种类型的 Alert 对象动作类似于一个模式对话框，它中断应用程序的动作直至用户响应它为止。

Alert 类有两种基本的构造函数。如表 9-6 所示，第一种类型只接收一个参数，一个 Alert 显示的字符串。第二个构造函数接收四个参数，允许用户指定显示的标题、Alert 对象的文本、针对 Alert 对象的图像和应用到 Alert 对象的 AlertType 属性。下面是一个示例：

```
alert = new Alert("Title", "Alert Text", null, AlertType.CONFIRMATION);
display.setCurrent(alert);
```

表 9-6 Alert 和 AlertType 的方法与属性

方 法	说 明
Alert(String)	构造一个简单的 Alert，在系统定义的时间周期后自动消失。参数提供了 Alert 对象的标题
Alert(String, String, Image, AlertType)	第一个 String 参数是警报的标题。第二个参数也是 String 类型的，提供了要显示的警报文本。第三个参数要么是 null 要么是 Image 类型的，指定要显示的图像。最后一个参数是 AlertType 类型的，设置要使用的 Alert 的类型。更多信息请参见本表后面的 AlertType 属性
int getDefaultTimeout( )	获得 MID 使用的默认超时时间
Image getImage( )	获得 Alert 的图像
String getString( )	获得 Alert 的字符串
int getTimeout( )	获得当前超时时间
AlertType getType( )	获得当前的类型
void setImage(Image)	设置图像
void setString(String str)	设置 Alert 消息
void setTimeout(int time)	设置超时时间
void setType(AlertType)	设置类型
void setCommandListener (CommandListener)	关于这一版本有些复杂。它与 Displayable 方法相同，但用户也可以使用 null 参数指定使用默认的侦听器
ALARM	用于警告用户某一事件之前已经要求提请注意的 AlertType 属性
CONFIRMATION	确定用户动作的 AlertType 属性
ERROR	说明有错误发生的 AlertType 属性
INFO	提供有益资料的 AlertType 属性
WARNING	警告用户某些问题的 AlertType 属性
boolean playSound (Display)	无需实际构造 Alert 即可播放一段与一个 Alert 相关联的声音的 AlertType 属性

9.4　NameGameTest 类

NameGameTest 类为用户提供了 TextBox、Alert、AlertType 和 Command 项的更多应用。它允许用户在一个字段中输入作者的名字后，再恢复关于作者的信息。一个 TextBox 对象可与三种 Command 对象相关联，而且当用户处理对象生成的事件时，可以获得两种 Alert 对象中的一种。这两种对象中的一种提供了用户已输入作者的姓氏信息，另一种提供帮助。如果用户不知道作者的名字，那么帮助选项会显示出一系列选择项。下面是 NameGameTest 类的代码，用户可以在第 9 章的文件夹中找到它，它也包含在 NetBeans Chapter9MIDlets 项目中。

```
/*
 * Chapter9 \ NameGameTest.java
 *
 */
import javax.microedition.lcdui.*;
import javax.microedition.midlet.*;
public class NameGameTest extends MIDlet implements CommandListener{
    // #1 Class attributes
    private TextBox nameTextBox;
    private Alert alert;
    private Command quit, hint, go;
    private String boxText;

    public NameGameTest(){
        boxText = "Name:";
        // #2 Generate a text box
        nameTextBox = new TextBox ("Author Facts",
                                   boxText, 60, TextField.PLAIN);

        // #2.1 Commands
        quit = new Command("Quit", Command.EXIT, 2);
        // #2.2 Create a list
        go =    new Command("View Info", Command.ITEM, 1);
        hint =   new Command("Hint", Command.ITEM, 1);
        // #2.3 Register and add
        nameTextBox.addCommand(go);
        nameTextBox.addCommand(quit);
        nameTextBox.addCommand(hint);
        nameTextBox.setCommandListener(this);
    }

    protected void startApp() throws MIDletStateChangeException{
        // #3 Initial display
        Display.getDisplay(this).setCurrent(nameTextBox);
    }

    protected void pauseApp(){
    }

    protected void destroyApp(boolean unconditional)
                        throws MIDletStateChangeException{
```

```
        }


    // #4 Provide information
    protected String getInformation(String authorName){
        String info = new String();
        // # 4.1 Strings contain line returns
        if(authorName.equalsIgnoreCase("Shakespeare")){
            info = "William Shakespeare (1564-1616)"
                    + "\n" +  "Julius Caesar"
                    + "\n" +  "Hamlet"
                    + "\n" +  "King Lear";
        }else if(authorName.equalsIgnoreCase("Hemingway")){
            info = "Ernest Hemingway (1899-1961)"
                    + "\n" +  "A Farewell to Arms"
                    + "\n" +  "For Whom the Bell Tolls"
                    + "\n" +  "The Old Man and the Sea";
        }else if(authorName.equalsIgnoreCase("Austen")){
            info = "Jane Austen (1731-1805)"
                    + "\n" +  "Pride and Prejudice"
                    + "\n" +  "Emma"
                    + "\n" +  "Sense and Sensibility";
        } else{
            info = "Author not known.";
        }
        return info;
    }
}


// #5 Process the command
public void commandAction(Command command, Displayable displayable){
    try
    {
        if (command == quit){
            destroyApp(true);
            notifyDestroyed();
        }
        if (command == hint){
            // #5.1 Clear the text field
            alert = new Alert("Hint",
                            "Type: Shakespeare, Hemingway, or Austen",
                                null, AlertType.INFO);
            Display.getDisplay(this).setCurrent(alert);
        }
        if (command == go){
            // #5.2 Clear the text field
            nameTextBox.delete(0,boxText.length());
            // #5.3 Create an instance of the alert
            alert = new Alert("Author Info",
                            getInformation(nameTextBox.getString()),
                                null, AlertType.CONFIRMATION);
            Display.getDisplay(this).setCurrent(alert);
```

```
                // #5.4 reset the string
                nameTextBox.setString(boxText);
            }
        }catch (MIDletStateChangeException me){
                System.out.println(me + " caught.");
        }
    }//end commandAction
}//end class
```

9.4.1 构造与定义

NameGameTest 类的注释#1 之前的代码行中，类实现了 CommandListener 接口，因此必须定义 commandAction( )方法。这一动作暂时要受到注意。注释#1 的末尾声明了若干类属性，它们是一个 TextBox 类型的属性 nameTextBox、一个 Alert 类型的属性 alert 以及三个 Command 类型的属性 quit、hint 和 go。此外还声明了一个 String 类型的属性(boxText)。

NameGameTest 类的构造函数想生成一个 TextBox 类的实例并将其与 Command 对象相关联。因此，在注释#2 之前的代码行中，boxText 属性被初始化为"Name:"值，然后在注释#2 末尾的代码行中使用 TextBox 构造函数生成一个 TextBox 类的实例，使用作为第二个参数赋予 boxText 的值。第二个参数是 String 类型的，构建了在 TextBox 中要显示的文本。第一个参数也是 String 类型的，提供了出现在显示区域(或屏幕)顶部的文本。第三个参数是 int 类型的，指定 TextBox 允许的最大字符数。在这里，该参数设置为60。

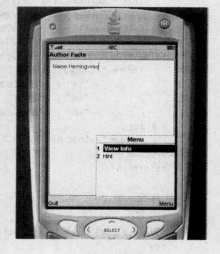

图 9-5   TextBox 和 Command 类允许
用户输入数据并进行处理

TextBox 构造函数的最后一个参数指定 TextBox 的外观模式。如表 9-5 所述，用于设置模式的值在 TextField 类中定义。在这里使用的是 ANY 模式。该模式容纳换行符("\n")和用户输入的文本。

在注释#2.1 中，三个 Command 对象得到定义。第一个 Command 对象(quit)的模式为 EXIT，该模式使用 Command 构造函数的第二个参数设置。第三个参数设置 Command 对象的优先级，其值被赋为 2。第一个参数提供了 Command 按钮的名字"Quit"。按钮出现在显示区域的左下角，如图 9-5 所示。

注释#2.2 后生成了使用 Command. ITEM 模式定义的 Command 对象。如图 9-5 所示，ITEM 模式导致 Command 对象标签在显示区域左下方菜单的列表设置。在这里，"View Info"标签赋予 go Command 对象，"Hint"标签赋予 hint Command 对象。这两个对象的优先级皆设置为1。

注释2.3 后的代码行中，Command 对象与 nameTextBox 属性相关联，该属性为 TextBox 类型的。TextBox 对象作为 Screen 的一个子类，能够适应不同的命令和命令模式。三次调用 TextBox∷addCommand( )方法将三个 Command 对象与其相关联。此后所剩的任务就是向 MIDlet 中注册 TextBox 对象，这可使用 setCommandListener( )方法完成，该方法接收 this 关键字作为参数，指示当前的 MIDlet 实例。

9.4.2　TextBox 的生命周期

　　NameGameTest 类中 TextBox 对象(nameTextBox)的生命开始于构造函数,如上一节所述。之后,其生命就相当平淡了。如注释#3 后的代码行所示,当 MIDlet 启动时,静态 Display::getDisplay( )方法用于恢复显示的当前实例。然后调用 Display::setCurrent( )方法将 nameTextBox 设置为当前显示。

　　此后,nameTextBox 属性根据它在事件周期中的位置得到重新访问。在这里,最初的几站之一发生在注释#5.2 后的 commandAction( )方法中。在那里,TextBox::delete( )方法用于从 TextBox 字段的文本中移除"Name:"。这样令作者的姓氏可用于搜索关于作者的信息。delete( )方法的第一个参数是 int 类型的,指明删除的起始字符索引。第二个参数规定要删除的字符数。要获得字符数,可使用 boxText 属性调用 String::length( )方法。

　　获得并显示出作者的信息后,用户被返回到起始处,只有"Name:"标签的隐含查询是可见的。要重置标签,可调用 TextBox::setString( )方法,如注释#5.3 相关的代码行所示。该方法的参数是 String 类型的,并且提供了 boxText 属性。移除完成后,"Name:"文本现回到 TextBox 字段中,而用户可以进行其他查询。图 9-5 给出以"Hemingway"开头的查询。当用户选择 Menu 和 View Info 时,关于 Hemingway 的书籍和生平的信息就会出现。

9.4.3　Alert 的处理

　　在 NameGameTest 类中,Command 对象 hing 和 go 提供了一种以不同方式使用 Alert 类的对象的方法。这一动作的中心是"View Info"和"Hint"菜单项,如图 9-6 所示。当选择这些项时所产生的消息会调用不同的 Alert 对象。这一动作在注释#5 后的代码行中介绍得已经很清楚,其中,hint 命令在 if 选择语句中首先得到处理。

　　在注释#5.1 之前的代码行中,hint 标识符与 Command 参数进行比较。如果等式为真,那么程序流进入 hint 块,并且会生成一个 Alert 对象并赋予 alert 标识符。Alert 构造函数的前两个参数都是 String 类型的。第一个参数是显示在屏幕顶部的标题。第二个参数是 Alert 字段的消息文本。在这里,消息包括三个作者的名字:Shakerspeare、Hemingway 和 Austen。Alert 构造函数的第三个参数构建警告的模式。该参数的值在 AlertType 类中定义。在这里使用的是 INFO 属性,它提供了一种与众不同的、相当有感染力的连续音调。

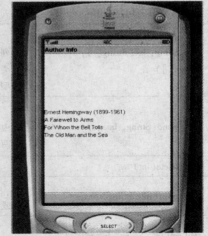

图 9-6　Alert 类提供了一种
显示多行文本的方法

　　完成对 Alert 对象的构造动作后,调用 Display::getDisplay( )方法恢复当前的 Display 对象,并且使用 Display::setCurrent( )将 alert 对象设为可见。用户单击 Hint 菜单项、然后单击 SELECT 按钮后会看到 TextBox 字段中输入的名字列表。Alert 对象仅显示几秒钟,然后自动消失。

　　注释#5.3 后代码行中的 Alert 对象的构造中,调用了

getInfomation( )方法，它被定义为 NameGameTest 类的接口组成部分。该方法的定义在注释#4 之后。该方法接收一个 String 参数，它提供作者的姓氏。这是一个用户输入在注释#2 相关代码行中构造的文本框中的字符串。用户输入的名字在注释#5.3 后的代码行中使用 TextBox::getString( )方法重新获得。

回到 getInformation( )方法，如方法的定义所示，选择语句中使用的字符串用于恢复作者的相关信息，并将其赋予 info 标识符，它是一个 String 类型的本地值。getInformation( )方法返回这一值。在该方法返回的信息定义中，使用了一些回车符来格式化文本。如图 9-6 所示，显示的文本说明 Alert 对象可以处理多行文本。

返回的值用作 Alert 构造函数的第二个参数，如注释#5.3 相关的代码行所示。它提供了第二个参数，它是 Alert 对象显示的文本。当 Alert 对象出现时，将会伴随一段声音。用户听到的音调由构造函数的第三个参数构建，它是 AlertType 类型的。使用的特定属性是 AlertType.CONFIRMATION，它提供了一系列三度和弦音调。图 9-6 给出 Alert 对象显示的信息。

9.5   列表

List 类提供了一种对象，可以用于显示一系列元素，每个元素可单独调用一条命令。List 对象有三种模式，其中两种模式指定单选的 List 对象。来自 Choice 类的字段值可用于指定 List 对象的这两种模式。这两个字段为 IMPLICIT 和 EXCLUSIVE 字段。如表 9-7 所示，IMPLICIT 模式允许用户显示未修饰的项列表。EXCLUSIVE 模式允许用户优先显示带单选按钮的项，如图 9-7 所示。用户在这种列表中每次只能选择一项，当进行选择时，会激活单选按钮。另一种模式为MULTIPLE。列表对象的这种模式允许用户每次在列表中按需选择多个项，每次进行选择时，项前的复选框会激活。列表的这种模式如图 9-8 所示，其中每次选择多名作者。

表 9-7   List 方法与属性

方法或字段	说　明
List(String, int)	构造 List 对象。第一个参数为屏幕顶部显示的列表标题。第二个参数指定列表的类型：IMPLICIT、EXCLUSIVE、MULTIPLE
List(String, int, String[ ], Image[ ])	构造 List 对象。第一个参数是屏幕顶部显示的列表标题。第二个参数指定列表的类型：IMPLICIT、EXCLUSIVE、MULTIPLE。第三个参数是一个 String 类型的数组，提供构成列表的项。第四个参数是一个可用作元素的 Image 类型的项数组。对于一个没有 Image 对象的 List 对象，第四个参数可为 null
int append(String, Image)	向 List 对象添加一个元素并使用一个 Image⊖对象进行标识。添加的元素可由一个 String 类型的对象指定、或者由一个 Image 类型的对象指定，或者由两种类型的对象同时指定
void delete(int)	从一个 List 对象中移除一个元素。参数为 int 类型的，指定要删除的元素
void insert(int, String, Image)	向一个 List 对象中插入一个元素。要添加的对象可由一个 String 对象指定、或者由一个 Image⊖对象指定，或者由两者类型的对象同时指定
void set(int, String, Image)	设置或重新设置 List 对象中的一个元素。对象设置可由一个 String 对象指定、或者由一个 Image⊖对象指定，或者由两者类型的对象同时指定

（续）

方法或字段	说　明
Image getImage(int)	返回与某一元素相关的 Image⊖引用。参数为 int 类型，指定要取回的图像
String getString(int)	返回与某一元素相关的 String 引用。参数为 int 类型，指定要取回的元素
boolean isSelected(int)	返回一个布尔值，指示某个特定元素是否为当前选定的
int getSelectedIndex( )	返回当前选择的元素索引
void setSelectedIndex(int, boolean)	通过元素索引设置一个选择
int getSelectedFlags(boolean [ ])	用标示 List 对象中的元素是否已被选中的 true 或 false 值构成一个 Boolean 类型的数组。这对于 MULTIPLE 模式最有效
void setSelectedFlags(boolean [ ])	根据与所设置元素对应的 Boolean 值数组直接设置选择
int size( )	返回列表中元素的数目
IMPLICIT	每次只允许一个项产生一个事件。List 对象中的项无需复选模式或单选按钮即可出现。该字段继承自 Choice 类
EXCLUSIVE	每次只允许一个列表项产生一个事件。List 对象中的项与单选按钮一起出现。该字段继承自 Choice 类
MULTIPLE	允许同时选中任意多的项。它们可以分别产生事件也可以按组产生事件。List 对象中的项与复选框一起出现。复选框在用户选择列表中的项时激活。该字段继承自 Choice 类

9.6　单选列表

当用户生成一个列表实例时，通常会将 Command 对象与其相关联。Command 对象允许用户处理列表发出的消息。为处理针对特定项的消息，用户可利用 List 类的 getSelectedIndex( )方法和 getString( )方法。ListTest 类提供了一个如何处理使用 EXCLUSIVE 和 IMPLICIT 模式定义的列表所发出的消息的示例。用户可以修改注释#1 之前的代码行，以查看不同模式带来的作用。ListTest 类位于第 9 章文件夹中，同时包含在 NetBeans 的 Chapter9MIDlets 项目中。下面是该类的代码，该类的相关讨论将在下一节中进行。

```
/*
 * Chapter 9 \ ListTest.java
 *
 */
import javax.microedition.midlet.*;
import javax.microedition.lcdui.*;
import java.util.*;    // for Vector
public class ListTest extends MIDlet implements CommandListener{
    private Form form;
    private Command quit, begin, back, select;
    private Vector authorInfo;
    private List authorList;
    private Alert alert;
```

⊖　Image 类型的对象在第 10 章中进行研究。

```
// Create an array for the list
private String[] choices = { "Shakespeare", "Austen",   "Camus",
                                "Hemingway",   "Vonnegut", "Grass"};

public ListTest(){
    // Construct the list
                                // or List.IMPLICIT
    authorList = new List("Authors", List.EXCLUSIVE, choices, null);
    // #1 Commands for the authorList
    select =   new Command("Select", Command.OK,    1);
    back = new Command("Back",         Command.BACK, 2);
    authorList.addCommand(select);
    authorList.addCommand(back);
    authorList.setCommandListener(this);

    // #2 Create an instance of a form
    form = new Form("Information on Authors");
    begin =  new Command("Begin",  Command.SCREEN, 1);
    quit = new Command("Quit",      Command.EXIT,   2);
    form.addCommand(begin);
    form.addCommand(quit);
    form.setCommandListener(this);
}// end ListTest

// #3 Set the form and populate the Vector object
protected void startApp() throws MIDletStateChangeException{
    Display.getDisplay(this).setCurrent(form);
    setUpVector();
}

protected void pauseApp(){
}

protected void destroyApp(boolean unconditional)
                        throws MIDletStateChangeException{
}

public void commandAction(Command command, Displayable displayable){
    System.out.println("commandAction(" + command + ", " + displayable +
                    ") called.");
    try{
        // #4 Handle events from the Form object
        if (displayable == form){
            if (command == quit){
                destroyApp(true);
                notifyDestroyed();
            }
            // #4.1
            if (command == begin){
                Display.getDisplay(this).setCurrent(authorList);
            }
        }// end if
```

```
        // #5 Handle events from the List object
        if (displayable == authorList){


            if (command == select){
                String index = new String();
                // #5.1
                index = String.valueOf(authorList.getSelectedIndex());
                String itemOfIndex;
                // #5.2
                itemOfIndex = authorList.getString(
                                        authorList.getSelectedIndex());
                alert = new Alert( getInformation(itemOfIndex),
                                " Index:" + index + "\n"
                                + getInformation(itemOfIndex),
                                null, AlertType.INFO);
                Display.getDisplay(this).setCurrent(alert);
            }
            else if (command == back){
                Display.getDisplay(this).setCurrent(form);
            }
            else{
                System.out.println("Not found.");
            }// end else if
        }// end if
    }catch (MIDletStateChangeException me){
        System.out.println(me + " caught.");
    }//end catch
}//end commandAction

// #6 Access information
protected String getInformation(String authorName){
    String info = new String();
    // # 6.1 Strings contain line returns
    for(int itr =0; itr < authorList.size();itr++ ){
        if(authorName.equalsIgnoreCase(choices[itr])){
            info = authorInfo.elementAt(itr).toString();
        }
    }//end for
    return info;
}// end getInformation


// #7 Add information to the vector
 protected void setUpVector(){
    authorInfo = new Vector();
    String info = new String();
    info = " William Shakespeare (1564-1616)"
            + "\n" +   " Julius Caesar"
            + "\n" +   " Hamlet"
            + "\n" +   " King Lear";
        authorInfo.addElement(info);
        info = " Jane Austen (1731-1805)"
```

```
             + "\n" + " Pride and Prejudice"
             + "\n" + " Emma"
             + "\n" + " Sense and Sensibility";
             authorInfo.addElement(info);
             info = " Albert Camus (1913-1960)"
             + "\n" + " The Stranger"
             + "\n" + " The Plague"
             + "\n" + " The Fall";
             authorInfo.addElement(info);
             info = " Ernest Hemingway (1899-1961)"
             + "\n" + " A Farewell to Arms"
             + "\n" + " For Whom the Bell Tolls"
             + "\n" + " The Old Man and the Sea";
             authorInfo.addElement(info);
             info = " Kurt Vonnegut (1922-2007)"
             + "\n" + " Slaughterhouse-Five"
             + "\n" + " The Sirens of Titan"
             + "\n" + " Cat's Cradle";
             authorInfo.addElement(info);
             info = " Gunter Grass (b. 1927)"
             + "\n" + " The Flounder"
             + "\n" + " The Tin Drum"
             + "\n" + " Dog Years";
             authorInfo.addElement(info);
        }// end setUpVector
    }// end class
```

9.6.1　构造与定义

　　ListTest 类中注释#1 之前的代码行定义了若干类属性。要控制 MIDlet 的一般动作，需要声明 quit 和 begin 属性。要控制和处理 List 对象产生的事件，需要声明 back 和 select 属性。这些属性都是 Command 类型的。要存储作者的名字及其相关信息，需要声明一个 Vector 类型的属性（authorInfo），随后又声明了一个 List 属性 authorList。要处理信息，则随后要添加一个 Alert 属性，紧接其后定义了一个 String 类型的数组 choices，并为其指定了六个作者名。

　　注释#1 的前一行调用了 List 类的构造函数。第一个参数提供了屏幕的标题，显示出列表中的项。在这里所提供的值为"Authors"，如图 9-7 右侧屏幕所示。第二个参数为从 Choice 类获得的模式值。List 类继承了这些值。可用于单选 List 对象的这两个值为 EXCLUSIVE 和 IMPLICIT。在这里，指定使用的是 EXCLUSIVE 值，它提供了单选按钮。List 构造函数的第三个参数是对一个 String 值的数组的引用，该数组用作 List 元素。choices 数组用作这一参数。最后一个参数也是一个数组，它是 Image 类型的。在这里，没有 Image 对象与赋予 List 对象的项相关联，因此提供的值为 null。

　　要处理列表项，必须向 MIDlet 注册 List 对象。因此，在注释#1 之后的代码行定义了 select 和 back 属性。用于选择的标签为"Select"，而该命令允许用户生成一个与列表中给定单个项相关的事件。addCommand（）方法用于将 select 属性与 authorList 对象相关联。setCommandListener（）随后将 authorList 对象与 MIDlet 相关联。注释#2 后，begin 和 quit 属性相关的操作得到同样的处理。在这里，最终由 Form 对象所产生的消息（form）得到处理。

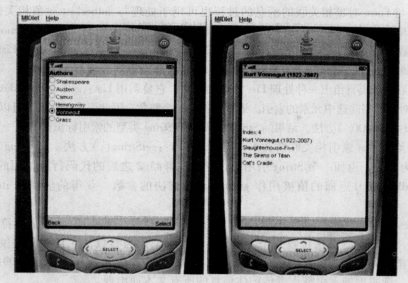

图 9-7　List 对象定义中的 EXCLUSIVE 选项提供了互斥表示的按钮

9.6.2　将 Vector 对象用于数据

用于 MIDlet 的 Form 和 List 对象添加后，注释#3 定义了 startApp（ ）方法。在这里，使用 Display：：setCurrent（ ）方法将 Display 对象与表单对象相关联。之后，setUpVector（ ）方法得到调用。在这里调用该方法会定义 authorInfo Vector，因此在 MIDlet 存在期间都可使用它。

setUpVector（ ）方法定义了 authorInfo，因此它包含 6 个元素，每个元素提供了给定作者的传记体信息。要填充 Vector 对象，可使用一种冗余方法。String 标识符 info 重复地赋予一个带有所需信息的长字符串，然后将 info 用作 Vector：：addElement（ ）方法的参数。

这样，每次调用 addElement（ ）方法时，都会将提供作者信息的带索引的元素添加至 Vector 对象的末尾。Vector 对象的索引从 0 开始，与 choices 数组的每个元素相对应。choices 数组对应的信息、authorList List 对象和 authorInfo Vector 对象是相同的，都代表相同的作者。

9.6.3　消息处理

要处理 List 对象所发出的消息，用户可取回与 List 对象相关联的 Command 对象的对应值。要处理这些消息，用户要重写 commandAction（ ）方法，该方法由 CommandListener 接口提供。在 ListTest 类的定义中，存在两组 Command 消息。一组应用于 List 对象，另一组应用于 Form 对象。

将 Form 对象消息与 List 对象消息进行区别的一种方法是计算 commandAction（ ）方法的 Displayable 参数所传递的值。Displayable 参数（在这里是 displayable）允许用户使用一条语句来测试已经产生出一条消息的 Displayable 对象的名称。通过使用这一计算的结果，用户可以将程序流引导至进一步的选择块中，计算 Command 消息的身份。因此，如注释#4 之后的代码行所示，选择语句首先处理 Form 对象（form）发出的消息。如果能够找到来自 form 对象的消息，那么程序流会进入外部选择块，与 Form 对象相关联的 Command 消息（quit 和 begin）随后会得到处理。

用于处理与 Form 对象相关联的消息的过程也可用于处理与 authorList 对象相关的消息。List 类派生自 Displayable 类，由于它是 Form 类，因此可使用选择语句对 commandAction（ ）方法的 Displayable 参数与 authorList 对象进行计算。如果将 Displayable 对象标识为 authorList，那么程序流将进入注释#5 之后的选择块，属于 List 对象的特定消息会得到处理。

注释#5 之后的代码行给出一种处理 List 消息的方法，它要调用 List::getSelectedIndex（ ）方法。该方法获得 List 对象中当前选中元素的索引。返回的值是一个整数，因此要将其转换为可以显示的内容，可以使用 String::valueOf（ ）方法。结果的 String 引用赋予 String 类型的索引标识符。

要得到与给定 List 索引相关联的文本，可调用 List::getString（ ）方法。getString（ ）方法接收一个 int 值作为参数，返回一个 String 引用。这就是注释#5.2 之后的代码行所使用的方法。在这里，getSelectedIndex（ ）返回的值被用作 getString（ ）方法的参数。获得的值赋予 itemOfIndex 标识符。

itemOfIndex 是 Alert 对象构造函数（alert）的第一个参数。要使用这一标识符，需要调用 getInformation（ ）方法。该方法接收一个 String 类型的对象作为参数，并且在所提供信息的基础上，返回作者的名字和日期。这一信息出现在屏幕的标题中。作为 Alert 构造函数的第二个参数，如图 9-7 所示，选中项的索引随作者传记体信息的所有文本而出现。

getInformation（ ）方法在注释#6 后面的代码行中定义。如注释#6.1 之后的代码行所示，List::size（ ）方法用于返回 authorList 对象的最高索引值。该值随后可用于控制 for 循环块的迭代次数。对于 for 程序块，赋予 authorName Vector 对象的值与赋予 choices 数组的值进行比较。如果比较值为真，那么 Vector::elementAt（ ）方法得到调用并返回带索引的对象。由于作者信息存储在一个 Vector 对象中，因此必须调用 toString（ ）方法使其能够赋予 info 标识符，因为它是 String 类型的。该方法返回赋予 info 标识符的值。

9.7 复选列表

由于 List 和 Form 类派生自 Displayable 类，因此，使用一个选择语句来处理 commandAction（ ）方法的第二个参数，就可以区分一个特定 List 的身份与 Form 或另一 List 对象。在 ListWithMultipleTest 类中，处理消息的方法与 ListTest 类中所使用的方法相比有所简化，重点在于将与 List 对象相关的消息推到最前端。这样，查看 List::getSelectedFlags（ ）方法如何用于获得 List 对象中所有当前已选中项的数组会变得更容易。

getSelectedFlags（ ）方法获得的数组是 Boolean 类型的，数组获得后，可通过遍历来指明选中的 List 元素。显示这一动作是 ListWithMultipleTest 类当前的重点。用户可以在第 9 章的代码文件夹中找到 ListWithMultipleTest 类。与本章中对其他类的讨论类似，它也包含在 NetBeans Chapter9MIDlets 项目中。下面是该类的代码，相关讨论将在下一节中进行。

```
/*
 * Chapter 9 \ ListWithMultipleTest.java
 *
 */
import javax.microedition.midlet.*;
import javax.microedition.lcdui.*;
```

```java
import java.util.*;    // for Vector
public class ListWithMultipleTest extends MIDlet implements CommandListener{
    // #1
    private Display display;
    private Command exit, selectAuthor;
    private List listChoices;
    private Vector authorInfo;
    private Alert alert;
    private String title;
    private String[] choices = { "Shakespeare", "Austen",  "Camus",
                                 "Hemingway",  "Vonnegut", "Grass"};

    public ListWithMultipleTest(){
        display = Display.getDisplay(this);
        // #2 Construct the list
        title = "Author Information";
        listChoices = new List(title, List.MULTIPLE, choices, null);
        // Alternatively, use the append() method
        //listChoices.append("Marquez", null);

        exit = new Command("Exit", Command.EXIT, 1);
        selectAuthor = new Command("View", Command.SCREEN,2);
        // Add commands, listen for events
        listChoices.addCommand(exit);
        listChoices.addCommand(selectAuthor);
        listChoices.setCommandListener(this);
    }

    // #3
    public void startApp(){
        display.setCurrent(listChoices);
        setUpVector();
    }

    public void pauseApp(){
    }
    public void destroyApp(boolean unconditional){
    }

    public void commandAction(Command command, Displayable displayable){
        // #4
        if (command == selectAuthor)

    {
        // Create a Boolean array the size of the listed items
        boolean selected[] = new boolean[listChoices.size()];
        // 4.1 Populate the array with true (selected) and false items
        listChoices.getSelectedFlags(selected);
        // #4.2 Iterate through the array and find the seletected items
        StringBuffer selectedInfo= new StringBuffer();
        for (int i = 0; i < listChoices.size(); i++){
            if( selected[i] == true){
```

```
                    selectedInfo.append("-------------\n");
                    selectedInfo.append(authorInfo.elementAt(i).toString() + "\n");
            }// end if
        }//end for
        // #4.3
        alert = new Alert(title,
                          selectedInfo.toString(),
                          null, AlertType.INFO);
        Display.getDisplay(this).setCurrent(alert);
    }//end if
    else if (command == exit)
    {
        destroyApp(false);
        notifyDestroyed();
    }
}// end commandAction

// #5 Add information to the vector
protected void setUpVector(){
    authorInfo = new Vector();
    String info = new String();
    info = " William Shakespeare (1564-1616)"
        + "\n" + " Julius Caesar"
        + "\n" + " Hamlet"
        + "\n" + " King Lear";
    authorInfo.addElement(info);
    info = " Jane Austen (1731-1805)"
        + "\n" + " Pride and Prejudice"
        + "\n" + " Emma"
        + "\n" + " Sense and Sensibility";
    authorInfo.addElement(info);
    info = " Albert Camus (1913-1960)"
        + "\n" + " The Stranger"
        + "\n" + " The Plague"
        + "\n" + " The Fall";
    authorInfo.addElement(info);
    info = " Ernest Hemingway (1899-1961)"
        + "\n" + " A Farewell to Arms"
        + "\n" + " For Whom the Bell Tolls"
        + "\n" + " The Old Man and the Sea";
    authorInfo.addElement(info);
    info = " Kurt Vonnegut (1922-2007)"
        + "\n" + " Slaughterhouse-Five"
        + "\n" + " The Sirens of Titan"
        + "\n" + " Cat's Cradle";
    authorInfo.addElement(info);
    info = " Gunter Grass (b. 1927)"
        + "\n" + " The Flounder"
        + "\n" + " The Tin Drum"
        + "\n" + " Dog Years";
    authorInfo.addElement(info);
```

```
    }// end setUpVector
}// end class
```

9.7.1　构造与定义

ListWithMultipleTest 类的注释#1 后的代码行中，为 ListTest 类所定义的大多数属性再次得到应用。属性列表中的区别之一在于 title 的包括，它提供了一种方法，可在刷新时提供用于 List 对象的屏幕标题。另一处区别在于没有 Form 属性。为了简化该类的实现，所有动作都通过刷新 List 对象而完成。List 属性的名字是 listChoices。

注释#2 后的代码行在为 title 属性指派了一个字符串"Author Information"后，调用了 List 构造函数并将 List 类的新实例赋予 listChoices 属性。title 属性被用作构造函数的第一个参数。再次强调，它提供了用作屏幕标题的文本，如图 9-8 所示。

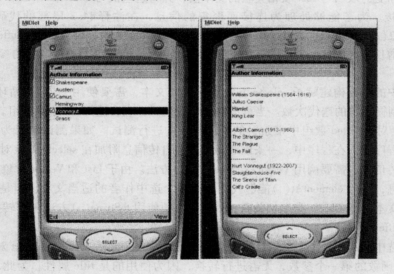

图 9-8　MULTIPLE 选项提供了复选框

MULTIPLE 字段作为第二个参数用于设置 List 对象的模式。List 类从定义为接口的 Choice 类中继承了该字段的定义。使用 MULTIPLE 模式会产生一个 List 对象，显示复选框之前的项。选中一个框会激活与之相关的项，可选中的项数没有限制。

choices 数组是 List 构造函数的第三个参数。该数组是 String 类型的，提供了作者组的名称。作者的名字与 ListTest 类中命名的名字相同。说到这里，要注意，List::append( )方法就出现在构造语句之后，被注释掉了。这一行的存在是一种提示，说明诸如 delete( )和 append( )的这些方法可动态地用于添加或移除 List 元素。

要将 Command 对象与 listChoices 属性相关联，可调用 List::addCommand( )方法。在这里，exit 和 selectAuthor 属性只标识 ListWithMultipleTest 类处理的两条消息。setCommandListener( )方法随后用于向 MIDlet 注册 selectAuthor 属性。注释#3 中，listChoices 对象在其启用时被设置为用于 MIDlet 的当前对象。

9.7.2 消息处理

处理几条同时发生的消息主要会涉及到对 List∷getSelectedFlags( )方法的调用。该方法在当前活跃的 List 对象中的项上进行迭代，并指定选中的项。要执行这一任务，getSelectedFlags( )方法需要一个 Boolean 类型的数组，因此在注释#4 后的代码行中定义了一个数组（selected）。

要定义 selected 数组，则需调用 Boolean 构造函数，而 listChoices 属性作为构造函数的一个参数，则可用于调用 List∷size( )方法。size( )方法返回的值设置数组的长度，因此，无论 ListWithMultipleTest 类何时处理 List 项发出的消息，它都能动态地决定 List 中的项数。

下一步是要调用 getSelectedFlags( )方法并以 selected 数组作为参数，如注释#4.1 之后的代码行所示。getSelectedFlags( )方法接收对 Boolean 数组的引用作为参数，而其动作则是设置与引用标识的数组中的项相关联的 true 和 false 值。项默认被设置为 false，当项被选中时则设为 true。

之后的目标变为取回与 List 项相关联的文本值，并将这些值与 authoInfo Vector 对象中存储的传记信息相连接。为了能够处理为连接而聚集的信息，在注释#4.2 尾部的代码行中定义了 StringBuffer 对象（selectedInfo）。StringBuffer 对象不同于 String 对象，因为 StringBuffer 对象在其构造后会动态地增长。完成这一工作的方法在于 StringBuffer∷append( )方法，它的参数为 String 类型的。

要获得选中的项并构建赋予 selectedInfo 标识符的文本，需要使用一个 for 循环语句。List∷size( )方法控制循环块的迭代次数。当程序块进行迭代时，它会遍历 selected 数组。每次循环时，if 选择语句都会对 selected 数组中带索引的项值与 true 进行测试。如果测试结果为 true，那么程序流进入选择程序块。在程序中，一条虚线和相应的自传信息附加在 selectedInfo 对象。

要获得自传信息，需要调用 Vector∷elementAt( )方法。由于 List 和 Vector 对象的索引值标示相同的作者信息，因此 elementAt( )能够找到针对每个选中作者的适当文本。但是，由于 Vector 对象中存储的文本要与 Object 类型相关联，因此，必须使用 toString( )方法进行转换，使其能够附加在 StringBuffer 对象上。

将与所有选中 List 项相关联的信息附加在 selectedInfo 对象之后，可使用 Alert 对象进行显示。对于 Alert 构造函数的第一个参数，无需进行转换，因为使用的是 title 属性。为此，屏幕的标题在其刷新时不会改变。由于 Alert 构造函数的第二个参数是 String 类型的，因此，必须调用 StringBuffer∷toString( )方法将文本从 StringBuffer 对象（selectedInfo）转换为 String 对象。图 9-8 给出选中三个作者 Shakespeare、Camus 和 Vonnegut 后显示的信息。

9.8 小结

在本章中，用户回故了 MIDP 类的用户界面中的第一批类，包含 Display、Displayable、Command、CommandListener、Alert、TextBox 和 List 类。定义为接口的 AlertType 和 Choice 类为设置 Alert 和 List 选项的模式提供了字段值。要处理 List 对象发出的消息，用户可使用选择语句，对 Displayable 和 Command 参数进行测试。List、Form 和 TextBox 对象都是 Displayable 类型的。对于 List 类而言，EXCLUSIVE 和 MULTIPLE 值是其关键模式。EXCLUSIVE 模式每次只允许选择一个项。MULTIPLE 模式每次允许选择多个项。要过滤 List 对象产生的同步消息，用户可使用 getSelectedFlags( )方法。

第四部分　使 用 图 形

第10章　表 单 与 项

　　前面章节中，读者简要学习了 Form 类的几种用法。本章将给出如何将 Form 类与 Item 类配合使用。Form 类为用于显示的组件组织提供了一种便捷方式，而 Item 类则是为补充显示操作而提供若干种组织和操控文本及其他信息类型的有用方法的类集合中的基本类。在本章中，用户着重研究 TextField 和 StringItem 类，回故了使用 CommandListener 和 ItemStateListener 接口处理应用于类的对象的事件。读者还要学习使用 Spacer、Font 和 String 类，研究如何使用这些资源扩展用户开发显示时的选择。Form 和 Item 类提供的方法和属性在用户使用与 Item 子类所涉及的设计和格式化动作时得到不断的使用。通过开发使用源自面向文本游戏的情节的两个基本 MIDlet，读者将探讨 Form 和 Item 类的若干接口特性，与此同时，为学习第 11 章中涉及到 Image、Gauge 以及与 Form 和 Item 类相关的其他类的工作做好准备。

10.1　Item 与 Form 类的一般特性

　　图 10-1 给出抽象 Item 类、由它导出的类以及 ItemCommandListener 接口之间存在的关系。此外，它描绘了 Form 类、Item 类和 ItemStateListener 接口之间的关系。一个 Form 类对象可以包含 Item 类的子类的实例。用户调用 Form::append( )方法将对 Item 子类的引用添加到 Form 对象中。向 Form 对象添加了一个 Item 对象后，要管理与 Item 类对象相关的事件可以有两种选择，即 ItemStateListener 和 ItemCommandListener 接口。用户最大规模地与 Form 对象一起使用 ItemCommandListener。对于派生自 Item 类的类，用户可使用 ItemStateListener 接口。即使这样，如果用户要使用 Item 子类的 notifyStateChanged( )方法，那么用户有许多种消息处理方法可用。

　　提示：

　　　　关于 Item 类的方法和属性汇总，请参见框注"Item 类概述"，它在本章末尾给出。

10.2　Form 类

　　Form 类允许用户组织和管理具有 Item 类派生的类型的对象。Form 类的对象可包含与 Item

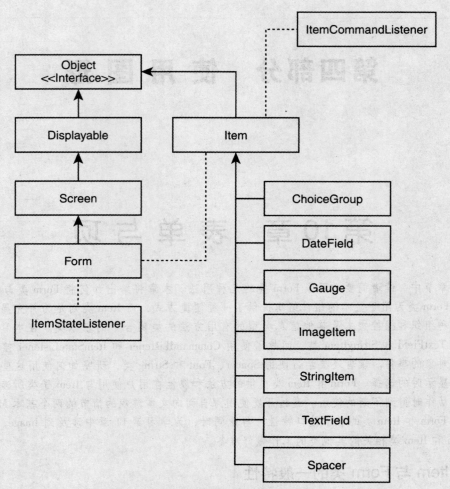

图 10-1　派生自 Item 类的类实现了 ItemCommandListener 接口

类相关的一个或多个类实例。如图 10-1 所示，这些类如下：StringItem、ImageItem、TextField、ChoiceGroup、Date Field、Gauge 和 Spacer。虽然 Form 对象充当派生自 Item 类的类的对象的容器，但是，用户将这些与 Form 关联后对象的出现方式则部分地依赖于 MID。

　　在前面章节中，用户已经用过 Form 类型的对象去处理命令。要向一个 Form 对象添加一条命令，用户需要使用 addCommand（ ）方法，其中，Form 类继承自 Displayable 类。要处理关于 Item 对象的消息，用户要使用一种不同的方法。开始，用户使用 insert（ ）和 append（ ）方法将派生自 Item 类的类的对象与 Form 对象相关联，关联完成后，用户可使用 delete（ ）和 set（ ）方法进行进一步操作。要处理消息，那么用户在定义自己的 MIDlet 类时要实现 ItemStateListener 接口。然后，用户可调用 itemStateChanged（ ）方法。表 10- 1 给出对 Form 类的讨论。该表中包括的是 ItemStateListener 接口的 itemStateChanged（ ）方法以及 Form 类继承自 Displayable 类的某些方法概述。如何使用 Form 对象以及 Item 对象的基本示例在本章的 FormTextFieldTest 类中给出。

表 10-1　Form

方　　法	说　　明
Form(String)	构造一个带给定标题的表单。唯一的参数是 String 类型的，提供了 Form 对象的名称
Form(String, Item[ ])	构造一个带标题的表单。第二个参数是一个 Item 类型的数组。数组将数组提供的元素填充到 Form 对象中
int append(Image)	三个重载版本之一。将一个 Image 类型的对象附加到 Form 对象上。附加的 Image 引用出现在屏幕的底部
int append(Item)	三个重载版本之一。将一个 Item 类型的对象附加到 Form 对象上。附加的对象出现在屏幕的底部
int append(String)	三个重载版本之一。将一个 String 类型的对象附加到 Form 对象上。附加的 String 对象出现在屏幕的底部
void delete(int)	接收一个整数作为参数。整数指定 Form 对象中某个元素的索引。该方法删除参数所指定的元素。当用户从 Form 对象中删除一个元素时，对象的大小将减 1
deleteAll( )	完成清除一个 Form 对象中用户已指派的所有元素(Item 对象)
Item get(int)	接收一个整数作为参数。整数指出 Form 对象中某个元素的索引。该方法返回参数所指定的元素
int size( )	返回一个代表 Form 对象中元素数目的整数
void insert(int, Item)	插入一个 Item 引用。第一个参数是 int 类型的，指定要与新插入元素相关联的 Form 的索引。第二个参数是 Item 的，提供要插入的对象
void set(int, Item)	将一个 Item 引用设置在特定索引上。第一个参数指出 Form 容器内的对象索引。第二个参数指定要设置的 Item 对象
void setItemStateListener (ItemStateListener)	将一个侦听器与 Form 对象相关联，使得其中的元素所产生的事件能够得到处理。接收一个 ItemStateListener 对象作为参数
ItemStateListener:: itemChanged(Item)	该方法并非是一个 Form 方法。它是 ItemStateListener 接口唯一的方法，实现该方法可处理与 Form 对象相关联的 Item 对象所产生的事件。它接收一个 Item 引用作为参数，每当 Item 对象被修改时调用
继承的 Displayable 方法	这些方法包括 addCommand( )、getTicker( )、getTitle( )、isShown( )、setCommandListener( )、setTicker( )、setTitle( )

10.3　TextField

　　最常用的 Item 子类之一就是 TextField 类，它为文本输入或显示时格式化文本提供了一种便捷方法。要格式化 TextField 对象处理的文本，用户可使用 TextField 的若干属性之一。这些属性包括 DECIMAL 和 ANY，如表 10-2 所示。由于 TextField 对象是 Item 的一个子类，因此用户可以将其存储在 Item 类型的数组中。然后，用户可以使用 itemChanged( )方法来处理来自 TextField 对象的消息，该方法由 ItemStateListener 接口提供。

表 10-2 TextField

方　　法	说　　明
TextField (String, String, int, int)	构造一个新 TextField。第一个参数是 String 类型的，提供了文本框的标签。第二个参数也是 String 类型的，提供了文本框的初始文本。第三个参数是 int 类型的，提供了文本框的最大长度。最后一个参数是 TextField 属性，允许用户控制字段的屏蔽和其他属性
void setConstraints(int)	允许用户设置应用于 Textfield 的 Constraints 属性(对于选中的列表进一步参见本表)
void insert (char [ ], int, int, int)	向字段中插入字符。第一个参数是一个字符类型的数组，给出要插入的文本。第二个参数是要插入文本在数组中的起始索引位置。第三个参数指明数组中要插入的字符数。第四个参数是要复制的文本在字段中的起始索引位置
void insert (String src, int position)	向字段中插入字符串。第一个参数提供要写入字段的文本。第二个参数给出要写入字符在字段中的起始索引位置
void delete(int offset, int)	从字段中删除字符。第一个参数是删除开始时在字段中的索引位置。第二个参数指出要删除的字符数
int getCaretPosition( )	取回字段中当前光标的位置索引
int getChars(char [ ] data)	将字段的当前内容取回至一个 char 数组中
void setChars (char [ ] data, int offset, int)	第一个参数是一个 char 类型的数组。第二个参数是要从数组中得到的字符在数组中的起始索引。第三个参数是从数组中得到的字符数
void setString(String)	设置字段中要显示的文本
String getString( )	获得字段的当前内容并放入一个字符串中
int getMaxSize( )	获得字段中允许的最大数目的字符
int setMaxSize(int)	建立字段中允许字符的最大数目
int size( )	获得字段中字符的当前数目
ANY	允许用户处理字段中的一个字母或数字值，或者将这种值显示到字段中
EMAILADDR	提供用于电子邮件地址的屏蔽
NUMERIC	将字段中的值转换为整型值
PHONENUMBER	提供对电话号码的屏蔽，包含最大数目的字符
URL	为 URL 提供接收字符的屏蔽
DECIMAL	允许用户以十进制小数点处理数字
PASSWORD	屏蔽字符令输入的值不以文本出现
UNEDITABLE	阻止值输入字段中。它还阻止用户用编程将值赋予字段
INITIAL_ CAPS_ WORD	强制每个新词变为大写
INITIAL_ CAPS_ SENTENCE	强制每个新句子变为大写
外观模式	表 10-3 提供了一个扩展列表，列出用户可使用的所有派生自 Item 类的对象的外观模式

　　除了 TextField 类本身的属性和方法外，用户还可以使用继承自 Item 类的属性和方法。这里非常重要的这些属性可用于 setLayout( )方法的参数。这些方法的用法将在 StringItem 类中进行详细讨论。有关 Item 类及其布局属性，请参见框注"Item 类概述"。

10.4   处理数字

FormTextFieldTest 类给出一种能够计算乘法和加法的简易计算器，它提供的示例给出如何使用 Form、Item、TextField 和 StringItem 对象处理那些指示执行和显示计算结果的操作类型的消息。它还提供了使用强制转型和 Double 类从 Textfield 对象中获得 String 类型的值并将其转换为 float 值以显示计算结果的示例。要处理来自 TextField 的消息，需要实现 ItemStateListener 接口。ItemStateListener 接口提供的唯一方法 itemStateChanged（）允许用户处理 Item 类的任意子类生成的消息。FormTextFieldTest 类提供了四个 TextField 对象，它们都赋予 Item 类型的数组。用户可以在第 10 章的源代码目录中找到 FormTextFieldTest 类，它也包含在 Chapter10MIDlets NetBeans 项目中。代码的解释将在下一章中进行，下面是该类的代码。

```
/*
 * Chapter 10 \ FormTestFieldTest.java
 *
 */

import javax.microedition.midlet.*;
import javax.microedition.lcdui.*;
//import java.io.*;
//import java.util.*;

public class FormItemTextFieldTest extends MIDlet
                         implements CommandListener,
                                    ItemStateListener{
    // #1 Declare attibutes
    private Form form;
    private Display display;
    private TextField textFieldA;
    private TextField textFieldB;
    private TextField textFieldC;
    private TextField textFieldD;
    private StringItem textFieldE;
    // #1.1 create an array of the Item type
    final int COUNT = 5;
    private Item elements[] = new Item[COUNT];
    private String strA, strB;
    private String doAction;
    private Command quit;

    public FormItemTextFieldTest()
    {
        display = Display.getDisplay(this);
        // #2 Construct a Form object
        form = new Form("Form and Item Test");
// #2.1 Construct and add textfield objects to an Item array
textFieldA = new TextField("Num A:", "", 10,  textFieldA.DECIMAL);
textFieldB = new TextField("Num B:", "", 10,  TextField.DECIMAL);
textFieldC = new TextField("Operation:", "", 1,  TextField.ANY);
```

```
        textFieldD = new TextField("Sum", "",   10, TextField.DECIMAL);
        textFieldE = new StringItem("", "Type num, SELECT Down, num, " +
                                    "SELECT Down, num, " +
                                    "SELECT Down keypad M or A, " +
                                    "and then SELECT Down, keypad 1 " +
                                    "for the Sum field. " +
                                    "Clear clears a field."  );
        elements[0] = textFieldA;
        elements[1] = textFieldB;
        elements[2] = textFieldC;
        elements[3] = textFieldD;
        elements[4] = textFieldE;
        // #2.2 Add the Item object to the array
        for (int itr = 0; itr<COUNT; itr++){
            form.append(elements[itr]);
        }


        quit = new Command("Quit", Command.EXIT, 2);
        form.addCommand(quit);
        form.setCommandListener(this);

        // #2.3   Add a listener for the Item objects
        form.setItemStateListener(this);
    }

    protected void startApp() throws MIDletStateChangeException{
        display.setCurrent(form);
    }

    protected void pauseApp(){
    }

    protected void destroyApp(boolean unconditional)
                        throws MIDletStateChangeException{
    }

    // #3 Handle events for the Item objects
    public void itemStateChanged(Item item){
        // #3.1 variables of the double type
        double dA, dB;
        double total;
        textFieldD.setString("");
        // #3.2 select for the Item objects
        if(item == textFieldA){
          System.out.println("State changed for " + item);
        // #3.3 Retrieving a field value
          textFieldA = (TextField)form.get(0);
          strA = textFieldA.getString();
        }
        if(item == textFieldB){
          System.out.println("State changed for " + item);
```

```
        textFieldA = (TextField)form.get(1);
        strB = textFieldB.getString();
      }
      if(item == textFieldC){
        textFieldC = (TextField)form.get(2);
        doAction = textFieldC.getString();
        System.out.println("Action " + doAction);
      }
      if(item == textFieldD){
        dA = 0;
        dB = 0;
        total = 0;
        // #3.4 Processing Double/double values
        textFieldD = (TextField)form.get(3);
        dA = Double.valueOf(strA).doubleValue();
        dB = Double.valueOf(strB).doubleValue();
        System.out.println("D - Action " + doAction);
        // #3.5 Select using the retrieved
        if(doAction.equalsIgnoreCase("M")){
          System.out.println("DM - Action " + doAction);
            total = dA * dB;
        }
        if(doAction.equalsIgnoreCase("A")){
            System.out.println("DM - Action " + doAction);
            total = dA + dB;
        }
            textFieldD.setString(String.valueOf(total));
      }
    }// end itemStateChance

    public void commandAction(Command command, Displayable displayable)
    {
        try{
            if(command == quit){
                destroyApp(true);
                notifyDestroyed();
            }
        }catch (MIDletStateChangeException me){
            System.out.println(me + " caught.");
        }
    }//end commandAction
}// end class
```

10.4.1 构造与定义

FormItemTextFieldTest 类的注释#1 之后的代码行中，用户声明了 Form、Display、TextField、StringItem、Item、String 和 Command 类型的属性。这些属性如图 10-1 所示，TextField 和 StringItem 属性类型是 Item 类的子类型，因此用户可以将引用存储在 elements 数组中的这些类中，该数组包含对 Item 子类型的对象的五个引用。Form 属性允许用户连续向 MIDlet 添加 Item 对象，如图 10-2

所示。一个 Command 属性用于关闭 MIDlet，但用户可以使用作为接口实现的 ItemStateListener 接口来处理来自 Item 子类对象的其他动作。要定义 elements 数组中的元素数并且控制使用 elements 数组的循环语句，用户需要声明一个 int 类型的 final 属性（COUNT）。

在注释#2 之后的代码行中，在类的构造函数中定义了一个新 Form 对象并将其赋予 form 属性。此外，在与注释 #2.1相关的代码行中，用户生成五个 Item 子类的实例，并将其赋予 TextField 和 StringItem 属性。TextField 构造函数需要四个参数。第一个参数是一个 String 类型的文字字符串对象，提供了 TextField 对象的标签。该值使用 TextField 对象的构造设置，之后不能再修改。

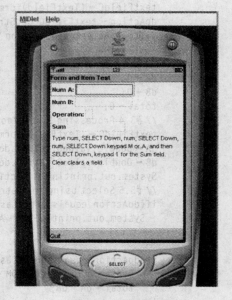

提示：

直接生成并将 TextField 对象赋予一个 Item 类型的数组是可以的，但使用中间步骤中的属性可令其动作更加清晰。下面是一个示例，给出用户如何直接生成一个 Item 子类的实例并将其赋予一个 Item 类型的数组：

```
elements [0] = new TextField ( " Num A:","", 10,
textFieldA DECIMAL);
```

使用这种方法，用户就可以排除类属性的多余使用。

图 10-2   派生自 Item 类的对象在添加至 Form 对象后按顺序进行显示

TextField 构造函数的第二个参数提供了其激活字段中 TextField 对象显示的默认值。对于当前类中的所有 TextField 对象，该参数为空字符串。如图 10-1 所示，用户可以使用诸如 insert（ ）、setChars（ ）、setString（ ）和 delete（ ）的方法来修改激活字段的值。

TextField 构造函数的第三个参数是 int 类型的，它构建了 TextField 对象在其显示区域中能够接收的字符数。在这里，除设置为 1 的"Operation"字段之外，TextField 对象的所有其他字段都定义为可接收 10 个字符的激活字段。

TextField 构造函数的最后一个参数是 int 类型的，可接收的参数定义为 TextField 类的属性。所使用的属性为 DECIMAL 和 ANY。第一个自动地显示并接收有理值，第二个则可用于数字和字母输入。

StringItem 构造函数需要两个参数。第一个是 StringItem 对象的标签。StringItem 对象的标签与 TextField 对象的标签大致相同，不同之处在于 StringItem 对象的激活字段不是默认激活的，并且没有加边框环绕。应用于它的方法也不同于对 TextField 类的对象所使用的方法。

提示：

String Item 类将在本章的后续章节中进行更详细的介绍。在这里，只需认识到它是一个 Item 的子类并且其使用方法类似于其他 Item 对象。其构造和方法不同于 TextField 类。

要向 Form 对象添加 Item 子类对象，用户可使用 Form 类的 append（ ）方法。为此，如注释# 2.2 之后的代码行所示，用户可使用一个 for 循环语句将 Item 对象添加到 elements 中。循环迭代五次，将 Form 对象与四个 TextField 引用与一个 StringItem 引用相关联。图 10-2 给出显示结果。

10.4.2　事件处理

在 FormItemTextFieldTest 类中，用户用对 Item 子类对象的引用填充 Form 对象后，向 Form 对象添加了 quit 命令。为此，用户要调用 addCommand( ) 和 setCommandListener( ) 方法。这两种方法涉及到与 Form 对象相关的消息。对于 Item 对象，用户需要另一类消息处理。

在 FormItemTextFieldTest 类的签名行中，用户使用 implements 关键字实现处理 Form 消息的 CommandListener 接口和处理与 Item 子类的子类相关的消息的 ItemStateListener 接口。如注释#2.3 后面的代码行所示，用户调用 Form::setItemStateListener( ) 方法对 Item 消息进行处理。

要处理 Item 对象产生的消息，用户需要实现 itemStateChanged( ) 方法，它由 ItemStateListener 接口。如注释#3 相关的代码行所示，该方法接收一个 Item 类型的参数。要处理来自某个 Item 对象的一个参数，用户可以使用任意多种方法。在这里使用的是一系列 if 选择语句。在各种情形下，方法是相同的。用户测试用于产生消息的对象标识的 Item 参数。例如，第一个选择语句测试 textFieldA 对象（用户也可使用 elements[0] 进行测试）。

如果选择语句对 textFieldA 的测试为 true，那么程序流进入第一个选择块。注释#3.3 之后的代码行中，该块的第一个参数在控制台上显示一个测试消息。此后，注释#3.3 之后的代码中，用户要强制转换 Form::get( ) 方法返回的值以取回 TextField 引用。get( ) 方法接收一个 int 类型的参数。该参数指出用户已赋予 Form 对象的 Item 子类对象索引。Item 子类对象对应的索引值由用户指派对象的顺序决定。为此，textFieldA 对象对应于索引值 0。textFieldB 对象对应于索引值 1。

当用户使用 get( ) 方法获得一个 Index 对象时，必须将对象强制转换为适当的类型。在这里，用户将 textFieldA 强制转换为一个 TextField 对象，因此用于强制转型的参数为 TextField。然后，用户将对象指派回适当的标识符（textFieldA）。完成后，用户就有资格调用 TextField 类的任意方法。

对于 textFieldA 对象，用户调用 TextField::getString( ) 对象，它返回一个 String 类型的引用。返回的值是当前位于 textFieldA 对象的有效字段内的值。用户将返回的值赋予一个 String 类型的本地标识符（strA）。

textFieldA 对象返回一个类似有理数值的字符串。之所以这样做，是因为用户使用 DECIMAL 属性构建了 textFieldA 对象。用于获得 textFieldB 对象的有效字段所使用的方法相同。如图 10-3 所示，这两种情况的目标是从两个对象的有效字段中获得代表数字值的字符串，从而可以使用它们进行计算。

使用 textFieldC 对象，用户标识出要执行的计算。对该应用程序，只应用了两种计算：乘法和加法。if 选择块中的语句所遵循的模式与之前实现的相同，但在这里，用户将 getString( ) 方法返回的值赋予 String 类型的标识符（doAction）。用户指派的值是一个字母（A 或 M）。这一切之所以成为可能，是因为用户已经使用 ANY 属性来定义 textFieldC 对象。这一属性集中在用户使用转换为字母值的关键字输入字段中的值。

对于最后一句选择语句，用户测试了 textFieldD 对象。当接收到来自该对象的消息时，用户首先初始化本地标识符 dA、dB 和 total 为 0。将 textFieldD 对象强制转换回本身后，用户重新访问存储在 strA 和 strB 标识符中的 String 值，用户使用来自 textFieldA 和 textFieldB 对象的值定义了该值。这些值必须被转换为可使用算术方法进行处理的 double 类型。为此，用户可首先使用 Double::valueOf( ) 方法将 String 值转换为 Double 抽象类型的值，然后调用 String::doubleValue( )

方法将这些值转换为原始的 double 类型。

假设已将 String 引用转换为原始的 double 值，那么用户可执行计算用于 total 标识符的值所必需的算术。为此，如注释#3 之后的代码行所示，用户测试赋予 doAction 标识符的值。该标识符为 String 类型，而 String::equalsIgnoreCase( ) 方法允许用户决定 String 项之间在字符上的等同性。如果值是 M，那么选择语句块中的语句会用 dA 的值乘以 dB 的值，并将结果赋予 total。如果值是 A，那么两个值会相加并赋予 total。

要显示赋予 total 标识符的值，可以调用 String::valueOf( ) 方法。该方法得到重载，使之能够接收任意原始类型的参数，因此，使用 total 标识符在这里不会产生任何问题。该值被转换为 String 类型，然后调用 TextField::setString( ) 方法用计算的结果填充 textFieldD 对象的有效字段。如图 10-3 所示，用户将光标移动到 Sum 字段后，可以单击任意键以调用 textFieldD 选择语句并查看计算的结果。

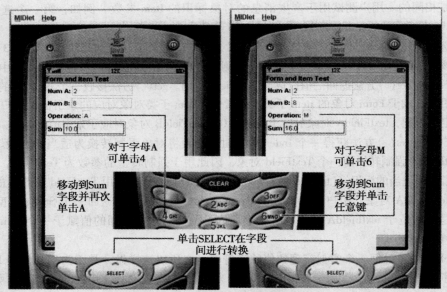

图 10-3 使用 ItemStateListener 接口处理赋予 Form 对象的 Item 类的子类所产生的消息

10.5 StringItem

如本章之前所示，StringItem 类提供了显示文本消息的对象。由于它是 Item 类的一个子类，因此用户使用 append( ) 方法将其与一个 Form 对象相关联。与 TextField 类一样，StringItem 类继承了来自 Item 类的若干方法。除了用户可用于设置外观的模式的继承属性外，还有一些与 setLayout( ) 方法相关的可用属性。表 10-3 给出为外观模式定义的值中的一部分。有关布局属性的信息请参见框注 "Item 类概述"。它们都可用作某个 StringItem 构造函数的参数。它们允许用户控制诸如显示屏中显示 StringItem 对象的位置、一个新换行符是否跟随其后以及它是否作为超链接出现等事情。

表 10-3　StringItem

方　法	说　明
StringItem(String，String)	生成一个新的 StringItem 对象。第一个参数设置标签的值。第二个参数设置文本框的值。null 参数说明构造不需要标签或文本框
StringItem(String，String，int)	该构造函数与带有前两个参数的第一个方法相同。对于第三个参数，用户使用一个外观模式属性。这些模式的列表在本表后面给出
String getText( )	返回一个用字母填充文本框的 String 对象的引用。如果用户尚未将值赋予文本框，那么它返回 null
void setFont(int, int, int)	允许用户为文本框设置字体。该方法的参数都是在 Font 类中定义的整型值，指定 Font 对象的类型、字体和字号
void setPreferredSize(int, int)	第一个参数设置宽度，第二个参数设置高度
void setText(String)	允许用户以 String 对象或者对文本框的引用的方式指派字母。用户也可以使用一个文本字符串值
外观模式	继承自 Item 类。示例包括 BUTTON、HYPERLINK、LAYOUT_BOTTOM、LAYOUT_CENTER、LAYOUT_ DEFAULT、LAYOUT _ LEFT、LAYOUT _ NEWLINE _ AFTER、LAYOUT _ TOP 和 LAYOUT_VSHRINK、PLAIN。这些值的进一步讨论请参见表 10-4
Item::setLayout( )	该方法是 Item 类的一个成员。用户可使用诸如 LAYOUT_LEFT、LAYOUT_RIGHT 和 LAYOUT_CENTER 以及与 DEFAULT_LAYOUT 的 OR 运算定位 StringItem 对象在显示区域中的位置

StringItem 类派生自 Item 类，为此，用户常用的几种方法只能转换在 Item 类的文档中进行转换。例如，由于 Item 类是抽象的，因此用户可作数组或集合的类型，但不能直接对它的实例进行实例化。

10.6　ItemPlayTest 类

ItemPlayTest 类对用户使用的与 StringItem 类相关的若干种方法进行了概述。其中一些方法派生自 Item 类。StringItem 类的工作方法与其他派生自 Item 类的方法大致相同，不同之处在于与之相关的文本区或文本框无法通过直接交互进行改变。不过，要修改与一个 StringItem 对象相关的文本，用户可以有几种可选方法。其中，用户可以使用 notifyStateChanged( )方法。StringItem 类继承了来自 Item 类的方法。由于 notifyStateChanged( )方法会产生一个事件，因此用户可以将事件与 StringItem 类的 setText 方法联合使用，以动态地修改与 StringItem 对象相关的文本。

与本章中其他示例类似，ItemPlayTest 类位于第 10 章的源目录中，用户还可以在 NetBeans Chapter10MIDlets 项目中找到该类。该类允许用户重复按下某个软按钮以产生赋予城市名的随机值。用户每一轮都得到数量有限的尝试次数。数字随机地赋予城市，而最大的数字赋予"胜出"的城市。该 MIDlet 可以作为一个寻找休假目的地的游戏开端。

```
/*
 * Chapter 10\ItemPlayTest.java
 */
import javax.microedition.midlet.*;
```

```java
import javax.microedition.lcdui.*;
import java.util.*;

public class ItemPlayTest extends MIDlet implements CommandListener,
                                        ItemStateListener{
    // #1
    private Form form;
    private Display display;
    private StringItem strItemA, strItemB, strItemC,
                       strItemD, strItemE, strItemF;
    private final int CITY_LIMIT = 6;
    private final int NUMOFTRIES = 9;
    private Item elements[] = new StringItem[CITY_LIMIT];
    private TextField textFieldA;
    private Command quit, tryACity;
    private Random random;
    private int randInt;
    private int highScore;

    public ItemPlayTest()
    {
        random = new Random();
        display = Display.getDisplay(this);
        highScore = 1;
        form = new Form("Find your next destination!!!");

// #2 Construct and add textfield objects to an Item array
strItemA = new StringItem("1. San Francisco", "California", Item.BUTTON);
strItemB = new StringItem("2. Manhattan", "New York",  Item.BUTTON);
strItemC = new StringItem("3. London", "England", Item.BUTTON);
strItemD = new StringItem("4. Paris", "France");
strItemD.setLayout(Item.BUTTON);
strItemE = new StringItem("5. Tokyo", "Japan", Item.BUTTON);
strItemF = new StringItem("6. Sidney", "Australia", Item.BUTTON);

textFieldA =  new TextField("Try: ", "",  12,  TextField.ANY);

elements[0] = strItemA;
elements[1] = strItemB;
elements[2] = strItemC;
elements[3] = strItemD;
elements[4] = strItemE;
elements[5] = strItemF;

// #3 Set set the items left, right, and center
elements[0].setLayout(Item.LAYOUT_LEFT | Item.LAYOUT_DEFAULT);
elements[1].setLayout(Item.LAYOUT_RIGHT | Item.LAYOUT_DEFAULT);
elements[2].setLayout(Item.LAYOUT_LEFT |Item.LAYOUT_DEFAULT);
elements[3].setLayout(Item.LAYOUT_RIGHT |Item.LAYOUT_DEFAULT);
elements[4].setLayout(Item.LAYOUT_LEFT |Item.LAYOUT_DEFAULT);
elements[5].setLayout(Item.LAYOUT_RIGHT |Item.LAYOUT_DEFAULT);
textFieldA.setLayout(Item.LAYOUT_CENTER |Item.LAYOUT_DEFAULT);
```

```
for (int itr = 0; itr<CITY_LIMIT; itr++){
   // #3.1
     StringItem tempItem = (StringItem)elements[itr];
     tempItem.setFont(Font.getFont(Font.FACE_PROPORTIONAL,
                                   Font.STYLE_ITALIC |
                                   Font.STYLE_BOLD,
                                   Font.SIZE_LARGE));
     form.append(elements[itr]);
}
form.append(textFieldA);
form.append(new Spacer(50, 10));
   // #3.2
String introStr =
        new String("\n When the Backlight flashes\n " +
                  "The highest score wins");

   form.append(introStr);
   form.append("\nYou have ten tries.");
      // #3.3
   int numOfItems = form.size();
   StringItem tempItem  =  (StringItem)form.get(numOfItems-1);
   tempItem.setFont(Font.getFont(Font.FACE_PROPORTIONAL,
                                 Font.SIZE_MEDIUM |
                                 Font.STYLE_BOLD,
                                 Font.SIZE_LARGE));

   // #4
   tryACity =  new Command("Try", Command.OK, 2);
   quit = new Command("Quit", Command.EXIT, 2);
   form.addCommand(quit);
   form.addCommand(tryACity);
   form.setCommandListener(this);
   form.setItemStateListener(this);
}

// #5
public void commandAction(Command command, Displayable displayable){
   try{
   if (command == quit){
       destroyApp(true);
       notifyDestroyed();
   }
   // #5.1
   if (command == tryACity){
     randInt = random.nextInt(CITY_LIMIT);

     if(highScore > NUMOFTRIES){
       display.flashBacklight(3000);
       highScore = 0;
       return;
     }
     highScore++;
     // #5.2
```

```
            form.get(randInt).notifyStateChanged();
        }
    }catch (Exception me){
        System.out.println(me + " caught.");
    }
}//end commandAction
    // #6
    public void itemStateChanged(Item item){
        System.out.println("State changed for " + randInt);
        StringItem tempStItem;
        tempStItem = (StringItem)form.get(randInt);
        // #6.1
        textFieldA.setString(tempStItem.getText());
        tempStItem.setText("Score:" + highScore);
    }

    protected void startApp() throws MIDletStateChangeException{
        display.setCurrent(form);
    }

    public void pauseApp() {
    }

    public void destroyApp(boolean unconditional) {
    }
}// end class
```

> **注意:**
>
> 当用户测试应用程序时，可使用键盘上的F1和F2键调用Java无线工具集设置仿真器上的向左和向右软键的动作。

10.6.1   定义与构造

在 ItemPlayTest 类注释#1 之前的代码行中，用户定义了 ItemPlayTest 类，使之能够实现 CommandListener 和 ItemStateListener 接口。CommandListener 接口要求用户必须实现 commandAction（ ）方法，而 ItemStateListener 则只要求实现 itemStateChanged（ ）方法。在紧接注释#1 后面的代码行中，用户声明了 Form 和 Display 类属性，并随后添加了 6 个 StringItem 类属性。在接下来的几行中，用户专心于定义 elements 数组。在这里，该数组的数组构造函数 StringItem[CITY_LIMIT] 使用 StringItem 类型，但用户可以将构造的数组实例赋予一个 Item 类型的标识符。这对于构造数组是一种不合法的方法，但它可用于强调 StringItem 类派生自 Item 类。作为实验，用户可以如下修改定义：

```
private Item elements[ ] = new Item [CITY_LIMIT];
```

用户也可以使用如下的方法，将类定义中的某些代码进行了冗余处理：

```
private StringItem elements[ ] = new StringItem[CITY_LIMIT];
```

除了在 StringItem 和 Item 类型的类属性定义外，用户还声明了一个 Random 类型的类属性（random）。为了访问该 Random 类型，需要导入 java. util 程序包，如注释#1 之前的 import 语句所示。与 Random 类型的类属性一起还声明了一个 int 类型的类属性,以存储类的不同方法中使用的随机值。

注释#2 之前的代码行中,用户生成一个 Random 类的实例并将其赋予随机类属性。在 MIDlet 的构造函数中构建 Random 对象允许用户为每个 MIDlet 的新实例生成不同的起始值。尽管用户可以向 Random 构造函数提供一个种子值,但在这里使用的是构造函数的默认版本。它能确保用户在每次运行 MIDlet 时能够看到不同的值序列。

在注释#2 的末尾代码行中使用了一种有些多余的构造 StringItem 的方法。用户会看到有两种 StringItem 类的重载构造函数在使用。多数构造语句都用到带三个参数的构造函数。构造函数的第一个参数是 String 类型的,提供了 StringItem 对象的标签。第二个参数也是 String 类型的,提供了要写至 StringItem 对象的文本框中的文本。第三个参数是 int 类型的,用 Item 类提供的某一预定义值进行填充。一般而言,这第三个参数指定它定义的对象外观模式。外观模式延伸覆盖到屏幕中的对象位置和字体外观。下面是带三个参数的构造函数的使用示例:

```
strItemA = new StringItem("1. San Francisco", "California", Item.BUTTON);
```

StringItem 类的实例赋予某一类属性,而几行之后,该属性又赋予 Item 类型的 elements 数组。

```
elements[0] = strItemA;
```

StringItem 类的实例可直接赋予 elements 数组,但是,使用涉及到命名名字属性的特别步骤后可令定义动作变得更明显。

带三个参数的 StringItem 构造函数用于除一例外的构造语句。这唯一的例外发生在 strItemD 属性上。在这里,带两个参数的构造函数得到应用。对于该构造函数,第一个参数是 String 类型的,提供了标签的初始值。第二个参数也是 String 类型的,提供了用于 StringItem 对象的文本框的文本。

为了提供带有与其他属性给出的定义相同的 strItemD 属性,需要调用 setLayout( )方法,它唯一的参数是 int 类型的,使用 Item 类提供的一个或多个外观模式属性进行定义。在这里,与其他 StringItem 对象的构造语句相同,用户可看到 Item. BUTTON 属性:

```
strItemD = new StringItem("4. Paris", "France");
strItemD.setLayout(Item.BUTTON);
```

10.6.2 位 OR 运算符的使用

ItemPlayTest 类的注释#3 后面的代码行中,将显式构造的 StringItem 类属性的实例赋予 elements 数组后,用户会继续使用 elements 数组调用 setLayout( )方法。StringItem 类是 Item 类的一个子类,而用户已经将 StringItem 类型的属性赋予 Item 数组。为此,在某些情况下,用户调用 StringItem 类专有的方法之前,必须要将 elements 数组中的引用向下强制转换(down cast)为 StringItem 类型。调用 setLayout( )方法不会产生任何问题,因为 setLayout( )方法是 Item 类的一个成员,该类被其所有子类继承,其中包括 StringItem 类。

与对 StringItem 类的初始构造和定义所提供的参数不同,在这里,调用 setLayout( )时,用户使用位 OR(|)运算连接 Item 类提供的不同属性的整型值。例如,在所有情况下,用户挪用 Item. LAYOUT_DEFAULT 属性,它定义了 StringItem 对象,使之接收设备提供的调整大小和改变

位置的优先级，并令对象能够水平左对齐、右对齐或者居中显示。

用户还使用 Item. LAYOUT_RIGHT、Item. LAYOUT_LEFT 以及 Item. LAYOUT_CENTER 属性指定 StringItem 对象紧靠屏幕左侧或右侧边界、或者在给定行的中间出现。

> **注意：**
>
> 用户可以忽略用于 setLayout（ ）方法的 LAYOUT_ DEFAULT 属性参数（Item. LAYOUT_ RIGHT，而不是 Item. LAYOUT_ RIGHT | Item. LAYOUT_ DEFAULT），但是，一旦用户这样做了，那么用户就允许 MIDP 类自己使用默认的布局。

10.6.3 字体定义、文字串和附加

Font 类给出了用于修改显示在 MIDlet 显示区域中的字符字体、大小和其他特性的许多选项。作为研究如何设置 Font 值的一种方法，如 ItemPlayTest 类的注释#3.1 所示，用户使用一个 for 循环语句在赋予 elements 数组的 StringItem 引用上进行迭代。对于 for 程序块的每次循环，下面的代码行得到调用：

```
// #3.1
StringItem tempItem = (StringItem)elements[itr];
tempItem.setFont(Font.getFont(Font.FACE_PROPORTIONAL,
                            Font.STYLE_ITALIC |
                            Font.STYLE_BOLD,
                            Font.SIZE_LARGE));
```

第一行通过对一个 StringItem 临时对象 tempItem 的强制类型转换，对来自 elements 数组的引用进行向下强制类型转换和指派。这一动作是必需的，因为下一行代码调用了 StringItem::setFont （ ）方法，它在 StringItem 类中定义，因此无法用 Item 类的数组中存储的引用进行调用，该 Item 是作为一种超类，不支持从中派出的类的特殊化方法。

至于 setFont （ ）本身，用户可使用 StringItem 对象调用它，并随后作为一个参数提供给一个 Font 类型的引用。Font 类提供了 getFont（ ）方法，它是静态的，在构造函数中使用时，允许用户生成与 setFont（ ）和其他方法共同使用的 Font 类实例。getFont（ ）方法要求三个参数，每个参数都来自 Font 类提供的预定义类列表。在这里使用的是 FACE_ PROPORTIONAL、STYLE_ ITALIC、STYLE_ BOLD 和 SIZE_LARGE 属性。用户使用位 OR （ | ）运算符设置字体的斜体和加黑属性。图 10-4 给出对字体、类型和大小属性进行不同改变的示例。状态的名称代表最新定义的字体。

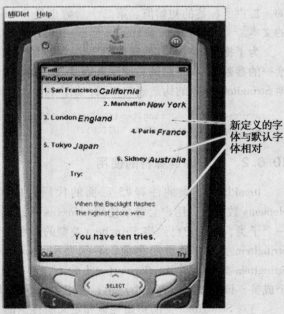

图 10-4   setFont（ ）方法允许用户
修改字的大小、样式和字体

新定义的字体与默认字体相对

定义了 StringItem 对象以包括独特字体字符后，用户可调用 Form::append( )方法，将来自 elements 数组的 StringItem 引用添加到 Form 对象中。append( )方法的重载版本之一接收一个指向一般 Item 类的引用作为参数。作为这一动作的扩展，在注释#3.2 前面的代码行中，使用 append( )方法把指向 TextFiedld 对象的引用添加到 Form 对象中。同样，在注释#3.2 后面的代码行中，利用了 append( )方法的第二个重载版本。这个版本接受一个指向 String 对象的引用作为参数。

除了使用 append( )方法把 String 和 StringItem 对象添加到 Form 对象中之外，用户还可以使用它直接附加文本字符串。在注释#3.3 的前一行中，用户使用这一方法将字符串"You have ten tries"添加到屏幕上。这与添加 Form 对象是相同的。当字符串添加至 Form 对象时，它隐含地作为一个 Item 对象进行存储。既然如此，用户可以随后从 Form 对象中取回它、按需进行强制类型转换、或者使用 setFont( )方法对显示进行格式化。这些工作的完成位于注释#3.3 之后的代码行中。方便起见，下面给出了代码。

```
// #3.3
    int numOfItems = form.size();
    StringItem tempItem  =  (StringItem)form.get(numOfItems-1);
    tempItem.setFont(Font.getFont(Font.FACE_PROPORTIONAL,
                     Font.STYLE_ITALIC |
                     Font.STYLE_BOLD,
                     Font.SIZE_LARGE));
```

Form::size( )方法返回一个整型值，给出用户向 Form 对象添加的 Item 对象总数。要寻找数组中最后一个元素的索引值，必须从总数中减掉 1。为了降低代码的复杂性，取回的引用被强制类型转换为一个 StringItem 对象，然后赋予 tempItem 标识符。接下一行中，该标识符用于调用 StringItem 类的 setFont( )方法，并将之前用过的相同值应用于显示的最后一行中。图 10-4 给出使用 setFont( )方法中获得的字体、大小和样式之间的不同之外。

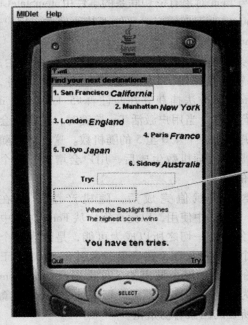

Spacer对象强制一个最小的矩形出现在屏幕中（所示方框是个近似的形状。另外，Spacer对象没有可见的边界）

10.6.4　分隔符和隐式附加

Spacer 类属于图 10-1 所示由 Item 类派生出的类。Spacer 类提供了一种构造函数，允许用户生成一个以像素值定义的矩形空间。Spacer 构造函数接收两个正整型值作为参数。第一个参数指定 Spacer 矩形的最小宽度，第二个参数指定 Spacer 矩形的最小高度。在注释#3.2 之前的代

图 10-5　使用 Spacer 对象调整显示位置

码行中的 ItemPlayTest 类里，可以看到下列动作：

```
form.append(new Spacer(50, 10));
```

在这一示例中，分隔符构造函数用于生成指向一个 50 像素宽、10 像素高的 Spacer 对象的匿名引用。矩形的大小可以从用户设置的值变化为符合显示区域中重定尺寸事件的值。如图 10-5 所示，Spacer 对象的包含多态强制屏幕底部的文本位于以 Try 标签标示的 TextField 对象。图 10-5 中带虚线边界的框在其实际出现时并不代表 Spacer，其目的只是为了让读者知道一个分隔符本质上是一个可以插入屏幕的矩形空间。

注意：

> 用户可以使用诸如 addCommand( ) 和 setMinimumSize( ) 的 Spacer 方法向尺寸动态变化的 Spacer 对象添加命令，当然，这已经超出了本章要讨论的范围。对 MIDP 类各方面的综合讨论，请访问 http://java.sun.com/javame/reference/apis/jsr118/。

10.6.5 使用事件

在 ItemPlayTest 类中注释#4 之后的代码行中，用户定义了几个 Command 类型的对象。其中一个对象使用 Command.OK 字段值指定并标识为"Try"，它是 tryACity 属性。另一个对象使用 Command.EXIT 字段值指定并标识为"Quit"，它是 quit 属性。然后，用户调用 Form∷setCommand( ) 方法将这两个 Command 属性与 Form 对象相关联。此后，用户调用以 this 关键字为参数的 setCommandListener( ) 和 setItemStateListener( ) 方法以初始化 Form 对象，从而令其能够处理事件。

如本章之前所述，setItemStateListener( ) 允许用户处理与用户添加到 Form 对象中的 Item 引用相关联的事件。与 Item 对象有密切联系的事件由 itemStateChanged( ) 方法进行处理，它由用户在实现 itemStateChanged 接口时定义。要处理其他事件，用户需要实现 commandAction( ) 方法，它由 CommandListener 接口提供。

ItemPlayTest 类的关键事件由 quit 和 tryACity 命令产生，这两个命令可由软键盘控制。Try 按键产生 tryACity 事件，它由 commandAction( ) 方法捕获并在与注释#5.1 相关的 if 选择程序块中进行处理。当用户激活 Try 按键时，程序流会进入选择程序块并产生一个从 0 至 5 的随机数。这个数字随后赋予 randInt 类属性。随机数生成后，用户会增加第二个类属性 highScore 的值。

为 randInt 类属性赋值完成后，随机产生的值在 itemStateChanged( ) 方法中使用，以允许用户从 Form 对象中随机选择 Item 对象。这一切之所以成为可能，是因为每个 Item 对象都与一个索引相关联，在这里，索引 0～5 对应于世界上 6 个城市的名字，每个城市的名称出现在 StringItem 对象的标签中。为了与城市名相匹配，每个 StringItem 对象的文本框由城市所在的国家名初始化。

当用户产生一个 Try 事件时，highScore 的当前值取代由

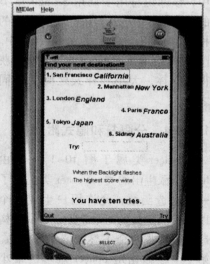

图 10-6　notifyStateChanged( )方法
调用 itemStateChanged( )方法

随机数标识的某一国家名。注释#6.1 之后的代码行中，用户使用 rendInt 属性作为 Form::get( )
方法的参数，以便从 Form 对象中取回某个 StringItem 引用用于指派。将引用强制类型转换为
StringItem 对象并赋予 tempItem 标识符后，用户使用该引用调用 setText( )方法，该方法允许用户
将 highScore 的值赋予 StringItem 对象的文本框。在将 highScore 值赋予 StringItem 文本框之前，如
果国家已经标识，那么用户要调用 TextArea 对象(textFieldA)的 setString( )方法显示由随机数标
识的国家名，否则显示一个新指派的值。

　　如图 10-6 所示，生成随机数并将一个城市标识为最高分城市的游戏只有 10 次尝试动作。一
个 if 选择语句测试赋予 highScore 属性的值和 NUMOFTRIES。当 highScore 值等于 NUMOFTRIES
时，键盘会闪烁并将 highScore 重置为 0。

Item 类概述

　　Item 类是一个抽象类，它包含的若干属性可在与诸如 StringItem、TextField、DateField 及其他由它派生
的类的对象一起工作时使用。表 10-4 给出 Item 类提供的某些属性和方法的概要汇总。关于 Item 类的综合
讨论，可参见 MIDP 站点 http://java.sun.com/javame/reference/apis/jsr118/。

表 10-4　所选 Item 的方法和模式

类方法或属性	说　　明
void addCommand(Command)	向 Item 对象添加一个上下文相关 Command
String getLabel( )	返回一个带 Item 对象的文本的 String 引用
int getLayout( )	返回用户用于决定 Item 对象在屏幕中位置的值
int getMinimumHeight( )	如果用户已经为 Item 对象指派了一个最小高度，那么该方法返回已用于指定最小高度的整型值
int getMinimumWidth( )	如果用户已经为 Item 对象指派了一个最小宽度，那么该方法返回已用于指定最小宽度的整型值
void notifyStateChanged( )	包括包含一个 Item 对象的 Form 对象以产生能够由 ItemStateListener( )方法处理的消息
void removeCommand(Command)	从 Item 对象中移除上下文相关的命令
void setDefaultCommand(Command)	为该 Item 对象设置默认 Command
void setLabel(String)	允许用户将文本赋予 Item 对象的标签
void setLayout(int)	允许用户关联用于该 Item 对象的布局命令。用户常常使用以位 OR 运算符连接的若干值
BUTTON	指示 Item 对象应当作为一个有界方框或按钮出现
HYPERLINK	允许用户将 Item 对象指定为一个超链接
LAYOUT_CENTER	让 Item 对象水平出现在屏幕中央，根据用户在 Form 对象中指派的位置决定垂直位置

（续）

类方法或属性	说　　明
LAYOUT_DEFAULT	用户可以使用位 OR 运算符将该值与诸如 LAYOUT_CENTER 的值连接，确保当 Item 对象进行显示定位时表单（或容器）的默认布局策略得以应用
LAYOUT_EXPAND	导致一个给定的 Item 对象扩展直到填满可用空间
LAYOUT_LEFT	导致 Item 对象出现在屏幕的左侧，垂直位置根据用户在 Form 对象中指派的位置决定
LAYOUT_NEWLINE_AFTER	如果用户为一个行指派若干 Item 对象，那么可以使用这一属性强制回车。随后的 Item 对象会出现在下一行中
LAYOUT_NEWLINE_BEFORE	将与之相关的 Item 对象强制放入下一行
LAYOUT_RIGHT	导致 Item 对象出现在屏幕的右侧，垂直位置根据用户在 Form 对象中指派的位置决定
LAYOUT_SHRINK	准许 Item 的显示缩小至预定义的最小宽度
LAYOUT_TOP	将关联的 Item 对象调整至屏幕的顶部
LAYOUT_VCENTER	将关联的 Item 对象垂直调整至屏幕的中心

10. 7　小结

　　本章研究了 Item、Form、TextField、StringItem 和 Spacer 类，并与 CommandListener 和 ItemStateListener 接口一起进行了进一步实验。此外，用户与 Font 类和 StringItem 类中诸如 getFont（ ）和 setFont（ ）方法一起工作。由于 TextField 和 StringItem 类都派生自 Item 类，因此它们共享许多常见特性。另一方面，用户使用它们的方法略有不同。StringItem 类提供了标签和字段属性，如 TextField 类相同，但是使用 StringItem 对象处理事件需要做的工作要稍多于 TextField 类中的对象。

　　如 ItemPlayTest 和 FormTextFieldTest 类中所示，Item 子类也可让用户相当容易地使用事件在对象间传递文本消息。在某些情况下，强制类型转换在此处显得格外重要。从数组中取回引用并强制类型转换后，用户可使用存储的对象调用子类特有的方法。同样地，尽管 Form 类的 get（ ）方法允许用户从 Form 对象中获得子类引用，但 append（ ）方法可向 Form 对象添加 Item 对象。由于 append（ ）方法得到重载，允许用户在将其赋予 Form 对象时使用不同的数据类型，因此它特别有效。这点可扩展到诸如 String 和 Item 的类。当用户将一个文本字符串赋予一个 Form 对象时，用户可选择取回指向字符串的引用并将其强制转换为 String 或 StringItem，用户可对其进行格式化。

第 11 章　图像与选择

　　前面的章节广泛地研究了 TextField、StringItem 和 Spacer 类的使用，期间获得了在将它们置于表单中后处理相关消息的能力。为此，用户研究了使用 ItemCommandListener 和 ItemStateListener 接口以捕获和处理事件的方法。本章将继续研究派生自 Item 类的类。本章内容包括对 ChoiceGroup 和 ImageItem 类的讨论。对这两个类的讨论提供了一种良好环境，可以开始研究与涉及到动画和图像组件的游戏中某种元素一样变得日益重要的类。这个类就是 Image 类。Image 类允许用户从文件中加载数据，生成用户 MIDlet 游戏中的固定项和活跃项。

　　图 11-1 给出本章中研究的类的层次结构。

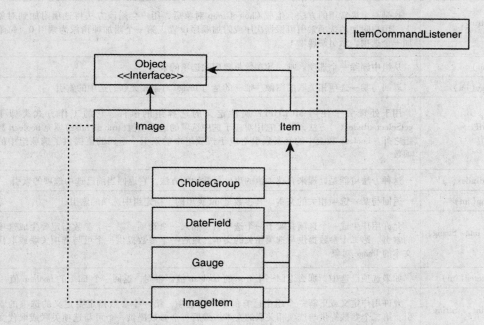

图 11-1　本章介绍的 Item 类的子类在某些方面比 TextField 和 StringItem 类要复杂

11.1　ChoiceGroup

　　ChoiceGroup 类提供了一种将一系列选择组合在一起的方法，当用户选择其中之一时，可令用户使用一个标识选择组内选项的索引获得所产生的消息。在许多方法中，ChoiceGroup 类与 List 类类似。如 ComedyChoiceGroup 类所示，当用户生成一个 ChoiceGroup 对象时，一个现成的选项可令用户一次选择一个项。换言之，单击一个单项选择按钮，会令其他选项失效。这一列表可使用

EXCLUSIVE 属性生成，它由 ChoiceGroup 类定义提供。除了单项选择外，用户还可以进行多项选择。要设置这一选项，需要使用 MULTIPLE 属性定义 ChoiceGroup 对象。表 11-1 给出 ChoiceGroup 类中可用的方法和属性汇总。

表 11-1　ChoiceGroup

方　法	说　明
ChoiceGroup(String label, int)	构造一个新的 ChoiceGroup。该构造函数接收两个参数。第一个参数是 String 类型的，统一标识组中包含的选择。第二个参数是整型值，由 ChoiceGroup 类的预定义属性提供。例如，该值确定选项组是允许多项选择、单项选择、还是换行（属性的进一步描述可参见本章后面的内容）
ChoiceGroup (String, int, String[ ], Image[ ])	构造一个 ChoiceGroup 对象。构造函数接收四个参数。第一个参数是 String 类型的，统一标识组中包含的选择。如前所述，第二个参数是 int 类型的，举例而言，可决定列表处理单项选择还是多项选择（参见表下文）。第三个参数是一个 String 类型的数组，顺序提供了组中每个选项的标签。第四个参数是一个 Image 类型的数组，（也是顺序地）提供了与选项相关联的一组图像
int append(String, Image)	这是一个最常用的方法。生成 ChoiceGroup 对象后，用户会用该方法将选项附加到对象上。用户附加的选项索引可根据次序或附加顺序设置。第一个附加项指派为索引 0。每附加一个选项，索引便递增 1
void delete(int)	从组中删除一个选项。唯一的参数是要删除选项的索引
Image getImage(int)	返回与某一选项相关联的图像。唯一的是与 Image 对象相关联的选项的索引
int getSelectedFlags (boolean[ ])	用于处理关于使用 MULTIPLE 属性定义的选择组的事件。它的工作方式类似于 getSelectedIndex( ) 方法，除了它用对应于选中选项的选择项值（true 或 false）填充 boolean 数组之外。boolean 数组中的元素索引对应于选项组中的索引。返回的值提供了选项组中的项数
int getSelectedIndex( )	这种方法可能是处理来自选项组的事件最常用的方法。它返回当前已选中选项的索引
String getString(int)	返回与某一选项相关的文本。其参数是 int 类型的，指定组中选项的索引
void insert (int, String, Image)	允许用户生成一个选项并赋予一个选项组。插入一个选项。第一个参数指定要生成选项的索引。第二个参数提供与选项相关的文本。最后一个参数提供一个可与选项关联或取代文本的 Image 对象
boolean isSelected(int)	如果选项已选中，那么返回一个 true 的 boolean 值。否则，返回一个 false 的 boolean 值
void set (int, String, Image)	允许用户定义或更新一个组中已有的带索引选项。第一个参数指定要定义的选项的索引。第二个参数提供与选项相关联的文本。最后一个参数提供一个可与选项关联或取代文本的 Image 对象
void setSelectedFlags (boolean[ ])	用于设置一个选项组中的所有值。提供的参数是一个 boolean 值的数组。boolean 数组中索引为 0 的第一个元素设置选项组中的第一个选项，其索引值也为 0。数组中的后续索引同样对应于选项组中的剩余索引。如果数组给出的索引设置过少，那么选项默认设为 false
void setSelectedIndex(int, boolean)	常常用于设置选项组中的默认选项。第一个是 int 类型的，指定要设置的选项索引。第二个参数是 boolean 类型的，决定选项显示为选中的还是非选中的。boolean 值为 true 表示选中选项

（续）

方　法	说　明
int pulic int size( )	返回选项数
EXCLUSIVE	使用这一属性，用户从 ChoiceGroup 对象提供的选项中每次只能选择一个
MULTIPLE	继承自 Choice 类。该属性允许用户每次选择一个或多个选项
POPUP	继承自 Choice 类。该属性类似于 EXCLUSIVE 属性，不同之处在于除非用户单击或以其他方法激活选项列表，否则只有当前选中的项是可见的
TEXT_WRAP_OFF	继承自 Choice 类。该属性将与组中选项相关联的文本强制限定在一行中。长于一行的文本会被截断
TEXT_WRAP_ON	继承自 Choice 类。该属性允许与选项相关联的文本在多个行中显示
项的方法和命令	要注意，用户经常与 ChoiceGroup 对象一起使用 Item 类的方法和属性。这些属性包括 LAYOUT_LEFT、LAYOUT_NEWLINE_AFTER、LAYOUT_NEWLINE_BEFORE、LAYOUT_RIGHT。这些属性可使用点运算符将其与 Item 类静态关联，例如，Item. LAYOUT_LEFT。类似地，常常使用或运算符把属性值连接在一起

11.2　ComedyChoiceGroup 类

　　用户可在第 11 章的文件夹中找到 ComedyChoiceGroup 类的两种版本，一种是单独的，另一种包含在 Chapter11MIDlets 项目文件夹中。类使用的 PNG 文件位于 Chapter11MIDlets、src 文件夹中。

　　除了关键的 MIDlet 类文件外，用户还要使用 Quotes. java 文件，它在这里作为数据文件或 RMS 对象使用。这里，应用程序中使用的信息可用数组访问，一个数组针对生成 Image 对象的文件，另一个数组针对用户选项 ChoiceGroup 对象提供的某一选项后所显示的文本。Image 对象的使用将在本章后面进行更广泛的讨论。现在，需要重点关注的仅仅是，静态 Image::createImage( ) 方法反复用于填充 Image 类型的 comdianImage 数组。图 11-2 给出开发该示例过程中 Image、Quotes 和 ChoiceGroup 类之间的关系。

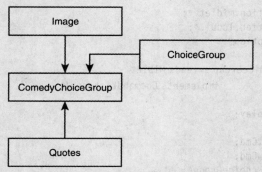

图 11-2　Image、Quotes 和 ChoiceGroup 类使得可以为 ComedyChoiceGroup 清单构造并显示消息

　　Quotes 类提供了引号集合，用于选项组中命名的一组四个喜剧演员。当用户从选项组中选择一个给定喜剧演员时，屏幕会刷新，来自喜剧演员的剧目引用会显示。图 11-3 给出 ComedyChoiceGroup MIDlet 中的一个用户会话。菜单中显示的 Image 对象在这里并不清晰。本章后面（参见 11.3 节）的示例中将会给出更多的喜剧演员的图像。

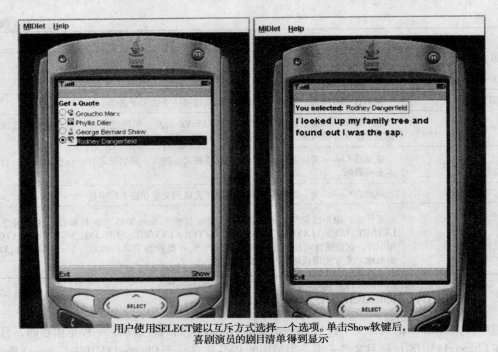

用户使用SELECT键以互斥方式选择一个选项。单击Show软键后,
喜剧演员的剧目清单得到显示

图 11-3   ChoiceGroup 对象提供了可互斥访问的选项

下面是 ComedyChoiceGroup 类的代码。代码的讨论将在后面进行。本章的后续章节将讨论
Quotes 和 Image 类。

```
*
* Chapter 11 \ ComedyChoiceGroup.java
*
*/
import javax.microedition.midlet.*;
import javax.microedition.lcdui.*;
import java.io.IOException;

public class ComedyChoiceGroup extends MIDlet
                        implements CommandListener{
  // #1
  private Display display;
  private Form form;
  private Command exitCmd;
  private Command showCmd;
  private ChoiceGroup choiceGroupA;
  private int indexInGroup;
  private int choiceGroupIndex;
  private Quotes quotes;
  private Image comedianImages[] = new Image[4];


  public ComedyChoiceGroup(){
  // #2
```

```
quotes = new Quotes();
loadImages();
display = Display.getDisplay(this);
form = new Form("");

// #3
choiceGroupA = new ChoiceGroup("Get a Quote", Choice.EXCLUSIVE);
// Append options; the second (null) argument is for an image
choiceGroupA.append("Groucho Marx", comedianImages[0]);
choiceGroupA.append("Phyllis Diller", comedianImages[1]);
// Set the default
indexInGroup =   choiceGroupA.append("George Bernard Shaw",
                                     comedianImages[2]);
choiceGroupA.append("Rodney Dangerfield", comedianImages[3]);

// Set the above choice as the initially selected option
choiceGroupA.setSelectedIndex(indexInGroup, true);

// #4
exitCmd = new Command("Exit", Command.EXIT, 1);
showCmd = new Command("Show", Command.SCREEN,2);

choiceGroupIndex = form.append(choiceGroupA);
form.addCommand(exitCmd);
form.addCommand(showCmd);
form.setCommandListener(this);
}

// Called by application manager to start the MIDlet.
public void startApp(){
  display.setCurrent(form);
}

public void pauseApp(){ }

public void destroyApp(boolean unconditional){ }

public void commandAction(Command cmd, Displayable dsp){
  // #5
  if (cmd == showCmd){
      // Build a string showing which option was selected
      StringItem textOfChoice = new StringItem("You selected: ",
            choiceGroupA.getString(choiceGroupA.getSelectedIndex()));
      System.out.println(choiceGroupA.getSelectedIndex());
      String selectedQuote = quotes.getQuote(
                        choiceGroupA.getSelectedIndex());

      // Place the String reference in a StringItem object
      StringItem itemForQuote = new StringItem(null, selectedQuote);

      // Apply formatting
      itemForQuote.setFont(Font.getFont(Font.FACE_PROPORTIONAL,
```

```
                                        Font.SIZE_MEDIUM |
                                        Font.STYLE_BOLD,
                                        Font.SIZE_LARGE));
        form.append(textOfChoice);
        form.append(itemForQuote);
        // Update the MIDlet to show the choice
        form.delete(choiceGroupIndex);
        form.removeCommand(showCmd);
    }else if (cmd == exitCmd){
        destroyApp(false);
        notifyDestroyed();
    }
}// end commandAction

public void loadImages(){
    try{
        comedianImages[0] = Image.createImage("/groucho.png");
        comedianImages[1] = Image.createImage("/phyllis.png");
        comedianImages[2] = Image.createImage("/george.png");
        comedianImages[3] = Image.createImage("/rodney.png");
    }catch(IOException ioe){
        ioe.toString();
    }//end try block
}//end loadImages

} //end class
```

11.2.1 类定义

在 ComdyChoiceGroup 类的注释#1 相关代码行中，用户首先声明了 Display、Form 和 Command 类型的类属性。在类的签名行中，用户实现了 CommandListener 接口，因此类中对象产生的事件可使用 commandAction( )方法在由 Form 对象生成的事件中得到处理，该方法由 CommandListener 接口提供。

要提供一组选项，用户需要声明一个 ChoiceGroup 类属性（comdianChoiceGroup）。要设置默认选项并处理来自选项组的消息，用户需要声明两个 int 类型的属性：defaultChoice 和 choiceGroupIndex。用户还要声明一个 Quotes 类型的对象，它是一个用于随机生成选项组中喜剧演员特征的引用属性的类。要将小图像与每个选项相关联，用户需要生成一个 Image 类型的数组（comedianImages）。

在注释#2 相关的代码行中，用户生成一个 Quotes 类的实例并将其赋予 quotes 标识符。然后用户调用 ComedyChoiceGroup 类的 loadImages( )方法，它在注释#6 的末尾代码行中定义。该方法利用 comedianImage 数组相继加载四个 ∗.png 类型的小图像。要加载图像，用户需要调用 Image::createImage( )方法。下面的示例是注释#6 后面的构造语句之一：

```
comedianImages[0] = Image.createImage("/groucho.png");
```

PNG 文件类型只不过是 createImage( )方法可利用的众多类型之一。其他类型还包括 GIF、BMP 和 JPEG 格式。createImage( )方法是静态的，并在文件数据加载时对其进行检查。要调用

createImage( )方法，如注释#6 之后的代码行所示，用户必须使用一个 try…catch( )程序块。在对 catch 参数的上下文中使用的数据类型是 IOException。要使用该类，用户必须在程序开始时包括 java. io. IOException 程序包。除非 createImage( )方法产生的潜在 IO 错误能够得到处理，否则就会产生编译器错误。Image 类的构造函数本质上被封装在 createImage( )方法中，如果构造语句失败，那么它会抛出一个具有若干可能类型的错误，其中包括 IOException。

11.2.2 ChoiceGroup 对象的定义

生成与 ChoiceGroup 元素共同使用的 Image 对象后，用户在注释#3 之后的代码行中调用 ChoiceGroup 构造函数生成 ChoiceGroup 类的一个新实例，并将其赋予 comedianChoiceGroup 标识符。该实例中 ChoiceGroup 类的构造函数需要两个参数。第一个参数是 String 类型的，设置 ChoiceGroup 对象的标题。第二个参数是 int 类型的，使用 ChoiceGroup 类中定义的某个属性。如表 11-1 所示，EXCLUSIVE 属性可用于规定用户每次只能从组中选择一个选项。

ChoiceGroup 对象构造完成后，就可以将特定选项赋予它。由四名喜剧演员名构成的选项可由 append( )方法提供。append( )方法接收两个参数，第一个参数是 String 类型的，提供选项的文本，而第二个参数是 Image 类型的。在大多数情况下，开发者不会将一个对 Image 的引用赋予一个选项，而是提供 null 作为第二个参数。下面给出了如果 Phyllis Diller 的照片超出了显示屏，那么如何使用这种语句：

```
comedianChoiceGroup. append("Phyllis Diller", null);
```

实际上，所有对 append( )方法的调用都将图像与喜剧演员相关联。下面的调用设置了一个对 Phyllis Dilller 的选项：

```
comedianChoiceGroup. append("Phyllis Diller", comedianImages[1]);
```

Image 引用可从 comedianImages 数组中提取，数组的索引标示赋予数组的 Image 类型的连续对象。

注意：

如果用户不修改默认的字体或格式设置，那么 ChoiceGroup 可以适用的 Image 对象的宽和高在标准显示表中一般应在 10 像素左右。图 11-3 给出了用户进行缺少设置的示例。

除了为组设置选项，用户还可以设置一个特定选项作为默认选项。如果没有定义默认选项，那么默认选项就是列表中的第一个选项。要设置一个不同的选项，可进一步使用 append( )方法。append( )方法返回用户用它赋予一个组的每个新项的索引值，因此，在注释#3 后面的代码行中，用户会看到下面的语句：

```
defaultChoice = comedianChoiceGroup. appen("George B. Shaw", comedianImages[2]);
```

这次对 append( )方法的调用会返回与 G. B. Shaw 选项相关联的索引值，它赋予 defaultChoice 标识符。几行之后，用户调用 setSelectedIndex( )方法构建 Shaw 选项作为默认选项。用户使用赋予 defaultChoice 的值作为传递给方法的第一个参数。第二个参数是 boolean 类型的，用于将 true 值与选项相关联：

```
comedianChoiceGroup. setSelectedIndex(defaultChoice, true);
```

如果用户将选中的索引设置为 true，那么该选项对应的按钮将激活，如图 11-3 所示，而且，在使用 EXCLUSIVE 属性的选项组中，用户以这种方式定义的选项会成为默认选项。如果用户设置索引值为 false，那么 ChoiceGroup 对象将查找所有其他可能设置为 true 的选项。如果找到一个，那么它会将组中的第一个选项设置为默认选项。

ChoiceGroup 对象得到完全定义使得它代表的每个选项都包含一个提供了喜剧演员名的文本和一张喜剧演员的小照片并且将 G. B. Shaw 设置为默认选项后，用户就可以进行调用 Form::append( ) 方法向 MIDlet 的 Form 对象添加整个选项组，如注释#4 前一行代码所示。该方法的参数为 comedianChoiceGroup 标识符。

11.2.3 消息处理

如 ComedyChoiceGroup 类的注释#4 之后的代码行所示，Command 构造函数得到两次调用以生成 Command 类的实例，并赋予 exitCmd 和 showCmd 属性。addCommand( ) 方法随后用于向表单添加指向这些命令的引用。此外，setCommandListener( ) 方法得到调用，以构建针对 MIDlet 的 form 属性的一般消息处理功能。

对 ComedyChoiceGroup 类的消息处理发生在 commandAction( ) 的作用域内，该方法在注释#5 的相关代码行中定义。在这里，如注释#5 之后的代码行所示，用户广泛利用 comedianChoiceGroup 对象来调用两个 ChoiceGroup 方法：getString( ) 和 getSelectedIndex( )。getSelectedGroup( ) 方法处理 Form 对象产生的消息，以确定触发 showCmd 事件时 ChoiceGroup 中被选中的选项索引。getSelected( ) 方法返回选项的整数索引值。由于 getString( ) 方法接收一个指定 ChoiceGroup 对象中选项的 int 值作为参数，因此用户有办法容易地获得指定选中选项的文本。

getString( ) 方法返回一个 String 类型的值。该值用于生成一个 StringItem 对象（nameOfChoice），用户可用于显示选中喜剧演员的名字。String 参数是 StringItem 类的构造函数的第二个参数。它的第一个参数也是 String 类型的，在这里，用户给出的是一个文本字符串"You selected:"。

除了用它获得指示选中喜剧演员的文本外，用户还调用 getSelectedIndex( ) 方法为 Quotes::getQuote( ) 方法提供参数。该方法的参数是标识需要引用的喜剧演员的一个索引。在这一类的系统中设置时，ChoiceGroup 对象中定义的喜剧演员索引对应于 Quotes 类中定义的喜剧演员的索引。

注意：

> ComedyChoiceGroup 和 Quotes 类是密切相关的，因此必须要检查这两个类以获知 ChoiceGroup 对象中标识的喜剧演员名所对应的索引值和 Quotes 类中标识的喜剧演员名。当然，索引在这两个地方是相同的，但是，很显然，这一情形为修订提供了机会，可以使用 RMS 容器进行查找。

11.2.4 格式化字体并显示结果

如注释#5.1 所示，从 Quotes 类中随机选中并赋予 String 对象的引用（retrievedQuote）可用于生成另一个 StringItem 对象：quoteForDisplay。该 StringItem 对象让用户使用 StringItem 类的 setFont( ) 方法对消息字体进行格式化成为可能，如可令其扩大到容易阅读，如图 11-4 所示。

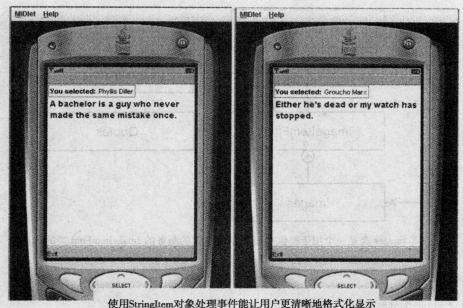

使用StringItem对象处理事件能让用户更清晰地格式化显示

图 11-4 使用 ChoiceGroup 对象的索引获取消息

setFont（）方法接收一个 Font 对象作为参数，而要提供这种对象，则需要调用 Font∷getFont（）静态方法。在这里，用于定义 Font 对象的参数与第 10 章中的参数相同。使用的值涉及到字体、字号和字形，而结果字体比默认字体更大、更黑。

格式化字体后，调用 Form 类的 append（）方法将两个 StringItem 对象（nameOfChoice 和 quoteForDisplay）附加到 form 标识符上再次成为可能。之后，用户可以调用 Form∷delete（）方法移除选中的索引。用户还调用了 Form∷removeCommand（）方法将 showCmd 从 Form 对象中移除。这些方法在执行选择后清除 MIDlet，允许用户在看完显示的笑话后返回初始菜单。

11.2.5　Quotes 类

如图 11-5 所示，Quotes 类与 ComedyChoiceGroup 类联合用于为包含 Rodney Dangerfield、Groucho Marx、Phyllis Diller 和 G. B. Shaw 的喜剧演员特定集合提供随机选中的引用。用于提供引用的方法涉及到获取一个代表 ComedyChoiceGroup 类中 ChoiceGroup 对象中某个喜剧演员的索引值，然后用它标识 Quotes 类中相同的喜剧演员。在 Quotes 类中，引用存储在 Vector 容器中。这个类与 ComedyChoiceGroup 类一样单独提供，并在第 11 章源代码文件夹中提供 NetBeans 版本。大部分代码描绘的项在前面章节中已经包含，但为了复习仍然将它们包含在内。进一步的讨论将在代码后面进行。

```
/*
 * Chapter 11 \ Quotes.java
 *
 */
import javax.microedition.midlet.*;
import javax.microedition.lcdui.*;
```

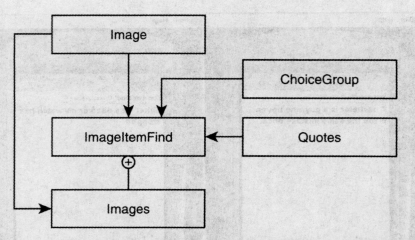

图 11-5　Images 类是一个用于提供类型于 Quotes 类的服务的 ImageItemFind 类的内部类

```
import java.util.*;

public class Quotes {
    // #1
    private Vector Groucho;
    private Vector Phyllis;
    private Vector George;
    private Vector Rodney;
    private final int NUMSPEAKERS = 4;
    private int randInt;
    private Random random;
    // #2
    public Quotes(){
        random  = new Random();
        Groucho = new Vector();
        Phyllis = new Vector();
        George  = new Vector();
        Rodney  = new Vector();
        makeQuotes();
    }
    // #3
    private String findQuote(Vector vect){
        int ctr;
        ctr = random.nextInt(vect.size());
        return vect.elementAt(ctr).toString();
    }
    // #4
    public String getQuote(int speaker){
        StringBuffer quote = new StringBuffer();
        int ctr;
        if(speaker > NUMSPEAKERS-1 || speaker < 0){
          speaker = 0;
```

```
            }
        switch(speaker){
           case 0:
                quote.append(findQuote(Groucho));
               break;

           case 1:
                quote.append(findQuote(Phyllis));
               break;
           case 2:
                quote.append(findQuote(George));
           break;
           case 3:
                quote.append(findQuote(Rodney));
           break;
               default:
               quote.append("Not found");
       }//end switch
       return quote.toString();
   }//end getQuote


// #5
private void makeQuotes(){
       Groucho.addElement("Either he's dead or my watch has stopped.");
       Groucho.addElement("And I want to thank you for all the " +
                           "enjoyment you've taken out of it.");
       Groucho.addElement("I don't care to belong to a club that " +
                           "accepts people like me as members. ");
       Groucho.addElement("I must confess, I was born at a very early age.");
       Groucho.addElement("I worked my way up from nothing " +
                           "to a state of extreme poverty. ");
       Groucho.addElement("No man goes before his time - " +
                           "unless the boss leaves early. ");

       Phyllis.addElement("A bachelor is a guy who never made " +
                           "the same mistake once.");
       Phyllis.addElement("A smile is a curve that sets " +
                           "everything straight. ");
       Phyllis.addElement("Aim high, and you won't shoot your foot off. ");
       Phyllis.addElement("Any time three New Yorkers get into a cab " +
                           "without an argument, a bank has just been robbed.");
       Phyllis.addElement("Best way to get rid of kitchen odors: Eat out.");
       Phyllis.addElement("Cleaning your house while your kids are still "+
                           "growing is like shoveling the sidewalk before " +
                           "it stops snowing." );

       George.addElement("A government that robs Peter to pay Paul" +
                           "can always depend on the support of Paul. ");
       George.addElement("All great truths begin as blasphemies. ");
       George.addElement("Baseball has the great advantage over cricket" +
                           " of being sooner ended. ");
```

```
George.addElement(
        "If all the economists in the world were laid end to end, " +
        "they wouldn't reach any conclusion. ");
George.addElement("My reputation grows with every failure. ");
George.addElement("One man that has a mind and knows it can " +
                  "always beat ten men who haven't and don't.");


Rodney.addElement("When I was born I was so ugly the doctor " +
                  "slapped my mother.");
Rodney.addElement("I could tell that my parents hated me. My bath " +
                  "toys were a toaster and a radio.");
Rodney.addElement("I get no respect. The way my luck is running, " +
                  "if I was a politician I would be honest.");
Rodney.addElement("I have good looking kids. Thank goodness " +
                  "my wife cheats on me.");
Rodney.addElement("I haven't spoken to my wife in years. " +
                  "I didn't want to interrupt her.");
Rodney.addElement("I looked up my family tree and found " +
                  "out I was the sap.");
    }
}
```

11.2.6 构造与定义

Quotes 类的注释#1 相关代码行中声明了四个 Vector 类型的属性，每个属性由一名喜剧演员的名字来标识。这种清楚设置数据检索的非正式方法在工业设置中有待改进，但是，为了当前需要，对术语的熟悉会令练习更易于理解。除 Vector 对象集合外，用户还拥有一个常数作为最终值：NUMOFSPEAKERS，它是一个 Random 类型的属性。为了管理随机生成的值，还需要定义一个 int 类型的属性：randInt。

注释#2 后的类构造函数代码行中，用户生成 Random 和 Vector 类的实例并将其赋予类属性。用户还调用了 makeQuotes( )方法。makeQuotes( )方法在注释#5 后面的代码行中定义，它包含由 Vector 对象对 addElement( )方法的所有重复调用。该方法接收派生自 Object 的任意类型的类属对象，因此，在这里作为参数提供的文本字符串隐式地被转换为类属对象。

注意：

Vector 类的使用方法在不同 Java 版本中是不同的。现在定义 Vector 类可令其使用一个模板构造函数。构造函数允许用户指定构造的类型，因此，当从 Vector 取回数据时没有必要强制类型转换数据。如前面章节所述，类属集合使用下列类型的构造函数：

```
Vector < String > vector = new Vector < String > ();
```

Quotes 类的注释#2 中定义了 findQuote( )方法，它不是一个类的公共接口的特性。与 makeQuotes( )类似，它提供了一种用于随机获取引用的服务，它接收一个指向 Vector 的引用作为参数并返回一个从 Vector 对象中随机选择的元素。为了选择一个元素，它使用 Vector∷size( )方法确定 Vector 对象包含的元素数。size( )方法返回的值是 int 类型的，在这里用作设置 Random∷nextInt( )的范围，该方法自己返回一个值，值的范围由 0 到 size( )给定的最大数。由于 Vector 的大小等于 Vector 中项的数目并且不是最大的索引值，因此它可用于建立一个包含 Vector 中所有元素的范围，它类似于带有以 0 起始的索引的数组。随机生成的值赋予 ctr 标识符。

如构造函数的模板样式中所提到的，用于 Vector 类的 MIDP 2.0 所提供的构造语句的类型规定，当用户为一个 Vector 对象指派一个引用时，Vector 对象接收它作为 Object 类的子类。为此，使用 elementAt( )方法（它使用赋予 ctr 的值作为参数）从 Vector 对象获得引用后，用户必须使用 toString( )方法将获得的值转换回一个字符串。该值然后由 findQuote( )方法返回。

除了构造函数外，Quotes 类提供的唯一公共方法就是 getQuotes( )。该方法接收一个 int 类型的参数，返回一个 String 类型的值。在这里，用户定义了一个 StringBuffer 类型的本地标识符。StringBuffer 标识符的定义是预防措施的一部分。因此，该方法总返回一个合法的引用，即使它是空的。要将文本赋予 quote 标识符，该方法的参数用于选择一个发言者。switch 语句为每位发言者提供了一种情况。由于用于标识喜剧演员的 case 语句的数目在浏览过用于定义 ComedyChoiceGroup 类中 ChoiceGroup 对象的 append( )方法的调用集后即可确定，因此它等于 ChoiceGroup 对象的索引值。

StringBuffer::append( )方法允许用户为 StringBuffer 对象指派一个长度不定的字符串文本，它与 String 对象不同，其长度在构造完成后可以增长。接下来，程序流会遍历 case 语句，使用索引号定位适当的喜剧演员，然后使用 findQuote( )方法从作为参数提供的 Vector 中获得一个引用，并将获得的文本存储在 quote 标识符中。StringBuffer::toString( )方法随后可用于将文本转换为 String 类型，令它可由该方法返回。

11. 2. 7 ImageItem 与 Image

如图 11-5 所示，ImageItem 类与 Image 类相关联。ImageItem 类的主要目的是为用户提供一种模式化和显示 Image 对象的便捷方法。这种关系如表 11-2 所示，它给出 ImageItem 构造函数的两种重载版本。两种构造函数都使用 Image 类型的参数。一般而言，ImageItem 类的主要目的是在显示它们时方便管理 Image 对象。在这里，它们提供的格式化功能是非常宝贵的，并为用户提供了一种方法，可分隔为展示而准备的图像（将 Image 类居中的动作）并格式化 Form 对象提供的上下文中为显示而准备好的图像（将 ImageItem 类居中的动作）的方法。

表 11-2　ImageItem 类的方法和属性

方　　法	说　　明
ImageItem（String，Image，int，String）	生成一个带四个参数的新 ImageItem 对象。第一个参数是 String 类型的，为 ImageItem 对象提供一个标签。该标签恰好出现在 ImageItem 屏幕中 Image 对象上方。第二个参数是 Image 类型的，提供了 ImageItem 对象用于显示的图像对象。第三个参数提供了用于格式化 ImageItem 显示的预定义值。最后一个参数提供了在代表 Image 不存在的事件中可显示的文本
ImageItem（String，Image，int，String，int）	构造函数的这一版本允许用户生成一个带五个参数的 ImageItem。第一个参数为 ImageItem 对象提供了一个标签，它在显示时出现在对象上方。第二个参数提供了一个针对要显示的 ImageItem、Image 类型的图像或图示项。第三个参数是 int 类型的，在 ImageItem 类中定义（参数下面的列表）。第四个参数是 String 类型的，提供了当没有 Image 对象可用于显示时的备用文本。最后一个参数指定外观模式。外观模式是 Item 类中定义的整型值，包含诸如 Item. BUTTON 和 Item. HYPERLINK 的属性

（续）

方　法	说　明
Image getImage( )	返回一个已赋予 ImageItem 对象的 Image 对象的引用
void setImage(Image)	允许用户为一个 ImageItem 对象指派一个 Image 对象。如果指派已完成，用户还可用它更改一个 Image
int getLayout( )	该方法返回对应于用户赋予 ImageItem 对象的 ImageItem 布局属性的整型值
void setLayout(int)	允许用户为 ImageItem 对象指派布局值。这些值在 ImageItem 类中定义，参见列表下文
String getAltText( )	若有的话，则提供文本作为 ImageItem 给出用于 Image 对象的占位符
void setAltText(String)	允许用户更改赋予 ImageItem 对象的备用文本
LAYOUT_DEFAULT	导致设备提供用于 ImageItem 对象的布局定位的默认调整
LAYOUT_CENTER	水平居中 Image 对象
LAYOUT_RIGHT	调整 Image 对象使之与 ImageItem 的右边界对齐
LAYOUT_LEFT	调整 Image 对象使之与 ImageItem 的左边界对齐
LAYOUT_NEWLINE_AFTER	在 ImageItem 后附加一个换行符
LAYOUT_NEWLINE_BEFORE	在显示 ImageItem 之前插入一个换行符

如 ComedyChoiceGroup 类中部分代码所示，Image 对象可与 ChoiceGroup 对象一起使用。它们还可与 ImageItem 对象及诸如 Alert、Choice 和 Form 类生成的对象一起使用。因此，要对 Image 类进行进一步地检验。表 11-3 给出了 Image 类的某些特性的概要讨论。

表 11-3　Image 类的方法和属性

方　法	说　明
Image createImage(byte[ ] , int , int)	从一个 PNG 格式的字节数组中生成一张不可变的图像
Image createImage(Image source)	从另一张图像生成一个不可变的图像
Image createImage(int width, int height)	生成一张带固定宽高的可变图像缓存
Image createImage(Stirng)	使用源文件的名字生成一张可变图像
Image createImage(Image, int x, int y, int width, int height, int transform)	允许用户从一张图像生成另一张图像。第一个参数是 Image 类型的，允许用户指定一张不可变图像。接下来的四个参数允许用户指定一块区域，用户可在其中将该 Image 对象复制到一个新 Image 对象。最后一个参数是 int 类型的，由 Sprite 类中定义的值给定
Graphics getGraphics( )	返回一个图像对象，允许用户使用调用该方法的 Image 对象上的 Graphics 方法
int getHeight( )	返回 Image 对象的高度，以像素为单位
int getWidth( )	返回 Image 对象的宽度，以像素为单位
boolean isMutable( )	决定图像是否是可变的。如果是可变的，那么通过将它作为 createImage( ) 方法的参数并将返回的引用赋予一个 Image 标识符即可让它成为不可变的

（续）

方　　法	说　　明
Sprite. TRANS_ROT90	将特定 Image 对象的选中区域顺时针旋转 90 度
Sprite. TRANS_ROT180	将 Image 对象的选中区域旋转 180 度
Sprite. TRANS_ROT270	将 Image 对象的选中区域顺时针旋转 90 度
Sprite. TRANS_MIRROR	相对其垂直轴反射一个 Image 对象

注意：

就表 11-3 使用的某些方法和术语而言，当 Image 对象的像素完全不透明时，它是可变的。在实践中，这关系到一个 Image 是否能够具有透明背景。图像要具有透明背景，它在某种程度上必须是不可变的。不可变的图像是不透明、透明和半透明像素的结合。

转换、镜像、旋转和其他这类 Image 对象超出了本章的讨论范围。但是，在下面的章节中，Image 对象在 Sprite 对象中使用，Sprite 对象在动画游戏中用于着色，这些章节要受到格外的关注。

除了 Image 和 ImageItem 类之间的紧密关联，当用户构造一个 ImageItem 对象时，无需提供对 Image 对象的引用。例如，用户可以提供带有一个 null 参数的构造函数以替代对 Image 对象的引用，以后再提供引用。通过调用 setImage( ) 方法可提供一个 Image 引用。下面是一个带四参数的 ImageItem 构造函数示例，其中 Image 引用的部分用 null 代替。该示例由在本章下一节中讨论的 ImageItemFind 类中提供的代码建模。

```
for(int ctr = 0; ctr < fileNames.length; ctr++ ){
    // #a Construct the Image obect
    imageToLoad = Image.createImage(fileNames[ctr]);
    // #b Constructor with null Image argument
    imageItem = new ImageItem(null, null,
                            ImageItem.LAYOUT_CENTER,
                            String.valueOf(ctr));
    // #c Image object reference provided afterward
     imageItem.setImage(imageToLoad);
    //Assign the ImageItem objects to a Vector object
    images.addElement(imageItem);
}
```

在该示例中，回顾了 ImageItem 构造函数（参数注释#b），第一个参数是 Stirng 类型的，为 ImageItem 对象提供了一个标签。第二个参数是 Image 类型的，提供了 ImageItem 对象用于显示的图像对象。第三个参数提供了用于格式化 ImageItem 显示的预定义值。最后一个参数在没有 Image 对象可显示是用作它的替代。该参数是 String 类型的。

在这里，第二个参数要求一个 Image 对象的引用，最初被设为 null。这样不会产生问题。本质上，如果 ImageItem 对象没有 Image 对象，那么它或多或少地可用作 Form 对象中的占位符。但是，如注释#c 之后的代码行所示，ImageItem::setImage( ) 方法在 ImageItem 对象构造后得到调用，用 Image 对象的引用填充 ImageItem 对象。如表 11-2 所示，setImage( ) 方法允许用户更改与 ImageItem 对象相关联的 Image 对象。

11.3   ImageItemFind 类

作为以 ComedyChoiceGroup 为起点的进一步工作，ImageItemFind 类提供了进一步使用 Image 类的示例。在这一设置中，用户向引用添加一张照片，提供了 MIDlet 的用户以及喜剧演员和来自喜剧演员剧目的代表作。要实现该类，用户要再次使用 Quotes 类，但用户可使用一个内部类 Images，除了该类中没有提供随机选项之外，它提供的服务大致与 Quotes 类相同。该类加载那些提供用于生成 Image 对象的数据的文件，随后可根据 Image 对象在数组中的位置调用它。

如前面的示例所示，获得选中的 ChoiceGroup 列表的索引的能力允许用户从 Images 类中获得一个 Image 对象、从 Quotes 类中获得一个 String 对象。关于 Form 对象和 CommandListener 接口，这些并行的动作可让用户同时研究 ImageItem、ChoiceGroup 和 StringItem 类的功能。图 11-6 给出工作中的 ImageItemFind 类的接口。

图 11-6   ImageItem 和 StringItem 对象提供来自选中喜剧演员的描述和代表引用

与本章中的其他类一样，用户可以在第 11 章的源代码文件夹中找到 ImageItemFind 类，它还包含在 NetBeans Chapter11MIDlets 项目中。应用程序的动作涉及到的动作与对 ComedyChoiceGroup MIDlet 的操作相同。用户在选项组列表中选择一位喜剧演员，然后按下 F2 或激活左软键可查看照片和引用。下面是 ImageItemFind 类的代码。下面的章节将讨论该代码。

```
/*
 * Chapter 11 \ ImageItemFind.java
 *
 */

import javax.microedition.midlet.*;
import javax.microedition.lcdui.*;
```

```java
import java.io.IOException;
import java.util.*;

public class ImageItemFind extends MIDlet
                        implements CommandListener{
  // #1
  private Display display;
  private Form form;
  private Command exitCmd;
  private Command showCmd;
  private ChoiceGroup choiceGroupA;
  private int defaultChoice;
  private int choiceGroupIndex;
  private Images images;
  private Quotes quotes;

  public ImageItemFind(){
    // #2
    quotes = new Quotes();
    images = new Images();

    display = Display.getDisplay(this);
    form = new Form("Comedians and Their Lines");
    choiceGroupA = new ChoiceGroup("Comedians", Choice.EXCLUSIVE);
    // Append options; the second (null) argument is for an image
    choiceGroupA.append("Groucho Marx", null);
    choiceGroupA.append("Phyllis Diller", null);
    // Set the default
    defaultChoice =   choiceGroupA.append(
                      "G. B. Shaw", null);
    choiceGroupA.append("Rodney Dangerfield", null);

    // Set the above choice as the initially selected option
    choiceGroupA.setSelectedIndex(defaultChoice, true);

    exitCmd = new Command("Exit", Command.EXIT, 1);
    showCmd = new Command("Show", Command.SCREEN,2);

    choiceGroupIndex = form.append(choiceGroupA);
    form.addCommand(exitCmd);
    form.addCommand(showCmd);
    form.setCommandListener(this);
  }

  // Called by application manager to start the MIDlet.
  public void startApp()
  {
    display.setCurrent(form);
  }

  public void pauseApp()
  { }
```

```
public void destroyApp(boolean unconditional)
{ }


// #3
public void commandAction(Command cmd, Displayable s){
  if (cmd == showCmd){
    //Obtain the index value of the selection
    int selectedValue = choiceGroupA.getSelectedIndex();
    // #3.1
    StringItem textOfChoice = new StringItem("Comedian's name: ",
                              choiceGroupA.getString(selectedValue));
    form.append(textOfChoice);

    System.out.println(selectedValue);
    // # 3.2
    ImageItem pictureToShow = new ImageItem(
                            images.getFileName(selectedValue),
                            images.findImage(selectedValue),
                            ImageItem.LAYOUT_CENTER,
                            String.valueOf(selectedValue));

    form.append(pictureToShow);

    StringItem textOfJoke = new StringItem("Quote: \n",
                            quotes.getQuote(selectedValue) );
    textOfJoke.setLayout(Item.LAYOUT_LEFT |Item.LAYOUT_DEFAULT);
    textOfJoke.setFont(Font.getFont(Font.FACE_PROPORTIONAL,
                                    Font.SIZE_MEDIUM |
                                    Font.STYLE_BOLD,
                                    Font.SIZE_LARGE));
    form.append(textOfJoke);

    // Update the MIDlet to show the choice
    form.delete(choiceGroupIndex);
    form.removeCommand(showCmd);
  }
  else if (cmd == exitCmd){
    destroyApp(false);
    notifyDestroyed();
  }
}
// #4 ================================

  //Inner class
  public class Images{
      private Vector images;
      private final int CHOICES = 4;
      private String[] fileNames = new String[CHOICES];
  //   ImageItem imageItem;
      Image imageToLoad;
      // #4.1
      Images(){
```

```
                images = new Vector();
                setFileNames();
                try{
                // // #4.2 Construct the ImageItem objects
                    for(int ctr = 0; ctr < fileNames.length; ctr++ ){
                        imageToLoad = Image.createImage(fileNames[ctr]);
                        images.addElement(imageToLoad);
                    }
                }catch(IOException ioe){
                    System.out.println("Unable to load image.");
                }
            }//end ctr

            // #5
            private void setFileNames(){
                fileNames[0] = "/grouchoL.png";
                fileNames[1] = "/phyllisL.png";
                fileNames[2] = "/georgeL.png";
                fileNames[3] = "/rodneyL.png";
            }

            // #6
            public String getFileName(int index){
                StringBuffer fileName = new StringBuffer();
                if(index > fileNames.length || index < 0){
                    fileName.append("Not found");
                }else{
                    fileName.append( fileNames[index] );
                }
                return fileName.toString();
            }

            // #7
            public Image findImage(int item){
                return (Image)images.elementAt(item);
            }
        }// end Inner class
        //=================================
} //end outer class
```

11.3.1　构造与定义

在 ImageItemFind 类的注释#1 之后的代码行中，用户声明了 Display、Form、Command 和 ChoiceGroup 类型的属性。随后，用户声明了两个属性，当用户从 ChoiceGroup 对象在初始显示中提供的列表中选择喜剧演员名字时，允许用户使用 ChoiceGroup 对象产生的索引值，如图 11-7 所示。在接口的这一迭代中，小 Image 对象不再包含在 ChoiceGroup 列表中。

设置类的基本接口特性后，用户声明了 Images 和 Quotes 类型的属性(images 和 quotes)。Quotes 类已经包含在本章中。Images 类仍可处理。Images 类提供了一种在 ImageItem 对象提供的上下文中获得用于显示的 Image 对象的简易方法。

在注释#2 的相关代码行中，用户继续进行 Quotes 和 Images 对象的构造。然后，用户构造应用程序的显示特性。此外，用户使用 Form 对象的构造，为显示提供了标题"Comdedians and Their Lines"。MIDlet 包括一个 ChoiceGroup，它提供了一系列四名喜剧演员。通过将 append( )方法返回的值赋予 defaultChoice 属性，用户可捕获索引值用作默认设置。要建立默认设置，用户要调用 setSelectedIndix( )方法，提供赋予 defaultChoice 的值作为其唯一的参数。

通过调用 addCommand( )和 setCommandListener( )方法设置完 Form 对象的命令和事件处理器后，用户随后可继续处理 ChoiceGroup 选择产生的消息。注释#3 末尾的代码行使用两个 StringItem 对象和一个 ImageItem 对象，允许用户访问由 Quotes 和 Images 类提供的数据。来自前面 commandAction ( )方法的迭代代码在该示例中得到重构。现在，与其重复地调用 getSelectedIndex( )方法，不如只调用一次，并将返回的值赋予 selectedValue 标识符，它是 int 类型的。

11.3.2　获得 Image 并定义 ImageItem

在注释#3.1 相关的代码行中，用户使用 selectedValue 标识符作为几种方法的参数。首先，用户将它的值提供给 ChoiceGroup::getString( )方法，在这里它用于获得选中喜剧演员的名字。该喜剧演员的名字位于 StringItem 对象的构造中并带有一个"Comedioan's name"的标签。接下来，调用 println( )方法打印出命令行的测试输出后，用户会继续使用 Image 类的方法。

Images 类将在下一节中进行详细描述。目前只要注意到 Images 类的 getFileName( )方法返回用于生成一个 Image 对象的源文件名就足够了。如图 11-7 所示，用户可看到该文件名恰好出现在屏幕中喜剧演员的照片上方。如注释#3.2 后面的代码行所示，getFileName( )方法接收一个 int 类型的参数，而 selectedValue 标识符提供了这一值。返回的文件名成为用于显示喜剧演员照片的 ImageItem 对象(pictureToShow)的构造函数的第一个参数。

作为针对 pictureToShow 对象的 ImageItem 构造函数的第二个参数，用户可调用 Images:: findImage( )方法，它返回对应于指定喜剧演员的 Image 对象。再次强调的是，该方法接收一个 int 类型的参数，赋予 selectedValue 的值可满足它。

对于 ImageItem 构造函数的最后两个参数，用户提供了一个来自 ImageItem 类的预定义值 (LAYOUT_CENTER)。该值令 ImageItem 对象将 Image 对象显示在显示区域的水平中央。作为最后一个参数，用户可使用 selectedValue 标识符作为 String 类的 valueOf( )方法的参数，该方法返回一个 String 引用，如果 Image 对象不适用于显示 ImageItem 对象，那么该引用提供用于显示的文本作为备用。

全部定义完 pictureToShow 对象后，用户调用了 Form::append( )方法，将 pictureToShow 对象添加到表单中。在这里，用户继续生成一个 StringItem 对象的实例。用于生成对象的构造函数只需要两个参数。第一个参数涉及到一个文字字符串"Quote：\ n"，它引入喜剧演员。第二个参数由 Quotes::getQuote( )方法返回的值满足，该方法提供随机选中的喜剧演员的一段笑话。在这里，selectedValue 标识符标示随机选中的笑话所属的喜剧演员。

为了增加第二个 StringItem 对象所显示文本的清晰度，用户调用了 StringItem::setFont( )方法，用与 MIDlet 的前一迭代中使用的相同参数集填充。StringItem 对象的构造后，用户再次调用 append( )方法将它添加到 Form 对象中。定义了三个 Item 子类对象后，用户调用 Form 类的 delete( )方法和 removeCommand( )方法，在用户进行一次选择后清除 MIDlet 显示。

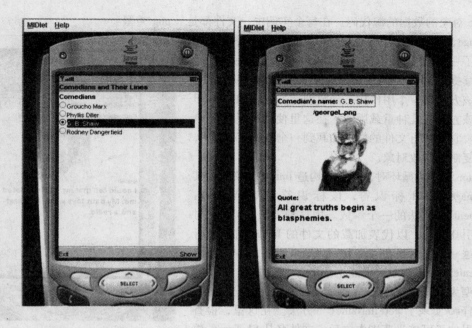

图 11-7　ChoiceGroup 对象提供了迭代的主要形式

11.3.3　作为内部类的 Image

为了提供用于显示而访问 Image 对象的一种简易方法，用户将 Images 实现为一个内部类。该类可能只简单地实现为一个单独的类，如 Quotes 类，但假设类很简洁，那么它作为内部类可良好工作。如图 11-8 所示，其主要目的是提供一种方法，将包含图形化数据的文件加载至 Image 对象中。

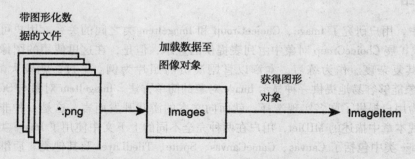

图 11-8　内部类从 PNG 文件中获取用于显示的数据

Images 类的实现从注释#4 的相关代码行开始。为了容纳 Image 对象集，用户声明了一个 Vector 类型的类属性（images）。定义了常数 CHOICES 并为其指派值 4 后，用户生成一个 String 类型的数组 fileNames，用于存储提供用于生成 Image 对象的图形化数据的文件名。用户还定义了一个 Image 属性，在生成存储在图像 Vector 对象中的 Image 引用所需的一般性操作中使用。

在与注释#4 相关的代码行中，用户构造了 Vector 对象 images，并随后调用 setFileNames( )方法。该方法在注释#5 之后的代码行中定义，它用于填充 fileNames 数组的文本字符串代表用于生成 Image 对象的数据的源代码。在每个实例中，文件都是 *. png 类型。

　　Image 对象的构造位于注释#4.2 之后的代码中，其中实现了一个 for 循环语句，在 fineNames 数组上进行迭代，陆续提供文件名作为 Image∷createImage（）方法的参数。该方法是一个用作构造函数静态方法。如表 11-3 所示，该方法有几种重载版本，在这里使用的是最简单的一种。它将来自文件的数据加载到一个 Image 对象中，而不是复制或修改对象。

　　当 for 程序块循环时，程序流构造 Image 对象并将其赋予 imageToLoad 标识符，该标识符用作 Vector∷addElement（）方法的一个参数。用这种方法，Vector 对象从索引 0 开始，以代表加载的文件的 Image 对象进行填充。这一动作封装在一个 try...catch 程序块中，并包括了 createImage（）方法可能生成的错误。catch 子句的错误类型为 IOException。

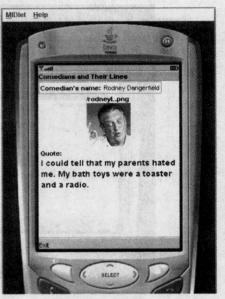

　　注释#6 实现了 getFileName（）方法。在这里，检查确保索引位于可接受范围内之后，文件名从 fileNames 数组中取回并作为一个 String 值返回。用这种方法，取回用于生成 Image 对象的源文件名成为可能。在注释#7 的

图 11-9　ImageItem 对象容易地
给出用于显示的图像

相关代码行中，findImage（）方法在相同代码行中使用 item 参数提供的整型值作为 Vector∷elementAt（）方法的一个参数。该方法返回一个 Object 类型的引用，在返回之前必须强制类型转换为 Image 类型。图 11-9 给出了另一种显示。

11.4　小结

　　在本章中，用户研究了 Image、ChoiceGroup 和 ImageItem 类之间的关系。用户可以使用小型的 Image 对象扩展 ChoiceGroup 对象中由列表提供的显示，但是，在这里使用的图像的小规模要求用户限制其复杂度。作为练习，本章以喜剧演员的照片为例。不过，就较大的显示而言，ImageItem 对象能够容易地提供一种显示 Image 对象的简单方法。ImageItem 对象与 StringItem 对象联合使用，为用户提供了许多实现选择。就面向文本的游戏开发而言，这是一种非常宝贵的工具。为了实现本章中描述的 MIDlet，用户在两种完全不同的上下文中使用了 Image 类。随后进一步使用的 Image 类中包括了 Canvas、GameCanvas、Sprite、TiledLayer 及其他类。后继章节将详细地讨论它们的用法。

第 12 章　Gauge 类、Calendar 类与 Date 类

前面章节中学习过 ChoiceGroup、ImageItem 和 Image 类后，读者在本章将把研究范围扩展到另两个 Item 类：DateField 和 Gauge，并增加了其中与 Item 类的子类相关的其他练习。作为对使用 DateField 类的补充，探讨 Date、Calendar 和 TimeZone 类是非常有用的。这些类由 Object 类派生，让用户在实现 Image 类的同时在多个方向上进行工作成为可能。除了日期和时间问题外，用户还将研究 Canvas 和 Graphics 类。使用这两个类之前要预先考虑 Game API 中的几个类，如 Sprite 和 GameCanvas。它们同样为用户提供一种很好的方法，当用户在处理图像动作时能够使用 paint( ) 方法进行定制。Image 和 Graphics 类给出的特性为用户提供从面向文本开发转向图形化开发领域的基础。

12.1　Calendar 类与 Date 类

在讨论 DateField 类之前，复习一下派生自 Object 类的 Calendar 类是很有帮助的。当用户执行涉及到时间和日期信息的编程动作时，Calendar 类是用户要使用两个重要类之一。在这里，另一个重要的类是 Date。TimeZone 类对这两个类进行了补充。Calendar 和 Date 类提供了相当复杂的对象。例如，Calendar 类提供了一种日历，用户可以通过滚动查找过去或未来的特定日期。当使用 Calendar 对象时，用户可以将光标定位在日期上，然后生成一个可用多种方法进行处理的事件从而激活日期。

用户可以使用 date 类生成的一个引用来初始化 Calendar 对象，还可以使用 TimeZone 类来调整时区。CalendarFortune 类利用 Calendar 和 Date 类探讨了若干种与这两个类相关的方法。本章结合这些信息，研究了一些预定义值的扩展列表。这些预定义的值允许用户设置并获得日期和时间值。表 12-1 给出 Calendar 类选项的示例和一系列预定义的值。图 12-1 给出一个 Calendar 对象。使用 SELECT 按钮，用户可以修改月份，并在月份下面输入给定月份的日子。用户从中可以初始化一个与日、月或年相关的事件。一般而言，用户可以从事件消息中获得所需的信息。

表 12-1　挑选出的 Calendar、TimeZone 和 Date 的方法与字段

方法/字段	说　　明
Calendar( )	构造一个带缺少时区的 Calendar 对象
int get(int)	获得为 Calendar 类预定义的某个值所指定的给定时区值

（续）

方法/字段	说　　明
Calendar getInstance( )	返回一个 Calendar 对象实例的静态方法。在构造函数中使用这一方法：Calendar newcal = Calendar. getInstance( )
Calendar getInstance (TimeZone)	接收一个 TimeZone 类型的参数。用特定的时区提供一个 Calendar 对象的实例
Date getTime( )	获得 Calendar 对象的当前时间
TimeZone getTimeZone( )	返回一个 TimeZone 类型的对象。它指定 Calendar 对象相关联的时区
set(int，int)	第一个参数是一个预定义的值或一个整数，指示 Calendar 类中定义的字段，如 MONTH 或 YEAR。第二个参数设置针对该字段的值
void setTime(Date)	该方法接收一个指向 Date 对象的引用作为参数，特别是用户可用它设置当前日期
void setTimeZone (TimeZone)	该方法接收一个指向 TimeZone 对象的引用作为参数
预定义的值	使用 set( )和 get( )方法时，用户使用这些值设置并获得值：AM、AM_PM、APRIL、AUGUST、DATE、DAY _ OF _ MONTH、DAY _ OF _ WEEK、DECEMBER、FEBRUARY、FRIDAY　　　HOUR、HOUR _ OF _ DAY、JANUARY、JULY、JUNE、MARCH、MAY、MILLISECOND、MINUTE、MONDAY、MONTH、NOVEMBER、OCTOBER、PM、SATURDAY、SECOND、SEPTEMBER、SUNDAY、THURSDAY、TUESDAY、WEDNESDAY 和 YEAR
Date( )	Date 类的构造函数。用户可使用该构造函数初始化 Calendar 和 DateField 对象。构造函数提供的值等于自 1970 年 1 月 1 日 00：00：00 GMT 开始经过的毫秒数。通常使用：calendar-Obj. set Time(new Datel( )
TimeZone::getTimeZone( )	TimeZone 类的构造函数。与 Date 类构造函数类似，该构造函数允许用户初始化 Date 和 Calendar 对象，使之与特定时区相关联。下面是一个使用 getTimeZone( )静态方法使用它的示例：TimeZone timeZone ＝ TimeZone. getTimeZone("PST")

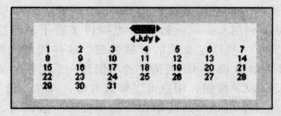

事件可相对
于每个日历
日期生成

图 12-1　Calendar 类生成一个替代对象，允许用户查找扩展到过去或未来的日期

注意：

　　Date 类的接口仅包含几个月份。与此相反，Calendar 类的接口则提供了许多。更多信息请参见 http://java. sun. com/javame/reference/apis/jsr118/ 中的完整类文档。该网页提供了 Date 和 TiemZone 类的链接。

如 CalendarFortune 类所强调指出的，用户可以使用常数或动态方法初始化 Calendar 对象的日期值。下面给出如何使用 Calendar 类提供的常数设置值。

```
Calendar calendarA = Calendar.getInstance();
calendarA.set(Calendar.YEAR, 1857);
calendarA.set(Calendar.MONTH, Calendar.DECEMBER);
calendarA.set(Calendar.DAY_OF_MONTH, 3);
```

使用这一方法，用户要查看的第一个日历被设置为 1857。如果用户获得 12 月的索引所对应的整型值，则该值为 11，而不是 12。1 月的索引是 0。月份的日期设置在 12 月 3 日这一天是小说家 Joseph Conrad 的生日。

此外，用户还可以使用对 Date 对象的引用初始化日期。如果用户使用这种方法，那么用户会获得当前的系统时间。要完成这一工作，用户可使用 set 方法并提供对新生成的 Date 类实例的引用。下面是一个示例：

```
calendarB.setTime(new Date());
```

12.2　DateField

与 Calendar 和 Date 类一起使用的 DateField 类可让用户容易地显示并处理与时间和日期事件相关的信息。派生自 Item 类的 DateField 类提供了一种接口，它与 Item 类的其他子类共享了许多特性，不同之处在于与设置和格式化日期和时间信息相关的预定义值。格式化时间和日期信息的显示方式可使用 setDate( ) 和 setInputMode( ) 方法完成。用户还可以设置类构造函数。

如表 12-2 所示，构造函数的某一版本允许用户为日期或时间设置一个标签和显示模式。另一种构造函数允许用户指定时区及显示模式。Datefield 类中预定义的值提供了三种显示模式。单独使用的 DATE 值允许用户单独查看日期信息。DATE_TIME 值同时提供了时间和日期信息。TIME 属性允许用户单独查看时间。图 12-2 给出使用 TIME 选项生成的一个时钟。

表 12-2　DateField 的方法和属性

方法/属性	说　　明
DateFiled(String, int)	使用特定的标签和模式构造一个新的 DateFiled。第一个参数是 String 类型的，提供了字段的标签。第二个参数是 int 类型的，指定表后给出的一种模式
DateFiled（String, int, TimeZone）	构造一个新的 DateField。第一个参数是 String 类型的，提供了字段的标签。第二个参数是 int 类型的，指定表后给出的三种预定义模式之一。第三个参数是 TimeZone 类型的
Date getDate( )	使用赋予 Date 对象的显示模式，返回 Date 类型的值
int getInputMode( )	返回已经应用给字段的模式
setDate(Date)	允许用户设置赋予 Date 对象的日期。要设置当前日期，可使用 dateFObj.setDate(new Date)
setInputMode(int)	向字段指派一个输入模式
DATE	一种显示模式。允许用户查看日历日期并生成相关的事件
DATE_TIME	一种显示模式。同时提供时间和日期设置。换言之，用户可查看一个时间和一个日历
TIME	一种显示模式。限制用户只能查看时间

（续）

方法/属性	说　　明
Date（）	Date 类的构造函数。用户可以使用构造函数初始化 Calendar 和 DateField 对象
TimeZone：： getTimeZone （）	TimeZone 类的构造函数。典型应用为： 　DateField date = new DateField（"date"，DateField. DATE，TimeZone. getTimeZone（"GMT"））

还可以调用一个时钟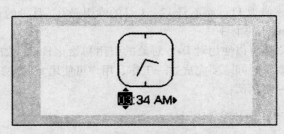

图 12-2　使用预定义的值可查看不同的信息

12.3　CalendarFortune 类

CalendarFortune 类可让用户看到 Calendar 和 DateField 类的一些方法如何联手让与日期和时间相关信息的设置、传输和获取成为可能。在这个过程中，用户将研究两个类提供的预定义值。Date 类的使用自始至终都很重要，为了提供对比并进行复习，使用由 StringItem 类和 Item 类提供的某些格式化功能构成。用户可以在 NetBeans Chapter12MIDlets 项目文件中找到 CalendarFortune 类，而单独的版本在第 12 章的源代码文件中。当用户运行 MIDlet 时，会看到一个日历。之后用户使用 SELECT 箭头和软键盘调用事件。事件生成一个特定日期以及与日期相关的预测或建议。

```
/*
 * Chapter 12 \ CalendarFortune.java
 *
 */

import javax.microedition.midlet.*;
import javax.microedition.lcdui.*;
import java.util.*;

public class CalendarFortune extends MIDlet
                    implements ItemStateListener,
                          CommandListener{
// #1
private Display display;
private Form form;
private Command exitCmd;
private DateField currentDate;
private StringItem arbDate;
private StringItem prospect;
private Random random;
```

```java
private Calendar calendarA;
private Calendar calendarB;

public CalendarFortune(){
    // #2
    random = new Random();
    display = Display.getDisplay(this);
    form = new Form("Calendar Fortune");

    // #2.1
    calendarA = Calendar.getInstance();
    calendarB = Calendar.getInstance();

    // Calendar set() and get()
    calendarA.set(Calendar.YEAR, 1857);
    calendarA.set(Calendar.MONTH, Calendar.DECEMBER + 1);
    calendarA.set(Calendar.DAY_OF_MONTH, 3);

    // #2.2
    // Retrieve string values
    String month = String.valueOf( calendarA.get(Calendar.MONTH ));
    String dayOfMonth = String.valueOf(
                        calendarA.get( Calendar.DAY_OF_MONTH ));
    String year = String.valueOf( calendarA.get( Calendar.YEAR ) );
    //Display
    arbDate = new StringItem("Conrad: \n",
                        month + "/" +
                        dayOfMonth + "/" +
                        year);
    arbDate.setLayout(Item.LAYOUT_CENTER | Item.LAYOUT_DEFAULT);

    // #2.3
    // Set with the current date
    calendarB.setTime( new Date() );

    //Format StringItem
    arbDate.setLayout(Item.LAYOUT_CENTER | Item.LAYOUT_NEWLINE_BEFORE);

    // #3
    //DateField creation and formatting
    currentDate = new DateField("Current date:", DateField.DATE_TIME);
    currentDate.setDate(new Date());
    currentDate.setLayout(Item.LAYOUT_CENTER |
    Item.LAYOUT_NEWLINE_BEFORE);

    // #3.1
    form.append(arbDate);
    form.append(new Spacer(50, 20));
    form.append(currentDate);

    exitCmd = new Command("Exit", Command.EXIT, 1);
    form.addCommand(exitCmd);
```

```
        form.setCommandListener(this);
        form.setItemStateListener(this);
    }

public void startApp(){
    display.setCurrent(form);
}

public void pauseApp(){
}

public void destroyApp(boolean unconditional){
}

public void commandAction(Command cmd, Displayable dsp){
    if (cmd == exitCmd){
       destroyApp(false);
       notifyDestroyed();
    }
}

// For event from the calendar
public void itemStateChanged(Item item){
    //Clear for new view
    // #4
    form.deleteAll();
    // The date selected from the calendar
    StringItem newSItem = new StringItem("Year of birth: ",
                                String.valueOf(
                                calendarA.get(Calendar.YEAR) ));
    newSItem.setLayout(Item.LAYOUT_LEFT);

    // #4.1
    DateField newDField = new DateField("Date", DateField.DATE);
    newDField.setDate(currentDate.getDate());
    newDField.setLayout(Item.LAYOUT_LEFT);

    // #4.2
    prospect = new StringItem("Today's prospects: ", getProspects());
    prospect.setLayout(Item.LAYOUT_LEFT);
    form.append(newSItem);
    form.append(new Spacer(150, 20));
    form.append(newDField);
    form.append(new Spacer(150, 20));
    form.append(prospect);
}

// #5
protected String getProspects(){
    String prospects[] =
                {"Indifferent - - Boring? Maybe it is time for a change.",
                 "Promising - - Indeed, so watch for opportunities.",
```

```
                    "Hazardous - - Yes, it happens. Watch for ice!",
                    "Luscious - - Delectable and inviting. Good for you!",
                    "Inviting - - Have at it!",
                    "Puzzling - - It's always nice to find" +
                    " inviting challenges.",
                    "Mordant - - Probably best to sit this one out.",
                    "Muddled - - It's okay. Just think of it as fog.",
                    "Hilarious - - Laugh while the going's good!",
                    "Ridiculous - - Don't worry. It'll pass."};

        // #5.1
        int randInt = 0;
        randInt = random.nextInt(prospects.length);
        String val = prospects[randInt];
        return val;
        }
    }//end class
```

12. 3. 1　构造与定义

在 CalendarFortune 类的注释#1 之后的代码行中, 用户声明了 Display、Form 和 Command 属性, 随后, 用户声明了一个 DateField 属性 currentDate。DateField 属性声明之后, 用户声明了两个 StringItem 属性。程序随后提供了派生自 Item 类的三个类属性。随后, 用户声明了两个 Calendar 属性。如前所述, Calendar 类与 Date 类一样, 直接派生自 Object 类。Date、Calendar 和 TimeZone 类都由 java. util 程序包提供。一个 Random 类型的附加属性允许用户生成随机数。该类也由 java. util 程序包提供, 它直接派生自 Object 类。

CalendarFortune 类的构造函数在注释#2 的相关代码行中定义。在这里, 第一个动作是生成一个 Random 对象, 它赋予类属性 random。用户随后生成 Display 和 Form 类的实例, 并将它们赋予 display 和 form 属性。

注释#2. 1 之后, 用户开始使用 Calendar 属性。因此, 用户调用 Calendar∷getInstance( ) 静态方法生成 Calendar 类的实例, 并将它们赋予 calendarA 和 calendarB 属性。getInstance( ) 方法充当 Calendar 对象的默认构造函数。为了指派一个值, 用户调用了 Calendar∷set( ) 方法。

set( ) 方法接收两个 int 类型的参数。第一个参数允许用户在值数组中指定一个与 Calendar 对象相关的位置。为此, 用户首先使用 Calendar. YEAR 属性将 1857 赋予与 Calendar 相关的年份值。接下来, 用户使用 Calendar. MONTH 属性设置月份。对于指派的值, 用户应用 Calendar. DECEMBER 属性。DECEMBER 属性的实际值是 11 而不是 12, 因为与 Calendar 类相关的月份从 January 开始, 设置为索引 0。为使获得值时能够返回识别出的整型值 12, 用户每次为月份的值增加 1。

除了 YEAR 和 MONTH 属性, 用户还使用了 DAY_OF_MONTH 属性, 在这里, 它的值为 3。结果日期 1857 年 12 月 3 日是《Lord Jim》和《Heart of Darkness》的作者 Joseph Conrad 的生日, 以命名他的两部小说。如表 12-1 所示, 预定义值的扩展列表由 Calendar 类提供, 包含了年份的所有月份和一些其他的时间和日子值。

注释#2. 2 相关的代码行中, 为了实现 set( ) 方法的使用, 用户调用了 get( ) 方法。get( ) 方法只需要一个参数。该参数也是 Calendar 类提供的预定义值之一。在第一次调用 get（）方法时，用户使用 Calendar. MONTH 值。第二次调用时，用户使用 DAY_OF_MONTH 属性。在第三个实例中，用户提供了 Calendar. YEAR 值。在所有情况下，用户提供的值从与 Calendar 类相关的数组中获得一个值。

为了使用用户从 Calendar 数组获得的值，用户将 set（）方法返回的整型值转换为 String 值。为此，用户调用 String 类的 valueOf（）静态方法。valueOf（）方法通过重载可适应所有主要的数据类型，它返回一个 String，然后可将其赋予 month、dayOfMonth 和 year 标识符。用户随后使用这三个标识符以构成一个连锁字符串，可用作 StringItem 类构造函数的唯一参数。之后，用户将 StringItem 的实例赋予 arbdate 标识符。用户随后调用为 Item 类对象共有的 setLayout（）方法，定位用于显示的日期字符串。在这里，用户使用 Item 类提供的 LAYOUT_CENTER 属性，令要显示的 StringItem 对象水平居中。

12.3.2　Date 类和 DateField 类的使用

如前所述，用户可使用整型值和 Calendar 类提供的值设置与 Calendar 对象相关的日期。在注释#2.3 相关的代码行中，用户使用了另一种不同的方法。该方法涉及到生成一个指向 Date 对象的引用。Date 对象使用当前日期的值，用定义 Calendar 当前状态所需的值填充 Calendar 对象。当用户在程序后面获得赋予 calendarA 和 calendarB 类属性的值时，用户会看到与 Conrad 相关的日期和 Date 类引用生成的当前日期。

对 Date 类的进一步使用在注释#3 中进行。这里，用户首先生成一个 DateField 对象的新实例。为了生成 DateField 对象的新实例，用户调用了需要两个参数的 DateFiled 构造函数的一种版本。第一个参数提供了 DateFiled 对象的标签。第二个参数提供了一个预定义值，指定用户希望看到的数据的表示类型。在这方面如表 12-2 所示，用户有三种选项。在这里，用户选择提供了两种表示的选项，一种面向时钟的选项，另一种倾向于一种日历表示。换言之，DateField 类的 DATE_TIME 值指定数据的日期和时间表示对用户都可用。

一旦 DateFiled 类的实例赋予 currentDate 属性，那么用户会调用 DateField 类的 setDate（）方法。该方法要求一个 Date 类型的参数，而且在这里，用户将一个 Date 对象匿名构造的实例作为参数。然后它提供了与当前日期和时间对应的 DateField 对象的日期和时间值。

假定已经向 DateField 属性指派了日期，那么用户会继续调用 setLayout（）方法对用于显示的属性进行格式化。与 StringItem 类和 Item 类的其他类相同，用户使用 LAYOUT_CENTER 值强制将 DateFiled 对象显示在水平居中位置。

除了格式化之外，构造函数中唯一需要执行的动作就是调用 Form::append（）方法，将用户已经构造的项附加到初始显示中。使用 addCommand（）和 addCommandListener（）方法设置 Form 对象的消息处理。用户调用 setItemStateListener（）

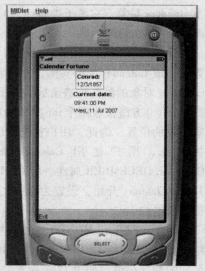

图 12-3　使用 StringItem 和 DateField
类可显示两种日期

方法处理 Item 对象产生的消息。随着对 startApp( )方法的调用和随后对 setCurrent( )的调用，用户会看到如图 12-3 所示的显示。

12.3.3 事件处理

图 12-3 的顶部字段是使用 String 标识符和 StringItem 对象生成的字段。"Conrad："、标签和日期 12/3/1857 都是 String 值。另一方面，"Current date："标签标识了 Date 对象对 DateField 对象的指派结果。DateField 对象与 StringItem 对象在许多重要方面有所不同。首先，如图 12-4 所示，如果用户使用 SELECT 按钮，那么会同时触发日期和时间值。如果使用软键或在选中某个选项时以其他方式调用某种动作，那么用户会看到不同的结果。

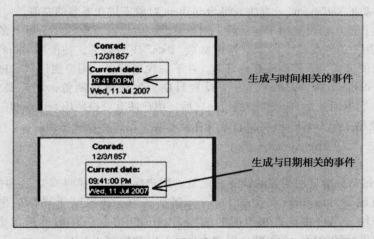

图 12-4 每个字段生成一个不同的消息，让用户看到不同的结果

回顾一下本章前面的图示，图 12-5 给出了两种选项。选择时间，用户会看到时间。选择日期，用户会看到一个日历。

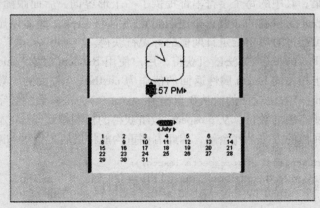

图 12-5 时间和事件调用不同的响应

日期和日历显示提供了进一步进行事件处理的手段。就日历表示而言，用户为对象设置的状态可使用事件处理进行传播。

12.3.4 从日历生成事件

在 CalendarFortune 类的注释#4 相关代码行中，用户实现了 ItemStateListener 接口的 itemStateChanged( )方法。在紧随注释#4 后的代码行中，用户调用 Form∷deleteAll( )方法从 MIDlet 中移除特性和命令。随后，用户重新按需引入特性，重新开始显示它们。为了生成新显示的内容，用户首先定义一个 StringItem 本地对象 newSItem。为给该对象指派一个值，用户提供了带有"Year of birth："标签的 StringItem 对象的构造函数。对于字段值，用户使用 Calendar 类的 get( )方法，允许 calendarA 属性获得用户已赋予它的年份值。get( )方法返回的值是 int 类型的，因此，调用 String∷valueOf( )方法将它转换为 String 类型是非常必要的。给定 StringItem 对象的定义，用户可调用继承自 Item 类的 setLayout( )方法，将 StringItem 对象安排在屏幕的左侧。

将 Conrad 生日的年份设置用于显示后，用户可继续生成第二个 DateField 对象 newDField。当构造该对象时，用户为它提供了一个字符串常数"Date"作为标签，并使用 DateField.DATE 值设置 DateField 对象的模式，令其单独显示日期。在下一代码行中，用户使用从 calendarA 对象获取的日期值调用 DateField 的 setDate( )方法设置日期。为获得日期值，用户要调用 Calendar∷getDate( )方法，它返回一个 Date 类型的值。之后，用户便有资格调用 setLayout( )方法，并且使用 StringItem 对象格式化 DateField 对象，令其在显示时出现在屏幕的左侧。

12.3.5 预测

为了提供与每个日历日期相关的预测或前景，用户实现了注释#4.2 之后的代码。这里，用户首先将一个值赋予 StringItem 类型的 prospect 属性。为了获得赋予属性的值，用户调用了 getProspects( )方法。用户将该方法返回的值作为 StringItem 构造函数的第二个参数。对于为 StringItem 对象提供标签的第一个参数，用户给出字符串常数"Today's prospects："。

赋予 prospect 属性的值产生的方法在注释#5 之后的代码行中给出，其中，getProspects( )方法得到定义。该方法首先提供了一个 String 类型数组（prospects）的定义。数组的定义涉及到一组以逗号分隔的字符串集，其中的每个字符串都提供了一个形容词，后面跟随着某种类型的注释。对应用程序而言，列表是受限制的，但只要使用给定的 RMS 组件，那么很显然可以进一步容纳更多的值，每个值都可通过对应于给定日期值的标识符获得。

为了预测可由 getProspects( )方法随机获得，用户使用 Random 对象（random）调用 nextInt( )方法。用户使用与数组相关的 length 属性返回的值作为 nextInt( )方法的参数。该方法返回数组中的项数。由于 nextInt( )方法返回的值从 0 至作为 nextInt( )方法参数的数字（不含），因此用户可获得对应于数组中所有项的数目。从 prospects 数组获得的预测被赋予 val 本地标识符，并随后由方法返回。这种返回值的方法是冗余的，因此有些重构能将最后三行语句减少至一行：

```
return prospects[random.nextInt(prospects.length)];
```

然而，为了便于论述，优化程度越低的版本越具友好性。

12.3.6 操作

当操作 CalendarFortune 应用程序时，用户会看到 Date、DateField 和 Calendar 类以多种方式在工作。为了回顾两种场景，首先要考虑从日期导航至日历，然后用历年日期生成的事件激活最终显示。如图 12-6 的序列所示，用户最终会看到指向默认提供当前日期的 Date 类的引用所提供的当前日期。同时，用户还会看到代表 Conrad 生日的固定值。

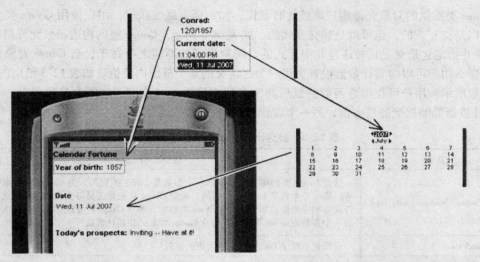

图 12-6　日期事件调用日历显示，如果离开年份，日历就会给出当前日期，但设置的日期保持不变

在图 12-7 所示的第二个示例中，日历示例设置为 1957 年 10 月 4 日，即 Sputnik 成为飞向太空的第一颗人造卫星的日子。在该示例中，通过在第一个屏幕中选择日期，然后在日历中选择年份、月份和日子，就可以生成不同于当前日期的另一个日期。在这里，指向 Date 类的引用所提供的日期被用户调整日期时对象生成的日期所替代。

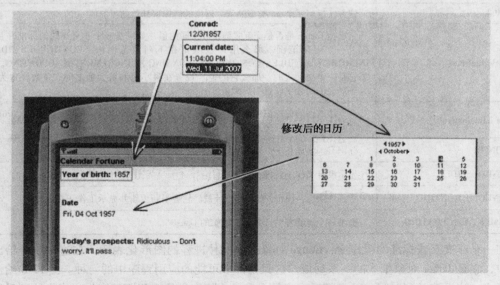

图 12-7　调整日期会修改 Date 对象引用设置的默认值

12.4 Gauge 类

Gauge 类提供的对象允许用户审核计时动作，如数据下载或获取。用户使用 Gauge 类生成的对象可以是交互式的，也可以是非交互式的。如表 12-3 所示，Gauge 类的构造函数允许用户命名 Timer 类并指定它是交互式的还是非交互式的。两种模式的不同之处在于，当 Gauge 对象是交互式的，那么用户可以将其计数器设置为用户为之定义的某个范围内的值。如表 12-3 给出的 Gauge 构造函数所示，用户可在构造函数的最后两个参数中设置这一范围。这两个参数中，一个设置 Gauge 计数器能够接受的最大值，另一个设置起始值。

表 12-3 挑选出的 Gauge 的方法和值

方法/值	说　明
Gauge(String, boolean, int, int)	这是 Gauge 类的构造函数。第一个参数是 String 类型的，为 Gauge 对象提供了标签。第二个参数是 boolean 类型的，确定 Gauge 对象是否是可交互的，换言之，它是否动态响应事件。第三个参数是 int 类型的，确立 Gauge 对象能够计算的最大值。最后一个参数也是 int 类型的，确立 Gauge 对象的初始计数值
int getMaxValue( )	返回表示赋予 Gauge 对象最大值的整数
void setDefaultCommand (Command)	接收一个 Command 类型的值，允许用户将一个 Command 对象与 Gauge 对象相关联，让事件能够得以处理
void setMaxValue(int)	该方法接收一个 int 类型的参数，它确立标准跟踪的最大计数
void setLayout(int)	允许用户关联一个布局。唯一的参数是一个 Item 类提供的预定义值
void setPreferredSize(int, int)	该方法接收两个 int 类型的参数，第一个设置 Gauge 对象显示的宽度，第二个设置 Gauge 对象的高度
int getValue( )	该方法返回一个 int 类型的值。返回的值标识计数的当前值
void setValue(int)	它根据 Gauge 是否是交互式而接收不同的值。如果是一个非交互式的标准并且预先了一个无限范围，那么用户被限定在下列值范围内：CONTINUOUS_IDLE、INCREMENTAL_IDLE、CONTINUOUS_RUNNING 或 INCREMENTAL_UPDATING。如果它是一个交互式的，那么它的值可设置在最小值和最大值之间。负数设置为 0。大于最大值的数字设置为最大值
boolean isInteractive( )	该方法返回的值标识标准是否是可交互式的。返回的值是 boolean 类型的。true 值说明 Gauge 对象是可交互式的
INDEFINITE	标识 Gauge 具有一个无限范围
CONTINUOUS_IDLE	显示没有工作正在进行
CONTINUOUS_RUNNING	指派该值后，Gauge 自动进行计数。它会不断更新并显示工作正在进行
INCREMENTAL_UPDATING	提供一个能够容纳计数无限增长的 Gauge

在一个非交互式标准的操作中，Gauge 对象提供一种进程的图形化表示。在这一章中给出的示例中，它是 Timer 对象生成的一系列值。这只是许多可能的应用程序中的一种。图 12-8 给出了一般模式，这里涉及到时间，并且随后由它最大和最小值定义的序列跟踪事件。当它达到最大值时，Gauge 对象会停止，表示定义它进行跟踪(例如，一系列整型值)的进程已经停止。

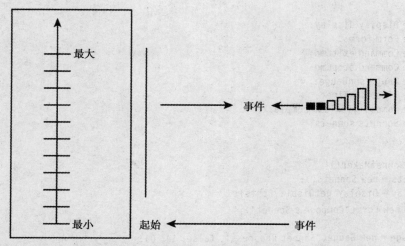

图 12-8　非交互式 Gauge 对象生成一种图形化表示，跟踪涉及到产生对应
于计时器滴答或其他可跟踪进程的整型值的事件

如表 12-3 所示，Gauge 类的接口提供了用于设置最大值的方法。用于设置最大值的方法是 setMaxValue( )，它接收一个 int 值作为参数。用户用于设置最小值或起始值的方法是 setValue( ) 方法。除了最小值，用户还可以用它将计数器设置为给定范围内的任意值。另一种重要的方法是 getValue( ) 方法，当某个事件受对象提供的计数限制时，它允许用户使用 Gauge 对象调解或跟踪它。一个带有计数预定义为 14 的 Gauge 对象可以产生 14 条不同的消息。

12. 5　SonnetMaker 类

用户可在 NetBeans Chapter12MIDlets 项目中找到 SonnetMaker 类，也可在第 12 章的源代码文件夹中找到该类单独的文件。SonnetMaker 类给出一个非交互式 Gauge 对象的使用。非交互式 Gauge 对象显示状态栏，对每秒种获得来自数组的十四行诗行的时间进程进行审计。时序动作由 Timer 和 TimerTask 对象实现，十四行诗的诗行由 Vector 对象提供。为了提供 TimerTask 和 Vector 动作，定义了两个内部类 Composition Task 和 Sonnets。顾名思义，CompositionTask 类特殊化 TimerTask 类并提供了可用于控制 Gauge 对象动作的对象。Sonnets 类封装了 Vector 对象的接口，允许用户连续获取莎翁的第 29 首十四行诗。

```
/*
 * Chapter 12 \ SonnetMaker.java
 *
 */

import javax.microedition.midlet.*;
import javax.microedition.lcdui.*;
import java.util.*; //Time and TimerTask
import java.lang.*;

public class SonnetMaker extends MIDlet
                implements CommandListener{
```

```
// #1
private Display display;
private Form form;
private Command exitCmd;
private Command stopCmd;
private Gauge sonGauge;
private Timer sonTimer;
private CompositionTask compTask;
private Sonnets sonnets;

// #2
public SonnetMaker(){
  sonnets = new Sonnets();
  display = Display.getDisplay(this);
 form = new Form("Compose a Sonnet");

 sonGauge = new Gauge("Sonnet Progress", false, 14, 0);
 exitCmd = new Command("Exit", Command.EXIT, 1);
 stopCmd = new Command("Stop", Command.STOP, 1);

 form.append(sonGauge);
 form.addCommand(stopCmd);
 form.setCommandListener(this);
}

// #3
public void startApp()
{
  display.setCurrent(form);
  sonTimer = new Timer();
  CompositionTask compTask = new CompositionTask();
  sonTimer.scheduleAtFixedRate(compTask, 0, 1000);
}

public void pauseApp()
{ }

public void destroyApp(boolean unconditional)
{ }

// #4
public void commandAction(Command c, Displayable s)
{
  if (c == exitCmd)
  {
    destroyApp(false);
    notifyDestroyed();
  }
  else if (c == stopCmd)
  {
    sonTimer.cancel();
```

```
        form.removeCommand(stopCmd);
        form.addCommand(exitCmd);
        sonGauge.setLabel("Reading cancelled!");
    }
}


//- - - - - - - - - - - - - - - - - - - - - - - - - - - - - - - - - - - - - -
// Inner Class for compostion timer
// #5
private class CompositionTask extends TimerTask{

    // # 5.1
    StringItem lineItem;
    CompositionTask(){
        lineItem = new StringItem("", "");
    }

    // #5.2
    public final void run(){
        int currentValue = sonGauge.getValue();
        if (currentValue < sonGauge.getMaxValue()){
            System.out.println("First: \t\t" + sonGauge.getValue());
            currentValue += 1 ;
            sonGauge.setValue(currentValue);
            sonGauge.setLabel("Line: " + currentValue);
            int line = currentValue - 1;
            System.out.println("Second: \t" + sonGauge.getValue());
            // 5.3
            lineItem = new StringItem("", sonnets.getLine(line));
            lineItem.setLayout(Item.LAYOUT_LEFT | Item.LAYOUT_DEFAULT);
            lineItem.setFont( Font.getFont( Font.FACE_PROPORTIONAL,
                            Font.STYLE_BOLD,
                            Font.SIZE_SMALL) );
            form.append(lineItem);
        }else{
            // 5.4
            form.removeCommand(stopCmd);
            form.addCommand(exitCmd);
            sonGauge.setLabel("Done!");
            cancel();
        }
    }
}//end inner class


//- - - - - - - - - - - - - - - - - - - - - - - - - - - - - - - - - - - - - -
//Inner class for the sonnet
// #6
private class Sonnets{
    private Vector sonnet29;
    // #6.1
    public Sonnets(){
```

```
        sonnet29 = new Vector();
        makeSonnet();
    }
    // #6.2
    public String getLine(int line){
        String sonnetLine = new String();
        if(line < sonnet29.size() && line >= 0){
            sonnetLine = sonnet29.elementAt(line).toString();
        }else{
            sonnetLine = "-";
        }
        return sonnetLine;
    }
    // #7
    private void makeSonnet(){
        sonnet29.addElement("When, in disgrace with fortune " +
                            "and men's eyes,");
        sonnet29.addElement("I all alone beweep my outcast state");
        sonnet29.addElement("And trouble deaf heaven with my "  +
                            "bootless cries");
        sonnet29.addElement("And look upon myself and curse my fate,");
        sonnet29.addElement("Wishing me like to one more rich in hope,");
        sonnet29.addElement("Featured like him, like him " +
                            "with friends possess'd,");
        sonnet29.addElement("Desiring this man's art and that " +
                            "man's scope,");
        sonnet29.addElement("With what I most enjoy contented least;");
        sonnet29.addElement("Yet in these thoughts myself " +
                            "almost despising, ");
        sonnet29.addElement("Haply I think on thee, and then my state,");
        sonnet29.addElement("Like to the lark at break of day arising");
        sonnet29.addElement("From sullen earth, sings hymns " +
                            "at heaven's gate;");
        sonnet29.addElement("For thy sweet love remember'd " +
                            "such wealth brings");
        sonnet29.addElement("That then I scorn to change my " +
                            "state with kings.");
    }
}//end Sonnets class
}//end outer class
```

12.5.1 构造与定义

在 SonnetMaker 类的注释#1 末尾，用户声明了 Display、Form 和 Command 属性。随后，用户声明了一个 Gauge 属性 sonGauge。用户还声明了 Timer 和 CompositionTask 类的属性。后面将继续讨论的 CompositionTask 内部类是 TimerTask 类的特殊化版本。对于列表中的最后一个属性，用户使用 Sonnets 数据类型生成一个标识符，它类似于 Composition 数据类型，由内部类给出。

在注释#2 的相关代码行中，用户定义了 SonnetMaker 类的构造函数。在第一个语句中，用户调用 Sonnets 类的构造函数，并将用户生成的实例赋予 sonnets 属性。此外，用户生成一个赋予

display 属性的 Display 类的实例和一个赋予 form 属性的 Form 类的实例。从这里用户继续使用 Gauge 类的构造函数。

　　Gauge 类的构造函数要求四个参数。第一个参数是 String 类型的，为 Gauge 提供了标签。第二个参数是 boolean 类型的，确立 Gauge 对象是交互式的还是非交互式的，这意味着它的动作在初始化后无法由用户中断。在这里，这种动作方案阻止用户增加 Gauge 对象的计数器，允许它增长到计数最大值并显示十四行诗的所有诗行。

　　十四行诗即有 14 行的诗，在这里，十四行诗的行数由提供给 Gauge 对象构造函数的最后两个值预先设定。倒数第二个参数 14 设置 Gauge 对象的最大计数值。该参数始终是整数（int）类型的。最后一个参数也是 int 类型的，设置初始计数值。换言之，当 Gauge 对象构造时，它第一个产生的值为 0。

　　SonnetMaker 构造函数中的最后一个语句提供了两个 Command 对象（exitCmd 和 stopCmd）的生成并使用 Form∷append( )方法向 Form 对象（form）中添加 Gauge 对象。stopCmd 对象生成一个阻止计数器前进的事件。exitCmd 关闭 MIDlet。用户调用 addCommand( )和 setCommand( )方法完全实现了消息处理功能。

12.5.2　CompositionTask

　　本练习中对 startApp( )方法需要进行的讨论要稍多于本章的其他节，其原因在于，它包含了 Gauge 应用程序提供的上下文中关于事件生成的代码行。因此，在注释#3 之后的代码行中，用户调用了 Timer 类的构造函数并将类实例赋予 sonTimer 属性。

　　生成一个 Timer 对象后，用户继续生成一个 CompositionTask 对象。它是 TimerTask 类的特殊化版本。用户将它赋予 compTask 标识符，并随后将其作为 Timer∷scheduleAtFixedRate( )方法的第一个参数。在其他重载版本中，该方法接收一个 TimerTask 引用作为第一个参数。它的第二个参数指定构造完成后至首次运行的延迟。最后一个参数是执行之间的时间间隔。在这里，时间间隔设置为 1 秒（1 000 毫秒）。

　　CompositionTask 类的定义在注释#5 之后的代码行中给出。之前一再强调，该类扩展（特殊化）TimerTask 类。为了特殊化 TimerTask 类，用户必须实现 run( )方法，但在这里，用户还为类添加了一个构造函数。构造函数的定义位于注释#5 之后的代码行中。用户首先定义一个 StringItem 类型的类属性 lineItem。构造函数主要用于初始化该属性，通过将空字符串赋予标签和 StringItem 对象的值完成（分别为第一个参数和第二个参数）。

　　run( )方法的实现从注释#2 之后的代码行开始。用户首先定义了一个本地标识符 currentValue，用户将 Gauge 对象（sonGauge）计数器的当前值赋予它。CompositionTask 类作为一个内部类，可以访问包含 SonnetMaker 类的所有属性，为此，在这里使用 sonGauge 属性不会产生任何问题。要获得计数器的当前值，用户可调用 Gauge∷getValue( )方法。

　　设置了 currentValue 标识符的初始值后，用户使用一个选择语句测试它的值。测试证实 getValue( )方法返回的计数器值小于 Gauge∷getMaxValue( )方法返回的计数器最大值。证实当前计数小于最大允许的计数后，程序流将进入选择程序块。

　　程序块内执行的第一个动作是增加计数的值，它可通过为赋予 currentValue 的值加 1 完成。用户随后将增量值传递给 setValue( )方法，它将计数器增加 1。这会导致计数器进度条向前移动。

增加计数器

run( )方法在计数器每个滴答时调用。使用这一事件，用户可同时调用 Gauge 类的 getValue( )和 setValue( )方法以增加计数器。要跟踪两个相继的调用，用户可以将注释#5.3 之前的测试代码取消注释。

```
System.out.println("First: \t\t" + sonGauge.getValue());
currentValue += 1;
sonGauge.setValue(currentValue);
sonGauge.setLabel("Line: " + currentValue);
int line = currentValue - 1;
System.out.println("Second: \t" + sonGauge.getValue());
// 5.3
```

下面是两个 println( )方法向 NetBeans 输出面板生成的输出：

```
First:          1
Second:         2
First:          2
Second:         3
First:          3
Second:         4
```

12.5.3 显示诗行

要显示十四行诗的诗行，用户可调用 Gauge 类的 setLabel( )方法并将一条包含 String 常量 "Line"的消息赋予它，与赋予行标识符的值相串联。当用户初始化行标识符时，用户必须从 currentValue 的值中减去 1，因为用户显示的行标识为数组（或 Vector）的值，其索引由 0 开始。

如注释#5.3 之后的代码行所示，要获得十四行诗的诗行，用户需要调用 Sonnets::getLine( )方法，它接收用户希望获得的诗行索引作为参数。如前所述，索引由 0 开始。当用户获得诗行时，用户将它用作 StringItem 构造函数的第二个参数。用户为提供项标签的第一个参数指派一个空字符串（""）。为了让诗行能够在一行内显示，用户使用了 StringItem 类的 setFont( )方法，并调用 Font::getFont( )静态方法设置显示的字体为小号、黑体并且比例适当。随后用户调用 Form 类的 append 方法以显示后继的诗行。图 12-9 给出随着计数器的增加写出的诗行。

12.5.4 显示完成

在 CompositionaTask 类中注释#5.4 的相关代码行里定义了一个 else 语句。如果注释#5.2 后的选

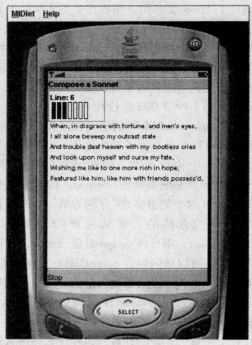

图 12-9　在计数器增加时显示连续的行，并用一个数字和 Gauge 对象显示进度

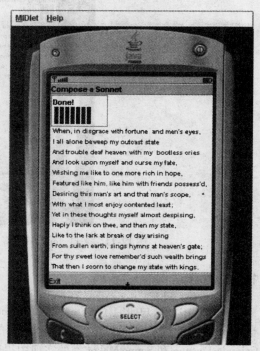

择语句测试为 false，那么 else 语句将成为程序流的一部分。这种情况在 currentValue 值不小于赋予 Gauge 对象的最大值时才会发生。在这里，用户首先禁用可在任意时间中止计数器前进的 stopCmd 事件。用户随后添加 exitCmd。此后，用户在 Gauge 对象的标签中显示"Done"。在这里，Gauge 对象的进度条完全填满，十四行诗全部可见。图 12-10 给出与十四行诗全部显示相关的消息。

12.5.5　Sonnets 类

第二个内部类 Sonnets 类封装了一个 Vector 对象，并提供了一种通过调用 getLine( ) 方法访问十四行诗后继诗行的方法。在注释#6.1 之前的代码行中，用户定义了一个 Vector 类型的单独属性 sonnet29。用户随后继续定义构造函数，它生成一个 Vector 类的实例并将其赋予类属性。此外，用户调用 makeSonnet( ) 方法，它负责向 Vector 对象添加十四行诗的诗行。该方法在注释#7 之后的代码行中接收其定义，其中，Vector∶∶addElements( ) 以一种稍费力的重复方法得到调用。每次调用方法时，都将一个字符串赋予 Vector 对象。

要获得赋予 Vector 对象的诗行，用户实现了 getLine( ) 方法，它在注释#6.2 末尾的代码行中定义。该方法接收一个 int 类型的参数，它指定要返回的诗行。为了传递诗行，用户首先生成一个 String 对象 sonnetLine。确定行参数的值小于 Vector∶∶size( ) 方法返回的值并且大于 0 后，用户调用了 Vector∶∶elementAt( ) 方法，使用行参数提供的索引值，获得十四行诗的特定诗行。由于

图 12-10　通过打印十四行内容，
完全显示十四行诗

Vector 将其内容存储为 Object 引用，因此必须使得 toString( ) 方法将每个取回的值转换为一个 String 引用。其结果随后赋予 sonnetLine 对象，其值在方法的最后一行返回。

作为一种预警机制，程序提供了一个 else 语句，将一个字符值赋予没有得到诗行的事件中的 sonnetLine 标识符。Sonnets 类提供的服务用这种方法比其他方法稍显健壮。

12.5.6　停止与退出消息

在注释#4 的相关代码行中，处理 stopCmd 和 exitCmd 消息。对于 stopCmd 消息，执行的第一个动作是调用 Timer∶∶cancel( ) 方法，它销毁 Timer 对象。这一动作允许用户提早停止十四行诗的显示，随后会出现一条针对这一结果的消息。用户调用 removeCommand( ) 方法从显示区域中移除 Stop 命令标签，还恢复了 exitCmd 标签，允许用户退出 MIDlet。作为最后一个动作，用户调用 Gauge∶∶setLabel( ) 方法将标签中显示的文本修改为"Reading Cancelled!"，如图 12-11 所示。

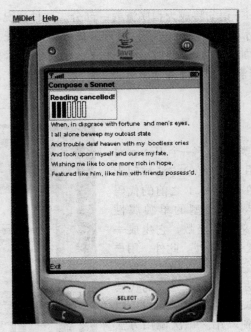

图 12-11　来自 stopCmd 对象的消息通过销毁 Timer 对象中止进程

12.6　小结

在本章中，用户研究了 DateField、Galendar、Date 和 Gauge 类。DateField 和 Calendar 类派生自 Item 类，对这些类的研究引发了对基于文本的游戏应用程序的兴趣。它们如何工作在 CalendarFortune 和 SonnetMaker 类的实现中得到部分展示，让用户能够初步探讨机会与序列。使用这两个类可让用户进一步研究 MIDP 类为开发基于文本的游戏而提供的可能性。然而，实际上，对这些类的研究还会将用户对 MIDP 类的研究导向 Graphics 和 Canvas 类，即下一章的主题。使用这些类为开发游戏敞开了大门。

第五部分 游戏定位

第13章 Canvas 类、Graphics 类和 Thread 类

在本章中，将研究两个标准的 GUI 类，它们允许开发广泛的界面。这两个类是 Graphics 和 Canvas。本章中论及的许多主题预期都会使用 Game API 类。之所以没有立即探讨使用 Game API 类，是因为 Canvas 类仍然是 MIDP 程序包集中的一个可靠的、频繁使用的类，并且把 Canvas 类与 Graphics、Image、Font 及其他类结合起来使用是一种便捷的学习方式。本章将重点介绍两个较短的初级类，然后介绍一个较长的类。这个较长的类利用 Thread 对象来控制所显示对象的行为。它还利用了一些方法来处理通过按键生成的事件。为了处理这样的事件，它使用了 Canvas 类提供的定义的值。这些提供了有价值的资源，可以使用它们为一些设备开发面向动作的游戏。

13.1 Canvas 类

Canvas 类在某些方面类似于 Form 类。创建 Canvas 类的一个实例，然后调用 Display::setCurrent() 方法激活它。在激活了 Canvas 对象之后，就可以访问 Canvas 类的主要方法：paint() 方法。paint() 方法被定义成接受 Graphics 类型的参数。图 13-1 简要概述了可以使用 Graphics 对象执行的一些活动。

表 13-1 讨论了 Canvas 类的多种特性。一般来讲，如果你计划使用 GameCanvas 类，那么学习 Canvas 类是有益处的。Canvas 类是 GameCanvas 类的基类。

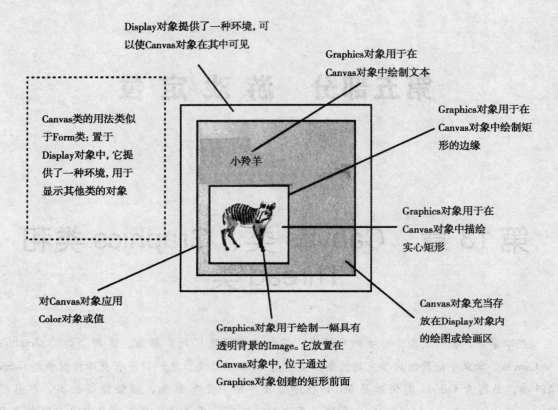

图 13-1 Canvas 类和 Graphics 类允许创建和显示多项

表 13-1 Canvas 类的方法

方 法	说 明
int getGameAction(int)	该方法接受一个 int 类型的参数。Canvas 类中定义了键码。这样的事件被认为对于游戏是标准的。利用常量 UP、DOWN、LEFT、RIGHT 和 FIRE 标识游戏动作
int getKeyCode(int)	该方法获取赋予用于游戏动作的按键的值。它返回一个整型值，然后可以在更一般的环境中使用它。它接受一个整型参数，用于标识要处理的游戏动作。标准键码可以是整型值或者定义的值，例如，KEY_NUM0 或 KEY_NUM1
String getKeyName(int)	该方法返回一个 String 引用，并使用一个定义的键码或整型值作为其参数。它接受一个整型参数，用来指定要标识的键
boolean hasPointerEvents()	该方法（它超出了当前讨论的范围）验证你正在使用的设备或平台是否支持由指针产生的释放和按下事件
boolean hasPointerMotionEvents()	确认你正在开发的平台可以支持涉及把指针拖过屏幕的事件。这超出了当前讨论的范围
boolean hasRepeatEvents()	验证如果用户按下了给定的键，就把动作解释为重复事件
void hideNotify()	如果从显示的内容中删除给定的 Canvas 对象，就可以使用这个事件发出消息给这种效果

（续）

方　　法	说　　明
boolean isDoubleBuffered( )	该方法验证正在使用的 Canvas 对象是双缓冲的，这意味着可以在显示之前把图形特性写入缓冲区中
protected void keyPressed(int)	处理按键时启动的事件。该方法接受一个整型参数，用于标识所按下的键的码
protected void keyReleased(int)	处理按键时启动的事件。该方法接受一个整型参数，用于标识所释放的键的码
protected void keyRepeated(int)	在重复按下（按住）一个键时调用该方法。该方法接受一个整型参数，用于标识重复按下的键
protected abstract void paint (Graphics g)	呈现 Canvas。在特殊化 Canvas 类以创建它的具体实例时，必须实现该方法
protected void pointerDragged (int x, int y)	应用于屏幕上使用的指针。当把指针拖过屏幕时，用于处理这类事件
protected void pointerPressed (int x, int y)	在按下指针时调用
protected void pointerReleased(int x, int y)	在释放指针时调用
void repaint( )	Canvas 类的一个至关重要的方法。它与 paint( )方法一起工作。该方法调用 paint( )方法，允许制作所显示对象的动画，或者以其他方式更改其外观。该方法会导致重绘整块画布
void repaint (int x, int y, int, int)	Canvas 类的一个至关重要的方法。它调用 paint( )方法。它的参数允许指定你希望重绘的 Canvas 对象的区域。前两个参数指定要重绘的区域左上角的画布中的坐标位置。第三个参数设定从左上角坐标扩展到要重绘的区域右边缘之间的距离。最后一个参数指定从左上角坐标向下到要重绘的区域下边缘之间的距离
void serviceRepaints( )	在调用 repaint( )方法时，将把请求置于一个队列中。该方法提供了一种方式，强制立即执行 repaint( )动作
void setFullScreenMode(boolean)	可以把 Canvas 设置为完全填充显示区域，或者在正常模式下显示。正常模式的特点是具有标题和底部托盘。全屏模式则不然。它接受一个 boolean 类型的参数。如果把该参数设置为 true，那么显示模式就是全屏模式
protected void showNotify( )	该方法允许在显示 Canvas 对象之前发出一条消息。它允许调用用户希望采取的动作，以便准备显示新的 Canvas 对象
protected void sizeChanged(int w, int h)	如果屏幕上的 Canvas 对象的区域大小发生改变，它允许发出一条消息
Graphics	是 Canvas 类的一个必要的补充类。这个类为 paint( )方法的参数提供了数据类型，是用于把图像呈现给 Canvas 对象的主要工具

13.2 CGExplorer 类

CGExplorer 类提供了如何结合 Canvas、Graphics 和 Image 这些类来创建必要显示的基本示例。表 3-1 提供了关于 Canvas 类的信息，而表 13-2 则探讨了 Graphics 类的特性。在本章后面开发的

CGCanvas 类提供了更多的机会，用以详细讨论这两个类提供的许多方法。CGExplorer 类只提供了关于如何实现 Canvas 类的最基本的示例。它被开发成一个内部类，并且实现了 paint( ) 方法，以至于它可以使 Image 对象可见，然后用少数几个 Graphics 项补充它。CGExplorer 类位于第 13 章的源文件夹中的 Chapter13MIDlets 项目中。在一个独立的版本中也提供了它。

表 13-2　Graphics 类的方法

方　　法	说　　明
处理颜色的方法	
int getColor( )	获取当前设置的颜色
void setColor(int)	更改当前的绘图颜色。重写该方法以允许为颜色使用单个值
void setColor(int, int, int)	更改当前的绘图颜色。全部三个参数都是 int 类型。这三个参数一起提供了用于定义颜色的 RGB(红、绿、蓝)值
int getRedComponent( )	获取当前绘图颜色的红色成分(0～255)
int getGreenComponent( )	获取当前绘图颜色的绿色成分(0～255)
int getBlueComponent( )	获取当前绘图颜色的蓝色成分(0～255)
void setGrayScale(int)	设置当前的灰度级绘图颜色
int getGrayScale( )	获取当前的灰度级绘图颜色
获取图形对象的坐标值的方法	
int getTranslateX( )	返回当前平移的 x 原点
int getTranslateY( )	返回当前平移的 y 原点
void translate(int x, int y)	在当前图形环境中平移原点
提供裁剪矩形的方法	
void clipRect(int, int, int, int)	设置当前的裁剪矩形。前两个参数设定裁剪区域左上角的位置。第三个参数是到裁剪区域右边缘的角坐标右边的距离。最后一个参数是从角坐标到裁剪区域底部的距离
int getClipHeight( )	返回为当前裁剪矩形所定义的高度
int getClipWidth( )	返回当前裁剪矩形的宽度
int getClipX( )	返回赋予裁剪矩形的 x 坐标的偏移量
int getClipY( )	返回赋予裁剪矩形的 y 坐标的偏移量
void setClip (int x, int y, int, int)	使当前裁剪矩形与传递给该方法的一个矩形相交。前两个参数设定裁剪区域左上角的位置。第三个参数是到裁剪区域右边缘的角坐标右边的距离。最后一个参数是从角坐标到裁剪区域底部的距离
用于绘制几何形状的方法	
void drawArc (int x, int y, int, int, int, int)	用于绘制圆弧，它可以是任何具有弯曲或圆形边缘的图形的轮廓。前两个参数设定左上角的坐标。接下来两个参数设置图形相对于这些角坐标的高度和宽度。最后两个参数设定要绘制的圆弧的起始和终止角度。例如，如果使用连续值 180 和 360，就会得到圆的下半部分。如果使用 0 和 180，则会得到圆的上半部分

（续）

方　　法	说　　明
void drawLine(int, int, int, int)	用于绘制线条。前两个值设置线条一个端点的坐标位置。后两个值设置线条另一个端点的坐标位置
void drawRect(int, int, int, int)	用于绘制矩形的轮廓。前两个参数设定矩形左上角的坐标。第三个参数是矩形相对于角坐标的宽度。第四个参数是相对于角坐标到底部的距离
void drawRoundRect (int, int, int, int, int, int)	用于绘制圆角矩形的轮廓。前两个参数设定矩形左上角的坐标。第三个参数是矩形相对于角坐标的宽度。第四个参数是相对于角坐标到底部的距离。最后两个参数度量描绘角的曲率的圆弧。数字越大，曲率越大
void fillArc(int x, int y, int, int, int, int)	用于绘制实心圆弧。前两个参数设定左上角的坐标。接下来两个参数设置图形相对于这些角坐标的高度和宽度。最后两个参数设定要绘制的圆弧的起始和终止角度。如果使用连续值 180 和 360，就会得到实心圆的下半部分。如果使用 0 和 180，就会得到实心圆的上半部分。值 0 和 360 则会绘制完整的圆
void fillRect (int x, int y, int, int)	用于绘制实心矩形。前两个参数设定矩形左上角的坐标。第三个参数是矩形相对于角坐标的宽度。第四个参数是相对于角坐标到底部的距离
void fillRoundRect (int, int, int, int, int, int)	用于绘制实心圆角矩形。前两个参数设定矩形左上角的坐标。第三个参数是矩形相对于角坐标的宽度。第四个参数是相对于角坐标到底部的距离。最后两个参数度量描绘角的曲率的圆弧。数字越大，曲率越大
int getStrokeStyle( )	获取当前的笔画样式
void setStrokeStyle(int style)	设置当前的笔画样式
用于处理字符串、字符和字体对象的方法	
void drawString (String, int, int, int)	第一个参数是 String 类型，并且提供了用户想要显示的文本。第二个和第三个参数设置包含文本的矩形的左上角。最后一个参数是锚点。它依据 Graphics 类提供的定义值在矩形内移动文本的相对位置。例如，值 Graphics. BOTTOM ｜ Graphics. RIGHT 强制文本位于包含它的矩形的右下角
void drawSubstring (String, int, int, int, int, int)	第一个参数是 String 类型，并且提供了用户想要显示的文本。第二个参数是用户提供的 String 对象内的起始索引(或偏移量)。第三个参数确定用户想从起始索引开始显示多少个字符。第四个和第五个参数设置包含文本的矩形的左上角。最后一个参数是锚点。它依据 Graphics 类提供的定义值在矩形内移动文本的相对位置。例如，值 Graphics. BOTTOM ｜ Graphics. RIGHT 强制文本位于包含它的矩形的右下角
void drawChar (char, int, int, int)	第一个参数是 char 类型，并且提供了用户想要显示的字符。第二个和第三个参数设置包含文本的矩形的左上角。最后一个参数是锚点。它依据 Graphics 类提供的定义值在矩形内移动文本的相对位置。例如，值 Graphics. BOTTOM ｜ Graphics. RIGHT 强制文本位于包含它的矩形的右下角
void drawChars (char [ ], int, int, int, int, int)	第一个参数是 char 类型的数组，并且提供了用户想要显示的文本。第二个参数是用户提供的数组内的起始索引(或偏移量)。第三个参数确定用户想从起始索引开始显示多少个字符。第四个和第五个参数设置包含文本的矩形的左上角。最后一个参数是锚点。它依据 Graphics 类提供的定义值在矩形内移动文本的相对位置。例如，值 Graphics. BOTTOM ｜ Graphics. RIGHT 强制文本位于包含它的矩形的右下角
Font getFont( )	返回指向已赋予 Graphics 对象的字体的引用

（续）

方 法	说 明
void setFont(Font)	允许设置当前的绘图字体
用于处理画布区域和图像的方法	
void drawImage (Image, int, int, int)	绘制一幅图像。第一个参数是 Image 类型。第二个和第三个参数确定在画布上绘制的图像的左上角。最后一个参数可用于在设置用于绘图的区域内对齐图像。它是锚点。锚点 Graphics. BOTTOM ｜ Graphics. RIGHT 强制图像位于设置用于显示图像的区域的右下角
void copyArea(int, int, int, int, int, int, int)	复制矩形区域的内容。前四个参数设置要复制区域的左上角，以及它的宽度和高度。接下来两个参数设定要把区域复制到的坐标。这是区域的左上角。最后一个参数是锚点。例如，锚点 Graphics. BOTTOM ｜ Graphics. RIGHT 强制图像位于设置用于显示图像的区域的右下角

```java
/*
 * Chapter 13 \ CGExplorer.java
 *
 */
import javax.microedition.midlet.*;
import javax.microedition.lcdui.*;
import java.util.*;
import java.io.*;

// #1
public class CGExplorer extends MIDlet{
  Canvas canvas;
  Display display;
   public CGExplorer(){
      canvas = new SimpleCanvas();
      display = Display.getDisplay(this);
   }
   // #1.1
   public void startApp(){
      display.setCurrent(canvas);
   }

   public void pauseApp(){
   }

   public void destroyApp(boolean unconditional){
   }
   //=======Inner Canvas Class ============================

// #2
public class SimpleCanvas extends Canvas{
    Image image;
    public void paint(Graphics g){
       // #2.1
       g.setColor(176, 224, 230);
```

```
        g.fillRect(0, 0, getWidth(), getHeight(  ));

        //Upper left
        g.setColor(250, 250, 210);
        g.fillRect(getWidth()/2, 0, getWidth(), getHeight()/2);

        //Lower right

        g.fillRect(0, getHeight()/2, getWidth()/2, getHeight() );

        g.setColor(0, 0, 0);
        // #2.2
        g.setColor(18, 18, 18);
        g.drawString("Peace of mind.",
                     getWidth()/8,
                     getHeight()/4,
                     g.TOP | g.LEFT);

        g.drawString("Mind the peace.",
                     5 * getWidth()/8,
                     3 * getHeight()/4,
                     g.TOP | g.LEFT);

    // #2.3
    g.setColor(255,0,0);
    g.drawLine(0, this.getHeight()/2, this.getWidth(),
                                      this.getHeight()/2);
    g.drawLine(this.getWidth()/2, 0,  this.getWidth()/2,
                                      this.getHeight());
    g.setColor(225, 25, 112);
    // #2.4
    try{
        image = Image.createImage("/Paca.gif");
    }catch( IOException ioe ){
         System.out.println(ioe.toString());
    }

    // #2.5
    int xPos = this.getWidth()/2 - image.getWidth()/2;
    int yPos = this.getHeight()/2 - image.getHeight()/2;
    //In a rectangle that overlays the area of the image
    g.setStrokeStyle(Graphics.SOLID);
    g.drawArc(xPos,
              yPos,
              image.getWidth(),
              image.getHeight(), 0, 360);

    g.drawImage(image, this.getWidth()/2-image.getWidth()/2,
                       this.getHeight()/2-image.getHeight()/2,
                       0);

    // #2.7
```

```
        g.translate(0, 0);
        g.drawRect(0, 0, 10, 10 );
        //Translate the intial (0,0) coordinate
        g.translate( this.getWidth()/10, this.getHeight()/5);
        g.drawRect(0, 0, 10, 10);

        //Origin moved to the right, no further down
        g.translate(2 * this.getWidth()/3, 0);
        g.drawRect(0, 0, 10, 10 );
    }
}// end SimpleCanvas
//=========================================================
}// end outer class
```

13.2.1　定义和构造

在 CGExplorer 类中的注释#1 的后面几行中,声明了 Canvas 类以及一些显示属性,然后转而定义该类的构造函数。此构造函数的主要目的是创建 Canvas 类的实例。在这里,使用了用于 SimpleCanvas 类的构造函数,这个类是一个扩展 Canvas 类的内部类。既然 SimpleCanvas 类是 Canvas 类的特殊化版本,把它的一个实例赋予 Canvas 属性(canvas)就不会引发任何问题。已经创建了 SimpleCanvas 类的一个实例,然后调用 Display::getDisplay()方法获得 Display 类的一个实例,以赋予 display 属性。

遵照 CGExplorer 类的构造函数的定义,调用 startApp()方法,如注释#1.1 的后面几行所示。要定义该方法,可以使用 display 属性调用 setCurrent()方法。用户提供了一个指向 Canvas 对象的引用,作为 setCurrent()方法的参数。setCurrent()方法接受一个 Displayable 类型的参数,该类型是 Canvas 类的超类。此时,Canvas 对象(canvas)就变成显示 MIDlet 的主要媒介。

13.2.2　特殊化 Canvas 类

要使用 Canvas 类,必须特殊化它。Canvas 类的特殊化主要涉及重写 paint()方法。在 CGExplorer 类的注释#2 后面的几行中可以明显地看出,要在这种环境中特殊化 Canvas 类,需要创建一个内部类。如前所述,内部类的名称是 SimpleCanvas,其定义包括一个 Image 类型的属性 image 和一个方法 paint()。

paint()方法接受的一个参数的数据类型是 Graphics。该参数表示 Canvas 对象,允许使用 Graphics 接口提供的相当广泛的方法列表来呈现文本、几何形状和图片。从表13-2 可以清楚地看出,再补充以裁剪和平移,这三种活动就构成了 Graphics 类的接口提供的主要服务。

13.2.3　颜色

为了演示 Graphics 类提供的一些接口特性,考虑注释#2.1 的后面几行,其中调用了 Graphics::setColor()方法。如表 13-2 所讨论的,该方法有两个重载版本。其中一个版本接受三个整型值,创建一个 RGB 值。例如,由 176、224、230 组成的集合用于设置 Graphics 显示区域的背景色。这是一种淡蓝色。

注意：

　　在处理十六进制或者 3 个整数的 RGB 值时，要时刻关注或者添加到收藏夹中的一个有用的 Internet 站点如下：

　　http://www. pitt. edu/~nisg/cis/web/cgi/rgb. html。

　　这个站点提供了一个广泛的表格，以及所生成颜色的名称和示例，可以轻松地复制所需的信息，并将其粘贴到你的程序中。

　　如图 13-2 所示，应用于 Graphics 对象的颜色会影响程序流程中其后的对象，直到应用了另一种颜色为止。建立的模式相当直观。应用一种颜色，然后调用其中一种方法，用于创建文本或几何形状。它们会采用所应用的颜色。

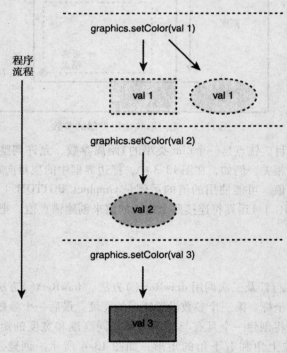

图 13-2　程序流程会传递所应用的颜色定义

　　在紧接着注释#2.1 的代码行中，第一个应用了颜色的几何形状是一个实心矩形。生成该矩形的方法是 fillRect( )。几乎所有的 Graphics 方法都会使用与 fillRect( ) 方法相同的基本参数集。就位置来说，图 13-3 显示了通常如何相对于用以设定所要显示对象左上角的 x 和 y 坐标来定位 Graphics 类生成的几何和文本形状。显示区域的起始坐标对默认是(0，0)。这是显示区域的左上角位置。然后，在向右或向下移动时，每次把 x 轴或 y 轴上的值增加 1 像素。

　　几乎总是用坐标对(x，y)设定在其中绘制形状的边界框的左上角。边界框沿着 x 轴的方向向右扩展，直到你所定义的宽度。同样，它沿着 y 轴的方向向下扩展，直到你所定义的高度(或距离)。边界框的区域是从起始坐标向下(而不是向上)扩展。使用宽度和高度的一个例外是线条。用于生成线条的坐标不会定义边界框。它们代之以只建立线条的开始和结束坐标对。

　　图 13-3 还回顾了锚点(anchor)的概念。一般来讲，无论是呈现文本还是几何形状，都在边

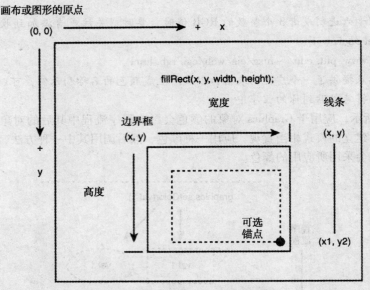

图 13-3　几何形状使用类似的参数

界框内定位所呈现的项目。锚点是一个（int 类型的）距离参数，允许调整所呈现项目的位置，它与其在边界框内的位置相关。例如，在图 13-3 中，把边界框中的项目向右下方拖动。由 Graphics 类定义用于创建锚点的值。可能使用的值的示例是 Graphics. BOTTOM ｜ Graphics. RIGHT。在这个表达式中，通过位 OR（｜）运算符连接两个定义的值来创建锚点值，把项目推到应用此值的边界框的右下角。

13. 2. 4　矩形

　　注释#2.1 的后面几行涉及三次调用 drawRect( )方法。drawRect( )方法接受 4 个参数。前两个参数设置矩形左上角的坐标。第三个参数设置矩形的宽度。最后一个参数设定矩形的高度。第一次调用 drawRect( )方法将创建一个具有与显示区域相同高度和宽度的矩形。后两次调用将创建分别定位于显示区域左上角和右下角的矩形，如图 13-4 所示。创建左上角的矩形涉及获得 getWidth( )方法返回的值，并把它除以 2。把此值赋予 x 坐标，在显示区域顶部的中间设置矩形的左上角。然后把值 0 赋予 y 坐标。getWidth( )给出的距离用于设定左边缘。getHeight( )/2 给出的距离用于设定高度。用于在左下角创建矩形的方法遵循相同的逻辑：

```
0, getHeight()/2, getWidth()/2, getHeight()
```

13. 2. 5　字符串

　　CGExplorer 类中的注释#2.2 的后面几行是对 Graphics 类的 drawString( )方法的调用。如上一节所述，该方法的参数在许多方面都是可预测的。第一个参数提供了一个指向 String 对象的引用，或者在这里是一个字符串常量。第二个和第三个参数提供了一个坐标对，用于定位包含文本的边界框的左上角。最后一个参数是锚点，在这里它包含使用 OR 运算符连接 Graphics：TOP 和

Graphics：LEFT 创建的值。这个锚点参数把文本推到边界框的左上角。

在调用 drawString( ) 和 drawLine( ) 方法（参见注释#2.3）的定义中，还会调用 Display 类的 getWidth( ) 和 getHeight( ) 方法。在第一次调用 drawString( ) 方法时，将把 getWidth( ) 方法返回的值除以 8，得到一个值表示显示区域的宽度的 $\frac{1}{8}$。使用类似的方法相对于显示区域的高度定位文本。将 getHeight( ) 返回的值除以 4。如图 13-5 所示，字符串"Peace of mind"中的"P"开始位置相距显示区域左边缘的距离大约是显示区域宽度的 $\frac{1}{8}$。同样，"P"的顶部相距显示区域的上边缘的距离大约是显示区域高度的 $\frac{1}{4}$。

drawRect(getWidth( )/2,0, getWidth( ), getHeight( )/2)

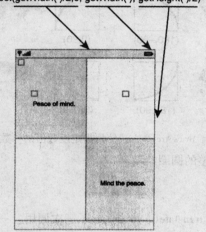

图 13-4 Display 类的方法提
供了为背景定义矩形的方式

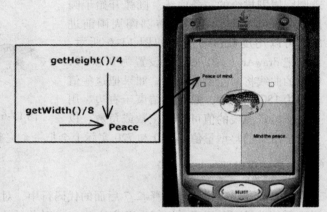

图 13-5 使用从 Display 类获取的值
消除了使用嵌入式常量的需要

还使用了用于定位两个文本字符串的技术，绘制两根线条，把显示区域划分为 4 个区域。绘制线条需要两个坐标对，要计算其中一个坐标对的 x 的值，对于垂直线条，可以把 getWidth( ) 提供的值除以 2。然后把 y 的值设置为 0，构成第一个坐标对（getWidth( )/2，0）。用于定义垂直线条的第二个坐标对使用类似的方法（getWidth( )/2，getHeight( )）。

13.2.6 呈现图像和绘制圆弧

CGExplorer 类中的注释#2.4 后面的几行跟踪前面几章中探讨过的活动，但是它证明在 Canvas（或 SimpleCanvas）类提供的环境中再次研究它们是有帮助的。在调用 Image::createImage( ) 方法时，把 GIF 文件的内容加载进 image 属性中。为了执行该操作，必须把 createImage( ) 方法包装在一个 try 块中，因为它被定义成在多种情况下抛出异常。在这种情况下，将把普通类型 IOException 用作 catch 块的参数来处理异常。

加载的图像描绘了一只无尾刺豚鼠，它是一种在巴拉圭等国家很常见的啮齿类动物。在使无尾刺豚鼠的图片可见之前，首先计算在显示区域中心定位图片所需的值。这所需的两个值是那些赋予局部标识符 xPos 和 yPos 的值。

从注释2.5后面的几行中可以明显看出，为了计算赋予 xPos 和 yPos 标识符的值，结合使用了 Image 类和 Display 类的同名方法 getWidth( ) 和 getHeight( )。把这些方法返回的值除以2。然后从 Display 的值中减去 Image 的值。结果是坐标对(xPos, yPos)，用于定位 Image 对象的边界框的左上角，使得图片大致出现在显示区域的中心（参见图13-5）。

就像与注释#2.6关联的代码行所指示的那样，以类似的方式，通过调用 Graphics 类的 drawArc( ) 方法在无尾刺豚鼠的图片周围绘制一个椭圆。drawArc( ) 方法的前两个参数提供了 x 值和 y 值，用于指定圆弧的边界框的左上角。它们是由以前计算的用于定位无尾刺豚鼠图片的 xPos 值和 yPos 值提供的。接下来的两个参数提供了无尾刺豚鼠图片的宽度和高度，重申一遍，为了提供它们，需要调用 Image 类的 getWidth( ) 和 getHeight( ) 方法。

drawArc( ) 方法的最后两个参数指定用于定义圆弧的起始和终止度数值。圆弧是沿着圆圈周围描绘的一条曲线。圆弧开始于圆圈上的任意一点，在它沿着圆圈周围前进时，可以用度数度量它。如图13-6所示，如果把 drawArc( ) 方法的值设置为0和90，得到的曲线将向左上方伸出。如果把这些值设置为180和 –90，曲线将结束于右边。用于生成给定曲线的值可以是正数或负数，以及几乎所有的整型量值。值0和720实际上会把一个完整的圆圈绘制两次。

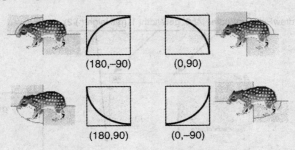

图13-6   drawArc( ) 方法使用指定度数值的参数

13.2.7 平移

在 CGExplorer 类中的注释#2.7后面的代码行中，对 translate( ) 方法执行了三次调用。一般来讲，平移涉及相对于显示区域重新定位 Canvas 对象的原点。如紧接在注释#2.7后面的代码行所示，尽管每次都可以使用完全相同的参数对 drawRect( ) 方法执行三次调用，呈现的矩形也会出现在不同的位置。改变位置是 translate( ) 方法要做的工作。

如图13-7所示，第一次平移根本不会导致任何变化，因为 translate( ) 方法的参数都是0。原点最初设置在坐标(0, 0)处，因此把它平移到(0, 0)不会引起变化。第二次调用 translate( ) 确实会引起变化，因为在这里把 y 坐标的原点下移显示区域高度的 $\frac{1}{5}$ 的距离，同时把 x 坐标移动显示区域宽度的 $\frac{1}{10}$ 的距离。因此，尽管没有更改赋予 drawRect( ) 方法的值(0, 0, 10, 10)，呈现的矩形还是会在显示区域中下移 $\frac{1}{3}$ 的距离。它还会往右移一点。

第三次调用 translate( ) 方法将再次移动原点，这一次使得 drawRect( ) 方法（再次利用与以前一样的值设置它）在显示区域的右上方的那个区域中呈现矩形。注意：由于上一次是在 paint( ) 方法中调用 translate( ) 方法，以前绘制的图形项目（无尾刺豚鼠、

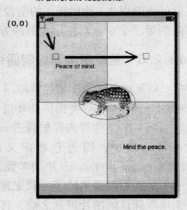

图   13-7

十字交叉线、彩色四分区和文本）将会保持不变。

13.3　扩展画布的工作

GameStart 类和 GSCanvas 类结合起来构成了只基于标准 MIDP 类的游戏的基本框架。在引入 MIDP Game API 之前，这种类型的 MIDlet 表现了设备游戏的特色。不过，图片现在发生了变化。在开发面向动作的游戏时，最佳方法是使用 Game API，它接受第 14 章和第 15 章中的扩展处理。

在目前的设置中，使用 MIDP 的标准 GUI 组件仍然是一种学习基础知识的有效方式。目前的类集合允许探索关于 Canvas 类和线程实现的事件处理。此外，还会探索碰撞检测的几种应用。MIDlet 的这些及其他特性通过键盘生成的事件开始为人们所关注。表 13-3 总结了 MIDlet 支持的按键动作。

表 13-3　GSCanvas 动作

要按的键	动　作
键盘 1	更改出现在显示区域中间的动物图画背后的圆弧（椭圆）中的颜色
键盘 3	切换动作模式。当打开它时，使用 SELECT 按钮单击方向键将导致图像在那个方向上连续移动，直至它到达显示区域的边缘或者按下另一个方向键
键盘 5	使用随机颜色值更改显示区域的背景色
键盘 7	在一组 4 幅动物图画之间切换
键盘 9	将背景色恢复为起始颜色
SELECT 按钮上的箭头	Up、Down、Right 和 Left 这些箭头键会导致动物图画移动。它们对应于 SELECT 按钮上的 Up、Down、Right 和 Left 这些箭头
左上方碰撞	如果把动物的图片移到显示区域的左上方，碰撞事件将会导致显示一条消息
右上方碰撞	如果把动物的图片移到显示区域的右上方，碰撞事件将会导致显示一条消息
中心碰撞	在应用程序的开始处，无论何时把动物的图画移动显示区域的中心，都会显示一条消息
下边缘	如果把图片移动显示区域的底部，尽管不会显示消息，也会停止移动

图 13-8 显示了在启用 7 这个键把动物的图画更改为曲角羚羊的图画之后的 GameStart MIDlet。在发生碰撞事件时，就会显示曲角羚羊左边的消息。在显示区域顶部，注意图画的坐标位置出现在左边。在右边，可以查看是否按下了动画键。当按下该键开始动画时，动物的图画将自动移动。当关闭动画时，只有通过重复按下箭头键，才能一点一点地移动它。

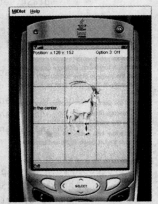

图 13-8　按键涉及 GameStart MIDlet 支持的一些事件，而其他动作则是由内部生成的事件产生的

13.4　GameStart 类

GameStart 类提供了一种方式，用于控制用户如何进入 GSCanvas 类提供的事件环境。它提供了闪屏、游戏结束屏幕以及用于启动和停止应用程序的命令。当用户按下 Start 键时，GameStart 类将会构造 GSCanvas 类的实例，并把交互的环境移入 Canvas 类的方法定义的事件场景中。可以在第 13 章的源文件夹中找到 GameStart 类和 GSCanvas 类的代码。这些类包括在 NetBeans Chapter13MIDlets 项目

中，也包括在单独的文件夹中。下面给出了 GameStart 类的代码。在学习本章的过程中将进一步介绍 GSCanvas 类。

```java
/*
 * Chapter 13 \ GameStart.java
 *
 */
import javax.microedition.midlet.*;
import javax.microedition.lcdui.*;
import java.io.IOException;
import java.util.*;
// #1
public class GameStart extends MIDlet implements CommandListener{
        Form form;
        Command exitCmd;
        Command startCmd;
        GSCanvas canvas;
        Display display;
        ImageItem splash;

        public GameStart(){

            form = new Form("Starter Canvas");
            display = Display.getDisplay( this );
// #1.1
            canvas = new GSCanvas(display, form);
            exitCmd = new Command("Exit", Command.EXIT, 1);
            startCmd = new Command("Start", Command.OK, 1);
            form.append(new Spacer(50,100));
// #1.2
            splash = new ImageItem("Canvas Explorations", null,
                                ImageItem.LAYOUT_CENTER,null);
            try{
                Image image = Image.createImage("/Alien-bird.gif");
                splash.setImage(image);

            }catch( IOException ioe ){
                System.out.println(ioe.toString());
            }
            form.append(splash);

            form.addCommand(startCmd);
            form.addCommand(exitCmd);
            form.setCommandListener(this);
    }
// #2
    protected void startApp()
        throws MIDletStateChangeException{
            display.setCurrent(form);
    }
    protected void destroyApp( boolean unconditional )
                            throws MIDletStateChangeException{
```

```
        }
        // #3
        public void commandAction(Command cmd, Displayable dsp){
            if(cmd == startCmd){
                form.deleteAll();
                canvas = new GSCanvas(display, form);
                display.setCurrent( canvas);
                System.out.println("startCmd");
            }
            if (cmd == exitCmd){
                try{
                    destroyApp(true);
                    notifyDestroyed();
                }catch(Exception e){
                    e.toString();
                }
            }
        }
        protected void pauseApp(){
        }
    }
```

13.4.1　定义和构造

　　在与注释#1 关联的代码行中，定义了一系列类属性，涉及 Form、Display 和 Command 类型的标识符。还声明了一个 ImageItem 类型的属性（splash），以容纳用于闪屏的图画。此外，还声明了一个 GSCanvas 类型的属性（canvas）。该属性变成了应用程序使用期限内的主要特性。

　　在注释#1.1 之前的代码行中，创建了 Form 类和 Display 类的实例，然后把它们赋予相应的类属性。在注释#1.1 后面的代码行中，创建了 GSCanvas 类的实例。用于 GSCanvas 的构造函数需要两个参数，第一个参数是 Display 类型，第二个参数是 Form 类型。如 GSCanvas 类所指示的，需要指向这两个对象的引用以处理消息，允许用户退出 GSCanvas 类维持的事件环境，并重新进入 Form 类中维持的事件环境。

　　在创建了用于控制进出应用程序所需的 Command 对象之后，在与注释#1.2 相关联的代码行中，创建了 ImageItem 类的实例，并把它赋予 splash 属性。为 splash 对象提供图画的文件被命名为 Alien – bird. gif。Image 类的 createImage( )方法能够使用诸如 GIF 和 PNG 之类的格式生成图像，然后把结果赋予 image 属性。在创建了 Image 对象之后，通过调用 setImage( )方法把它赋予 splash 属性以便进行显示。在调用了 Form∷append( )方法并把 splash 属性用作它的参数之后，就可以产生闪屏。

　　闪屏出现的实际时间是由与注释#2 关联的代码行引起的，其中定义了 startApp( )方法。该方法中的一行活动代码是对 Form∷setCurrent( )方法的调用，它使构造函数中定义的 Form 对象出现在视图中。图 13-9 显示了结果。

13.4.2　闪屏

　　闪屏只提供了一个瞬时暂停的位置。在 GameStart 类的注释#3 后面的代码行中，处理 startCmd 和 exitCmd 消息。startCmd 消息调用 Form 类的 deleteAll( ) 方法，它清除迄今为止创建的命令定义。在下一行中，调用 GSCanvas 类的构造函数。如果提供了 Display 和 Form 类型的参数，它就用于创建将赋予 canvas 属性的 GSCanvas 引用。

13.5　GSCanvas 类

　　除了其他特性（例如，Thread 对象和图像的双缓冲）之外，GSCanvas 类还提供了大量的事件处理能力。为了使用 GSCanvas 类，需要一个入口点；这是由 GameStart 类提供的，前面已经讨论了它。GSCanvas 类的代码位于第 13 章的源文件夹中，在 NetBeans Chapter13MIDlets 项目中。在单独的文件夹中也提供了它。下面给出该类的代码。

图 13-9　Alien-bird. gif 文件
提供了用于闪屏的图画

```
/*
 * Chapter 13 \ GSCanvas.java
 *
 */

import javax.microedition.midlet.*;
import javax.microedition.lcdui.*;
import java.util.*;

// #1
public class GSCanvas extends Canvas implements Runnable, CommandListener{
    // #1.1
    private Random random;
    private Graphics buffer;
    private Image movingImage;
    private Image bufferImage;
    private int imageID;
    private String imageNames[] = new String[4];
    private final int SPEED = 4;
    private int imageXPos;
    private int imageYPos;
    private int positionChange;
    private int speedOfMove;
    private int color;
    private int imageColor;
    private boolean moveFlag;
    private String option3;
    private Command exitCmd;
    private Display display;
```

```
     private Tnread thread;
     private Form form;
     private final int CDIV=3;

public GSCanvas(Display start, Form stform){
   // #2
       form = stform;
       display = start;
       imageXPos = getWidth()/2;
       imageYPos = getHeight()/2;
       random = new Random( System.currentTimeMillis() );
       speedOfMove = SPEED;
       imageID = 0;
       moveFlag = false;
       option3 = new String("Off");
       // #2.1 Load the images
       setImages();
       // #2.2
       color = makeColor(0);
       imageColor = makeColor(1);

       makeImage(getImage(0));

       // #2.3
       exitCmd = new Command("Exit", Command.EXIT, 1);
       this.addCommand(exitCmd);
       this.setCommandListener(this);

       // #2.4
       thread = new Thread(this, "Game Thread");
       thread.start();

}

// #3
private void setImages(){
     imageNames[0]= "/Paca.gif";
     imageNames[1]= "/WhiteRhino.gif";
     imageNames[2]= "/Zebra.gif";
     imageNames[3]= "/Addax.gif";
}
// #3.1
private String getImage(int iNum){
     String gImage;
     if(iNum < imageNames.length){
         gImage = imageNames[iNum];
     }else{
         gImage = imageNames[0];
     }
     return gImage;
}
```

```
// #4
public void makeImage(String imageName){
        bufferImage = null;
        movingImage = null;
        try{
            if( isDoubleBuffered() == false ){
                bufferImage = Image.createImage( getWidth(),
                                                    getHeight() );
                buffer = bufferImage.getGraphics();
            }
            movingImage = Image.createImage(imageName);
        }catch( Exception e ){

        }
}//end makeImage()

// #5
public void run(){
    while( true ){
        int delayOfLoop = 1000 / 20;
        long loopStartTime = System.currentTimeMillis();
        runGame();
        long loopEndTime   = System.currentTimeMillis();
        int loopTime = (int)(loopEndTime - loopStartTime);
        if( loopTime < delayOfLoop ){
            try{
                thread.sleep( delayOfLoop - loopTime );
            }catch( Exception e ){
                e.toString();
            }
        }
    }
}// end run()

// #6
public void runGame(){
    checkBoundries();
    switch( positionChange ){
            case LEFT:
                imageXPos -= speedOfMove;
            break;
            case RIGHT:
                imageXPos += speedOfMove;
            break;
            case UP:
                imageYPos -= speedOfMove;
            break;
            case DOWN:
                imageYPos += speedOfMove;
            break;
    }
    repaint();
    serviceRepaints();
```

```
   }// end tick()

   // #6.1
   void checkBoundries(){
         if(imageXPos < 20 ){
             imageXPos = 21;
          }
          if(imageXPos > this.getWidth()){
             imageXPos  = this.getWidth()-1;
          }
          if(imageYPos < 40 ){
             imageYPos = 41;
          }
          if(imageYPos > this.getHeight()){
             imageYPos  = this.getHeight() -1;
          }
      }

// #7 Repaint the Canvas object
 protected void paint( Graphics g ){
       Graphics buffContext = g;
       if( !isDoubleBuffered() )
       {
           g = buffer;
       }
   g.setColor( color );

   g.fillRect( 0, 0, this.getWidth(), this.getHeight() );

   g.setColor(imageColor);
   // #7.1
   g.drawArc(imageXPos - movingImage.getWidth()/2,
           imageYPos - movingImage.getHeight()/2,
           movingImage.getWidth(),
           movingImage.getHeight(),180, 360);

   g.fillArc(imageXPos - movingImage.getWidth()/2,
           imageYPos - movingImage.getHeight()/2,
           movingImage.getWidth(),
           movingImage.getHeight(),180, 360);
   // #7.2
   g.drawImage( movingImage, imageXPos, imageYPos,
               Graphics.VCENTER | Graphics.HCENTER );

   if( !isDoubleBuffered() ) {
      buffContext.drawImage( bufferImage, 0, 0,
                             Graphics.TOP | Graphics.LEFT );
   }

// #7.3   Draw Divisions
drawDivisons(g);
```

```
        // #7.4
        showPosition(g);


        // #7.5
        detectCollision(g);
}// end paint()

// 7.6
void drawDivisons(Graphics g){
        g.setColor(   0, 0, 255);
        g.setStrokeStyle(Graphics.DOTTED);
        g.drawLine(0, this.getHeight()/CDIV, this.getWidth(),
                    this.getHeight()/CDIV);
        g.drawLine(0, 2 * this.getHeight()/CDIV, 2 * this.getWidth(),
                    2 * this.getHeight()/CDIV);

        g.drawLine(this.getWidth()/CDIV, 0,  this.getWidth()/CDIV,
                    this.getHeight());

        g.drawLine(2 * this.getWidth()/CDIV, 0,
                    2 * this.getWidth()/CDIV,
                    2 * this.getHeight());
    }

// #7.7
void showPosition(Graphics g){
        g.setColor(0xf0fff0) ;
        String xCoord = String.valueOf(imageXPos);
        String yCoord = String.valueOf(imageYPos);
        g.setColor(0xf8f8ff) ;
        g.fillRect( 0, 0, this.getWidth(), 20 );
        g.setColor(0x0f0f0f) ;
        g.drawString("Position: x:" + xCoord + "\t y: "
                                    + yCoord , 0, 0, 0);
        g.drawString("Option 3: " +
                    option3, 2 * this.getWidth()/CDIV, 0, 0);
}// end showPosition()

// #7.8
void detectCollision(Graphics g){
        String message = new String();
        if(imageXPos < this.getWidth()/CDIV &&
            imageYPos < this.getHeight()/CDIV){
            message = "Top Left.";
        }
        if(imageXPos > 2 * this.getWidth()/CDIV &&
            imageYPos < this.getHeight()/CDIV){
            message = "Top Right.";
        }
        if(imageXPos < this.getWidth()/CDIV &&
```

```
                imageYPos > 2 * this.getHeight()/CDIV){
                message = "Lower Left.";
            }
            if(imageXPos > 2 * this.getWidth()/CDIV &&
                imageYPos > 2 * this.getHeight()/CDIV){
                message = "Lower Right.";
            }
            if(    ( imageXPos   > this.getWidth()/CDIV &&
                    imageXPos < 2 * this.getWidth()/CDIV )
                &&
                    ( imageYPos   > this.getHeight()/CDIV &&
                    imageYPos < 2 * this.getHeight()/CDIV )
            ){
                message = "In the center.";
            }
            g.drawString(message, 0, this.getHeight()/2, 0);
}//

// #8
protected void keyPressed(int keyCode) {
        if (keyCode > 0 && keyCode != 5) {
            System.out.println("keyPressed "
            + ((char)keyCode));
            // #8.1 ====================================
            switch((char)keyCode){
                case '1':
                    imageColor = makeColor(1);
                break;
                case '3':
                    if(moveFlag == false){
                        moveFlag = true;
                        option3 = "On";
                    }else{
                        moveFlag = false;
                        option3 = "Off";

                    }
                break;
                case '5':
                    color = makeColor(1);
                break;
                case '7':
                    //Change image
                    imageID++;
                    if(imageID > 3 ){
                        imageID = 0;
                    }
                    System.out.println("Inside 7"
                                    + ((char)keyCode));
                    makeImage(getImage(imageID));
                break;
                case '9':
```

```
                        //Reset background
                        color = makeColor(0);
                    break;

                }// end switch
        //=============================================
        }else{
            System.out.println("keyPressed action "
                                + getGameAction(keyCode));
        // #8.2 =====================================
          int gameAction = getGameAction( keyCode );
            switch( gameAction ){
                case LEFT:
                    positionChange = LEFT;
                break;
                case RIGHT:
                    positionChange = RIGHT;
                break;
                case UP:
                    positionChange = UP;
                break;
                    case DOWN:
                    positionChange = DOWN;
                break;
            }//end switch
            //=============================================
    }
}//end keyPressed

// #9
protected void keyReleased( int keyCode )
 {
          //Continuous movement
          if(moveFlag == false){
              positionChange = 0;
          }
  }// end keyReleased

// #10
private int makeColor(int clr ){

        int colorVal = 0;
        if (clr == 0){
            colorVal =   0xf0fff0 ;
        }
        if(clr == 1){
            colorVal = random.nextInt()&0xFFFFFF;
        }
        return colorVal;
    }// end makeColor()

    // #11
```

```
    public void commandAction(Command c, Displayable s){
        display.setCurrent(form);
        form.append("Game over.");
    }
}// end class
```

13.6　GSCanvas 类的定义和构造

当用户在 GameStart MIDlet 提供的 Form 对象中按下与 Start 命令对应的按钮时，就会创建 GSCanvas 类的一个实例，并且用户会进入由 GSCanvas 事件处理程序维持的事件环境中。为了使这成为可能，在紧接于注释#1 后面的 GSCanvas 类的签名行中，扩展了 Canvas 类并且实现了 Runnable 和 CommandListener 接口。Runnable 接口使得必须实现 run( )方法。GSCanvas 类支持 Thread 类的实例，当使用 Thread 对象调用 start( )方法时，也会调用 run( )方法。除了使用 Thread 之外，Canvas 类的这种实现还要求实现 paint( )方法，并且 CommandListener 接口要求实现 commandAction( )方法。

在与 GSCanvas 类中的注释#1.1 关联的代码行中定义了相当广泛的属性列表。这些属性的类型包括 Random、Graphics、Display、Form 和 Image 等等。Form 和 Image 属性容纳从 GameStart 类通过 GSCanvas 构造函数传递的引用。Random 属性允许为出现在动物图画后面的背景和椭圆区域生成颜色。还创建了一个 String 类型的数组，它用于存储提供动物图画的文件的名称。许多 int 类型的属性用于处理坐标值和按键事件。有一个 int 类型的属性用关键字 final 进行限定，使之成为一个常量。给它赋值 4，用于控制动画的速度。

在注释#2 的后面几行中定义了 GSCanvas 类的构造函数。首先把从构造函数的参数列表中获得的值赋予 form 和 display 属性。指向 GameStart 类的 Form 和 Display 属性的引用使得有可能返回到启动对象 Form，并从那里退出 MIDlet。

在处理 Form 和 Display 对象之后，调用 Display 类的 getWidth( )和 getHeight( )方法捕获显示区域的尺寸。把这些方法的返回值除以 2，并把结果赋予 imageXPos 和 imageYPos 属性。结合使用这两个属性，允许在显示区域的中心定位图形对象。

然后创建 Random 类的一个实例。在准备 Random 构造函数时，利用了 System∶∶currentTimeMillis( )方法，它返回一个相当重要的数字，表示当前日期的毫秒值。然后初始化几个用于处理 GSCanvas 类的事件的属性，并且调用许多 GSCanvas 方法，将在本章的后面几节中讨论它们。

除了调用 GSCanvas 类中定义的方法之外，通过创建 Command 类的一个实例并把它赋予 exitCmd 属性，结束了构造函数中的工作。这是 Exit 命令。调用 addCommand( )和 setCommandListener( )方法为 GSCanvas 类启动事件处理。注意 commandAction( )方法，它处理 Exit 命令发出的消息，该方法是在注释#11 后面的代码行中实现的。在那里，使用指向传递给 GSCanvas 类的构造函数的 Display 对象的引用来调用 setCurrent( )方法。该方法接受传递给 GSCanvas 的构造函数的 Form 引用作为其参数。在退出 GSCanvas 环境之后，实际上返回到开始位置，并调用 append( )方法显示消息"Game over"。

13.6.1 文件、图像和颜色

在 GSCanvas 构造函数的环境中调用的 4 种方法是 setImages()、makeImage()、getImage()和 makeColor()。setImages()方法是在与注释#3 关联的代码行中定义的,其中把提供动画插图的 4 个 GIF 文件的名称赋予 imageNames 数组。使用 GIF 文件类型可以让我们把它与本书中涉及 PNG 文件的方法进行比较。当使用的文件将不加改变地显示时,GIF 格式将毫无困难地显示。其中图形的显示需要裁剪或平移,在某些方面使用 PNG 文件类型更可取。

在注释#3.1 后面的代码行中定义了 getImage()方法。该方法主要负责从 imageNames 数组中提取文件名,它带有一个 int 类型的参数。它会执行检查以确保参数的值小于 imageNames 数组的长度。如果这个数字越界,那么它总会返回对应于索引 0 的文件名,在这里是 paca.gif。

在注释#2.2 后面的代码行中的构造函数中调用的 makeColor()方法是在注释#10 后面的代码行中定义的。该方法负责生成固定的或随机的颜色值。它接受一个 int 类型的参数,也返回一个 int 类型的值。该参数指示方法执行两个操作之一。如果提交给方法的参数是 0,那么方法就会把一个十六进制的值 0xF0FFF0 赋予 colorVal 属性。在第一次构造 GSCanvas 对象时,把这种颜色用于背景。如果把值 1 作为参数提交给方法,那么将使用 random 属性调用 nextInt()方法,生成一个随机整型值。使用"与"位运算符把返回的值与值 0xffffff 连接在一起,这就产生了一种背景色。

在 GSCanvas 构造函数中最初调用的那些方法中,也许最复杂的方法是 makeImages()方法。该方法接受一个 String 类型的参数。该参数指定适合于创建 Image 对象的文件。就像与注释#2.2 关联的代码行所显示的那样,getImage()方法提供了 makeImages()方法所需的值作为参数。

在注释#4 后面的代码行中定义了 makeImage()方法。它主要负责创建双缓冲区(如果需要或者可以使用双缓冲区的话)。为了实现该方法,首先把 null 值赋予 bufferImage 和 movingImage 属性。然后建立一条选择语句,以确定设备是否可以使用双缓冲区。为了执行该任务,可调用 isDoubleBuffered()方法。如果设备没有提供双缓冲,那么就必须为图像创建一个缓冲区。如果不需要它,那么就会使用 createImage()方法创建一个不带缓冲区的 Image 对象(movingImage),并且不需要其他方面。如其他地方所指出的,try 块必须包装对 createImage()方法的调用。

13.6.2 Runnable 接口和 Thread 类

Runnable 接口的实现要求定义 run()方法。当调用 Thread::start()方法时,就会调用 run()方法。在 GSCanvas 构造函数中,在紧接注释#2.4 后面的代码行中创建了一个新的 Thread 对象。如表 13-4 所示,该构造函数允许命名线程(在这里是"Game Thread"),并使用 this 关键字把 Thread 对象与 GSCanvas 对象相关联。由于 GSCanvas 类实现了 Runnable 接口,在定义它时就实现了 run()方法。this 关键字把 Thread 对象链接到 Runnable 类的 run()方法。

表 13-4   Thread 类的方法和值

方法/值	说　　明
Thread()	默认的 Thread 构造函数
Thread(Runnable)	创建与特定对象相关联的线程

（续）

方法/值	说 明
Thread(Runnable , String)	这个构造函数带有两个参数。第一个参数是实现 Runnable 接口的对象，第二个参数是命名线程的 String 引用
Thread(String)	创建具有指定名称的线程
void interrupt( )	中断线程
boolean isAlive( )	返回一个 boolean 类型的值，指示线程是否是活动的
void run( )	如果使用的类实现了 Runnable 接口，那么就必须实现该方法。当 Thread 对象调用 start( )方法时会自动调用它
static void sleep(long)	该方法带有一个 long 类型的参数，用于指定希望线程暂停多长时间。当线程睡眠时，它就不再是活动的
void start( )	激活线程，它反过来又会调用与实现了 Runnable 接口的类关联的 run( )方法
String toString( )	获取线程的名称(如果给它指定了名称的话)
static void yield( )	临时暂停调用它的线程，并且允许其他线程执行
setPriority(int)	允许设置线程的优先级。参见下面定义的值
MAX_PRIORITY	一个 int 类型的值，它是可以赋予线程的最大优先级
MIN_PRIORITY	一个 int 类型的值，它是可以赋予线程的最小优先级
NORM_PRIORITY	一个 int 类型的值，它是赋予线程的默认优先级

如图 13-10 所示，在实现 Runnable 接口的类的作用域内调用 Thread 类的 start( )方法时，将会调用 run( )方法。在实现了游戏循环的情况下，可以在 run( )方法的作用域中这样做。如注释 #5 后面的代码行所示，run( )方法包含一个设置成无限运行的 while 块。

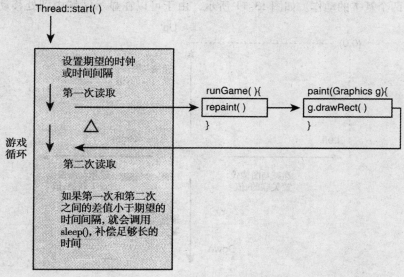

图 13-10　run( )方法允许实现游戏循环

不过，while 块不仅仅是一个无限循环。它嵌入在一条选择语句内，该语句使用系统时间的两种度量标准来确定是否调用 Thread::sleep()方法。是进行延迟还是强制 while 循环的动作睡眠的决定基于局部标识符 delayOfLoop 的值。这个标识符设定你希望允许循环的每次迭代执行的时间。例如，设想你正在使用一台电影放映机。这样一个值就确定你每秒钟能够看到的帧数。如果每秒钟出现 15 个左右的帧，人眼将不再能够检测到单独的帧，因此动画世界就变成了现实。

尽管如此，认识到 delayOfLoop 标识符设定的时间是最小值（而不是最大值）也是很重要的。换句话说，循环必须运行得至少与 delayOfLoop 标识符设定的时间一样慢（1 000/15——每秒 15次）。为了调节允许循环重复的速率，可以创建两个局部标识符：loopStartTime 和 loopEndTime。其中第一个局部标识符允许捕获每个循环开始的时间；第二个局部标识符则允许捕获每个循环结束的时间。要捕获时间，可以调用 System::currentTimeMillis()方法设置两个标识符的值。

在把时间值赋予 loopStartTime 之后，激活游戏在循环的迭代期间需要执行的所有动作。这是通过调用单个方法 runGame()完成的。runGame()方法反过来又调用 repaint()方法，而 repaint()方法又会调用 paint()方法，paint()方法使游戏的图形特性可见。调用 runGame()、repaint()和paint()这些方法（以及用于处理事件的另外几种方法）需要花费一定的时间。通过从赋予 loopEndTime 标识符的值中减去赋予 loopStartTime 标识符的值，就得到了一个合适的值可以赋予loopTime。然后评估这个标识符，确定是否经过足够长的时间，从而证明允许执行下一轮游戏是正当的。

如果需要更多的时间，就使用 Thread 对象调用 sleep()方法。给 sleep()方法提供一个值，把循环延迟足够长的时间，使它维持通过赋予 delayOfLoop 标识符的值设定的最小变化速率（或帧速率）。

13.6.3　键值和事件

调用 runGame()方法是 run()方法的一部分。runGame()方法是在注释#6 后面的代码行中实现的，它执行两个基本的动作。如图 13-11 所示，由于可以在显示区域中到处移动 Image 对象，

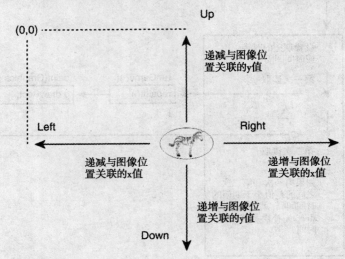

图 13-11　x 值和 y 值确定了每次单击 SELECT 按钮的箭头键而改变的 Image 对象的位置

第一个动作就是调用 checkBoundries( ) 方法，它检查 Image 对象的位置，以确定它何时到达了显示区域的边界（在与注释#6.1 关联的代码行中定义了 checkBoundries( ) 方法）。runGame( ) 方法的第二个动作是检查赋予 positionChange 属性的当前值，以确定 SELECT 按钮发出了哪个事件。在该类的代码行中的两三个位置设置了 positionChange 属性的值。赋予它的值可以是 0，或者是 Canvas 类提供的用于方向的 4 个定义的值之一：UP、DOWN、LEFT 和 RIGHT（参见框注"使用键码"，了解关于键码的更多信息）。

在按下 SELECT 按钮上的某个方向箭头时，就会把一个值赋予 positionChange 属性。如以后所解释的，按下该按钮后，就会在 positionChange 属性中存储一个方向值。然后可以发生两个动作之一，这依赖于通过按键动作赋予 positionChange 属性的值。如果允许它保留所按下的方向的值（例如，SELECT 箭头之一），那么将连续移动受影响的对象。如果取消了 positionChange 的值（例如，通过释放键），那么对象将不会连续移动。图 13-12 说明了这种活动。

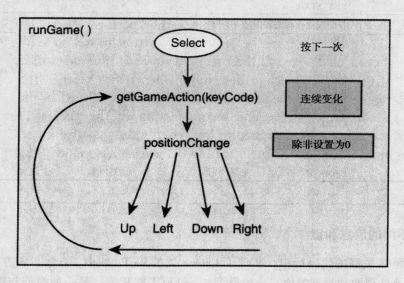

图 13-12　可以把移动设置为连续的

使用键码

在 GSCanvas 类中，来自键的事件处理是使用字符值管理的。标准方法是使用键码提供的常量值。这些值定义在 Canvas 类中。表 13-5 有选择地说明了这些定义的值。为了处理游戏动作的键码，可以调用 getGameAction( ) 方法。为了处理默认的键，可以调用 keyPressed( ) 或 keyReleased( ) 方法。在 GSCanvas 类中，在使用 keyPressed( ) 方法获取键值之后，在处理之前把它们强制转换为 char 类型。也可以简单地处理整型值。

表 13-5　键事件码

键　事　件	说　　明
默认键	
KEY_NUM0	数字键盘 0

（续）

键 事 件	说 明
KEY_NUM1	数字键盘1
KEY_NUM2	数字键盘2
KEY_NUM3	数字键盘3
KEY_NUM4	数字键盘4
KEY_NUM5	数字键盘5
KEY_NUM6	数字键盘6
KEY_NUM7	数字键盘7
KEY_NUM8	数字键盘8
KEY_NUM9	数字键盘9
KEY_POUND	#
KEY_STAR	*
与游戏动作相关联的键	
UP	向上的箭头
DOWN	向下的箭头
LEFT	向左的箭头
RIGHT	向右的箭头
FIRE	触发按钮
GAME_A	游戏功能A
GAME_B	游戏功能B
GAME_C	游戏功能C
GAME_D	游戏功能D

13.6.4 不同的消息和键

在与注释#8关联的代码行中，实现了Canvas类的keyPressed( )方法。该方法在这种环境中的实现涉及处理两种类型的值。一种类型与SELECT键相关。另一种类型与键盘数字相关。为了处理值，建立一个if选择语句，测试通过keyCode标识符传递的原始整型值，以确定它们对应于哪种类型。如果消息来自于键盘，那么就把它强制转换为char值，并相对于char常量（例如"1"）测试它。测试的特定char值是1、3、5、7和9。表13-5总结了与每种选择相关联的动作。

另一方面，如果keyPressed( )方法测试的值是通过SELECT按钮发出的，那么如注释#8.2后面的代码行所示，调用getGameAction( )方法过滤消息，使得可以将其识别为游戏动作消息。可以相对于定义的游戏动作值（LEFT、RIGHT、UP和DOWN）测试这些动作。如果生成了其中任何一个值，那么就会把它的值赋予positionChange属性，如前所述，在runGame( )方法中使用该属性来确定游戏中央的图片（或小精灵）移动的方向。

确定如何处理按键生成的特定事件的工作开始于注释#8.1后面的对值为1的情况的处理。该参数导致方法生成随机颜色值，它被赋予imageColor属性。此属性控制位于动物图片后面的圆弧（椭圆）的颜色。对值为3的情况的处理使用与值为1的情况相同的代码，对值为5的情况则采用类似的处理方式，只不过在应用随机生成的 color 属性时，将会影响显示区域的普通背景。

对 makeColor( ) 方法的另一个调用与值为 9 的情况相关联。在这种情况下，提供给方法的参数是 0。如前所述，makeColor( ) 方法的参数 0 会导致该方法返回默认的颜色值。通过把它赋予 color 属性，这允许用户把背景重新设置成使图片在中央清晰可见的颜色。

值为 7 的情况利用了 imageID 属性，每次按下 7 这个键，都会在 0~3 这个范围内递增该属性。当达到最大值时，就把 imageID 的值重新设置为 0。在遍历这个范围时，将把值提供给 getImage( ) 方法，然后把该方法的返回值用作 makeImage( ) 方法的参数。所产生的结果是：每次按下 7 这个键时，就会显示一幅不同的动物图片。

处理由 3 这个键生成的事件涉及打开和关闭一个开关，它允许在用户按下 SWITCH 按钮之后图片继续移动。图 13-12 中显示了这个活动的流程。实际上，如果用户按下 3 这个键，就会更改 moveFlag 属性的值。当把这个标志设置为 false（关闭）时，可以从与注释#9 关联的代码行中明显看出，每次释放键都会把 positionChange 属性设置为 0。

当把 positionChange 属性设置为 0 时，就像与注释#6 关联的代码行所显示的那样，只能通过连续按下 SELECT 按钮，才能移动图片。如果没有把它设置为 0，那么不会这样。循环继续递增与上一个 SELECT 事件关联的值（同样，参见图 13-12）。

13.6.5 绘画和重绘

除了允许用户更改显示区域中 Image 对象的位置之外，runGame( ) 方法还会调用 Graphics 类的两种主要方法。第一个是 repaint( ) 方法。repaint( ) 方法调用 paint( ) 方法，后者导致刷新 Canvas 区域，清除以前绘制的所有内容（除非告诉它不要这样做）。它是 paint( ) 方法的动作，允许更改 Canvas 的外观，并创建动画式应用程序。在大多数情况下，这种更改涉及像选择显示的图片（图像）、绘制文本或者绘制几何形状这样的事情。

回忆可知，由于 GSCanvas 类扩展了 Canvas 类，它必须实现 paint( ) 方法。调用 repaint( ) 方法具有如下作用：请求 Graphics 对象预定 paint( ) 方法的调用。换句话说，并非每个 repaint( ) 方法的调用都必须立即处理。为了强制执行 paint( ) 方法，还要调用 serviceRepaints( ) 方法，它会清除请求的重绘事件队列。

如图 13-13 所示，run( )、repaint( ) 和 paint( ) 方法（以及 serviceRepaints( ) 方法提供的一些帮助）构成了用于在 Canvas 对象中呈现可视化效果的核心方法集。Thread 类和 Runnable 类支持 run( ) 方法，Canvas 类则提供了 paint( )、repaint( ) 和 serviceRepaints( ) 方法。通过在 Thread 对象的构造函数中使用 this 关键字把 Thread 对象与 Canvas 类相关联（如前所述）。可以在 run( ) 方法内使用一个中间方法（如 runGame( )）从 run( ) 方法中消除混乱。

GSCanvas 类的 paint( ) 方法是在与注释#7 关联的代码行中实现的。从与注释#7.1 和#7.2 关联的代码行中可以明显地看出，在 paint( ) 方法的作用域中调用的大多数方法都涉及使用 Graphics 对象，或者使用通过键盘动作或作为默认设置定义的值。在本章前面已经介绍了与 Graphics 类关联的方法所做的工作。唯一的例外是：以前讨论的是使用选择语句确认显示区域的缓冲区状态。如果显示区域没有进行双缓冲，那么就会提供一个缓冲区。

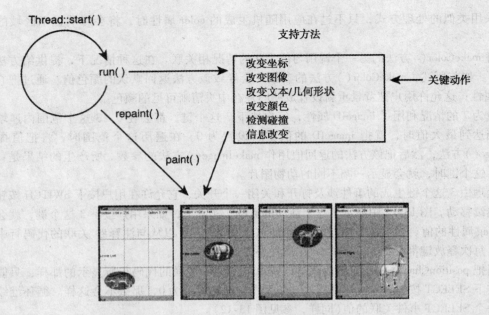

图 13-13 可以从 run( )方法中调用 paint( )方法频繁刷新 Canvas 显示区域

13.6.6 边界、坐标和碰撞

在注释#7.3 后面的代码行中调用了 drawDivisions( )方法,它是在与注释 7.6 关联的代码行中实现的。该方法的定义开始于调用 setColor( )方法,它提供了用于分界线的颜色。为了适应 setColor( )及其他 Graphics 方法,drawDivisions( )方法必须接受一个 Graphics 类型的参数(这种用于重构 paint( )方法所关联活动的方法也可用于本节中讨论的另外两个方法)。

在设置了颜色之后,然后调用 setStrokeStyle( )方法使用 Graphics. DOTTED 值指定将分界线绘制为虚线。毕竟,通过 4 次调用 Graphics 类的 drawLine( )方法,就会绘制出把显示区域分割为 6 个矩形的线条。要绘制这些线条,使用 CDIV 属性设置线条之间的距离以及它们的长度。把这个值设置为 3。使用 Display 类的 getWidth( )和 getHeight( )方法获得定位这些线条所需的关于显示区域的信息。

在 GSCanvas 类中与注释#7.4 关联的代码行中,调用了 showPosition( )方法。该方法是在与注释 #7.7 关联的代码行中实现的。它提供了与绘制到显示区域的动物图画关联的坐标位置。它还提供了关于图画状态的信息。为了实现该方法,首先使用 setColor( )方法设置背景色。然后获得坐标值。坐标值是由 imageXPos 和 imageYPos 属性提供的。需要调用 String::valueOf( )方法,以把从这些属性获得的 int 值转换成可以用作 drawString( )方法的参数的 String 引用。调用 drawString( )方法两次,首先显示两个坐标的位置,然后显示通过 3 这个键切换的选项是打开的还是关闭的。

在 paint( )方法内的注释#7.5 中,调用了 detectCollision( )方法。该方法定义在注释#7.8 后面的代码行中。该方法所做的工作涉及使用 5 个选择语句,评估由 imageXPos 和 imageYPos 属性提供的坐标值是否属于显示的某个区域。为了理解这些区域是怎样定义的,如图 13-14 所示,它对于依据 getWidth( ) 和 getHeight( )方法返回的值和赋予 CDIV 属性的值描绘显示区域可能是有帮助的。

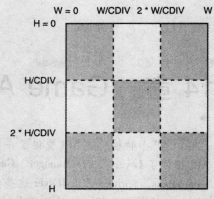

图 13-14　使用标准分界线标识为碰撞检测绘制的活动区域

例如，为了设置定义左上区域的检测值，必须创建一条复合的 AND 语句，它采用以下形式：

```
if(imageXPos < this.getWidth()/CDIV &&
            imageYPos < this.getHeight()/CDIV){
        message = "Top Left.";
}
```

定义的位置与左边缘的距离小于 $\frac{1}{3}$（CDIV 被定义为 3），与顶部的距离也小于 $\frac{1}{3}$。其他的检测区域需要更广泛的定义以考虑到多条分界线，但是策略是相同的。

13.7　小结

在本章中，探讨了 Canvas 类和 Graphics 类以及 Thread 类，并且实现了通常在游戏中发现的一些功能。本章中探讨的内容只涉及标准 GUI 类，而没有涉及 Game API 中的那些类。虽然使用标准 GUI 类实现游戏往往比较麻烦，但是仍然会使用它们，以便使你准备好更详尽地探索 Game API 的特性。在许多方面，这是最佳的方法，因为 Game API 类继承的特性通常是那些在像 Canvas 这样的类的接口中最初提供的特性。在学习了本章中探讨的内容之后，用户就可以继续充满信心地使用 Game API。

第 14 章 Game API

在本章中，探讨 MIDP Game API 的几个特性，该 API 提供了许多组件，允许只用相对较少的代码行轻松地实现游戏。Game API 提供了 Layer、LayerManager、GameCanvas、TiledLayer 和 Sprite 这些类。FacePlay 类允许探讨 GameCanvas、Sprite 和 TiledLayer 这些类的几个特性。考虑的特性包括：消息传递能力、帧序列、变换、分层和绘画等。额外的服务扩展到 Sprite 当中的碰撞检测，以及冲洗或清除 GameCanvas 对象的特定区域的能力。一般来讲，Game API 提供了一组优秀的工具，用于以直观、方便的方式精巧地制作游戏。虽然标准的 GUI 类仍然是工作的必要部分，不久就会看到 Game API 的使用，它提供了许多有用的扩展，它们显著增强了开发游戏的能力，这些游戏涉及面向图形(而不是面向文本)的活动。

14.1   Game API

图 14-1 提供了构成 Game API 的类以及 LCDUI 包中的少数几个类的类图。这两组类之间最重要的关系出现在 Canvas 类和 GameCanvas 类之间。像 Canvas 类和 Form 类一样，GameCanvas 类也提供了一种方便的环境，其中实现了游戏的显示特性。除此之外，它还可轻松容纳 Sprite 类和 TiledLayer 类的对象，这两个类都是从 Layer 类派生而来。虽然这两个类具有类似的用途，但是 TiledLayer 类被证明更适合于管理后台特性，而 Sprite 类则提供了一个界面，它可轻松容纳诸如碰撞检测之类的前台活动。

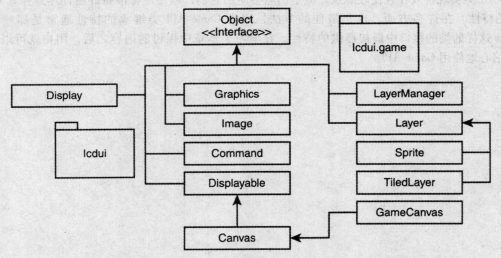

图 14-1   Game API 提供的 Canvas 类的特殊化版本，它允许轻松地使用许多游戏特性

14.2　GameCanvas 类

　　GameCanvas 类的主要职责是：允许管理在游戏的使用期限内显示的对象，以及用于更改这些对象的按键事件。虽然除了 Canvas 类提供的那些方法之外它只提供了 5 种新方法，但是这些方法非常有用。例如，getGraphics( ) 方法允许实现对 Graphics 方法的调用，而无需也使用 paint( ) 方法使活动处于关注的中心。getKeyStates( ) 方法提供了一种精细的方法用于处理消息。对 flushGraphics( ) 方法进行了重载，以允许呈现所选区域的内容。就消息处理来说，如表 14-1 中所讨论的，GameCanvas 类还提供了一组定义的值，它们可以被 getKeyStates( ) 方法处理。

表 14-1　精选的 GameCanvas 类的特性

特　　性	说　　明
protected GameCanvas(boolean)	创建 GameCanvas 类的新实例。参数是 boolean 类型，用于指定 GameCanvas 对象是否处理按键事件。如果设置为 false，那么它不会处理事件
void flushGraphics( )	呈现与 GameCanvas 对象关联的整个区域
void flushGraphics (x， y， int， int)	呈现指定要显示的区域。前两个参数是要清除的矩形区域左上角的坐标。第三个参数是区域的宽度。最后一个参数是高度
protected Graphics getGraphics( )	返回一个 Graphics 对象，它适合于为 GameCanvas 呈现图形
int getKeyStates( )	处理为游戏事件指定的键生成的事件。参见下面的列表
void paint(Graphics)	其作用与 Canvas 类中的同名方法相同。该方法用于绘制 GameCanvas
static int DOWN_PRESSED	与 DOWN 键相关联
static int FIRE_PRESSED	与 FIRE 键相关联
static int GAME_A_PRESSED	与 GAME_A 键相关联
static int LEFT_PRESSED	与 LEFT 键相关联
static int RIGHT_PRESSED	与 RIGHT 键相关联
static int UP_PRESSED	与 UP 键相关联

14.2.1　Sprite 类和帧序列

　　Sprite 类允许管理 Image 对象。Sprite 类的构造函数允许使用 Image 对象或 Sprite 对象创建 Sprite 对象。如果利用 Image 对象创建 Sprite 对象，其中一个构造函数允许在定义对象时定义它的帧序列。此外，Sprite 类还提供了 setTransform( ) 和 collidesWith( ) 方法。setTransform( ) 方法使用来自 Sprite 类的许多定义的值，允许旋转和翻转 Sprite 具体化的 Image 对象。collidesWith( ) 方法允许检测一个 Sprite 对象是否与另一个 Sprite 对象发生碰撞。

　　在涉及旋转、翻转和碰撞的情况下容纳和管理 Image 对象时，Sprite 类还允许处理帧（frame）。帧类似于表格中的单元格。如图 14-2 所示，可以把给定的图片或图画（Image 对象）分成一组帧，它们都具有相同的大小。通过 frameWidth 和 frameHeight 属性标识帧集中的每个帧。创建这样一组帧的一种方式是使用重载的 Sprite 构造函数之一，它允许提供一个 Image 以及用户想应用于它的高度和宽度尺寸。

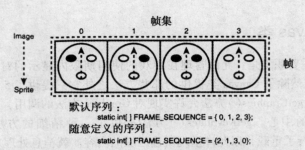

图 14-2 给定图像的帧类似于表格中的单元格或者数组中的索引元素

在使用一组帧时，用索引标识它们。每个帧都与唯一索引相关联。这样，一组帧就具有一个序列（sequence）。例如，在图 14-2 中，看到了 4 个帧的序列，其中每个帧都包含一张脸，默认帧序列（default frame sequence）开始于第 0 帧并扩展到第 3 帧。如果 4 张脸的图像的总大小是 200 像素 ×55 像素，那么就通过 50（frameWidth）×55（frameHeight）的尺寸标识帧集中的每个帧。如果使用默认的帧序列，那么左边的帧就与索引 0 相关联。在移动经过帧序列时，将移动经过它的"水平"方向，从第一张脸的帧到下一张脸的帧，直至到达第 3 帧。

默认序列不是唯一的序列。事实上，可以使用唯一帧序列数组设置想要的任何序列。如图 14-2 所示，通过定义一个 int 类型的数组并用一组建立序列的值填充它，告诉 Sprite 对象如何定义序列，在该序列中，你希望访问帧集中的帧以显示它们。这样，与 Sprite 关联的序列就替换了默认序列。

为了把帧序列与 Sprite 相关联，可以调用 Sprite::setFrameSequence()方法。该方法接受一个参数，它是指向序列数组的引用。然后，为了按帧序列所定义的那样访问帧，可以调用 Sprite 类提供的三种基本方法之一。如表 14-2 所示，它们是 setFrame()、prevFrame() 和 nextFrame() 方法。其中后两种方法不带参数，并且每次调用它们时，都会移动所谓的帧指针（frame pointer）。对于每个新的方法调用，该指针都会移动经过序列，到达下一个或前一个帧。在这一点上，prevFrame() 和 nextFrame() 方法就会引起违反内存访问的风险。鉴于此，setFrame() 方法是有用的。

表 14-2 Sprite 的方法和属性

方　法	说　明
Sprite(Image)	创建 Sprite 类的新实例。它接受一个 Image 类型的参数。用作参数的 Image 对象确定大小
Sprite(Image, int, int)	创建 Sprite 类的实例，并且定义 Sprite 的帧的尺寸。它的第一个参数是 Image 类型的。根据给定的第二个和第三个参数的尺寸调整用作参数的 Image 对象的大小。第二个参数设置宽度。第三个参数设置高度
Sprite(Sprite)	接受另一个 Sprite 作为参数。这允许轻松地复制 Sprite 对象。它会制作一个完全相同的副本
boolean collidesWith(Image, int, int, boolean)	允许检测与给定的 Image 对象发生的碰撞。第一个参数是 Image 类型的，用于标识可能发生碰撞的 Image 对象。第二个和第三个参数标识要检测的 Sprite 对象。最后一个参数是目标对象的像素级别。如果把它设置为 false，就通过计算像素值来触发检测

（续）

方　　法	说　　明
boolean collidesWith (Sprite, boolean)	允许检测与给定的 Sprite 对象发生的碰撞。第一个参数是 Sprite 类型的，用于标识可能发生碰撞的 Sprite 对象。第二个参数是目标对象的像素级别
boolean collidesWith (TiledLayer, boolean)	允许检测与给定的 Sprite 对象发生的碰撞。第一个参数是 TiledLayer 类型的，用于标识可能发生碰撞的 Sprite 对象。第二个参数是目标对象的像素级别
void defineCollisionRectangle(int, int, int, int)	允许检测与 Sprite 对象的边界框发生的碰撞。前两个参数设置边界框的左上角。第三个参数设置宽度。最后一个参数设置高度
void defineReferencePixel (int x, int y)	指定 Sprite 对象内的像素，可用于定义 Sprite 对象的位置。这提供了使用左上角坐标的替代方法。对于该方法，两个参数指定了 x 坐标和 y 坐标，用于定义 Sprite 对象的位置
int getFrame( )	获取帧序列中的当前索引
int getFrameSequenceLength( )	获取帧序列中的元素个数
int getRawFrameCount( )	获取用于此 Sprite 的原始帧数
int getRefPixelX( )	返回绘图者的坐标系统中 Sprite 对象的参考像素的水平位置
int getRefPixelY( )	获取绘图者的坐标系统中此 Sprite 对象的参考像素的垂直位置
void nextFrame( )	在适用于 Sprite 对象的帧序列中把帧指针前移一个位置
void paint(Graphics)	绘制 Sprite 对象。注意：使用一个引用调用该方法，这个引用指向可以通过调用 GameCanvas 类的 getGraphics( )方法获取的 Graphics 对象。Sprite 对象（及其包含的 Image 对象）的 Painting 不需要实现 paint( )方法——对于 Canvas 类也是如此
void prevFrame( )	在适用于 Sprite 对象的帧序列中把帧指针后移一个位置
void setFrame(int)	允许在帧序列中任意指定帧指针的位置。提供的参数指定要访问哪个帧以进行显示
void setFrameSequence(int[ ])	该方法的参数是定义的一个数组。该数组包含了定义序列的整型值，此序列确定了你希望如何访问帧集中的帧
void setImage(Image, int, int)	允许初始化或替换与 Sprite 关联的 Image 对象。第一个参数是一个引用，它指向你希望赋予 Sprite 对象的 Image 对象。后两个参数是源图像的宽度和高度
void setRefPixelPosition(int x, int y)	设置 Sprite 对象的位置，以便将用于定位或检测 Sprite 的坐标对设置成为 Sprite 定义的区域中的任意位置
void setTransform(int)	允许使用 Sprite 类定义提供的定义的值之一来变换 Sprite 对象。定义的值全都是静态 int 值。要找出哪些值不是定义的值，可以用给定的值除以整数。例如，TRANS_ROT90/2 将把 Sprite 对象变换 45 度
TRANS_MIRROR	在其垂直中心的相反方向反射 Sprite 图像
TRANS_MIRROR_ROT90	在其垂直中心的相反方向反射 Sprite 图像，并把它顺时针旋转 90 度
TRANS_MIRROR_ROT180	在其垂直中心的相反方向反射 Sprite 图像，并把它顺时针旋转 180 度
TRANS_MIRROR_ROT270	在其垂直中心的相反方向反射 Sprite 图像，并把它顺时针旋转 270 度
TRANS_NONE	使 Sprite 图像在加载时显示
TRANS_ROT90	把 Sprite 图像顺时针旋转 90 度
TRANS_ROT180	把 Sprite 图像顺时针旋转 180 度
TRANS_ROT270	把 Sprite 图像顺时针旋转 270 度

setFrame()方法接受一个 int 类型的参数，并且允许在帧集中定位指针，而无需考虑序列。这样，如果经过图 14-2 所示的默认序列，那么在到达第 3 帧时，可以调用 setFrame()方法移回第 0 帧。对于任意定义的序列，对 nextFrame()方法的连续 4 次调用将移动指针经过通过 2、1、3 和 0 建立的序列，因此当指针到达 3 时，可以调用 setFrame()方法把它重新定位到 0。如前所述，表 14-2 总结了该方法以及 Sprite 类的其他特性。

14.2.2   SpriteStart 类

SpriteStart 类提供了 SpritePlay 类的 MIDlet 入口点，SpritePlay 类扩展了 GameCanvas 类，并且实现了 Runnable 接口。SpriteStart 类的代码位于第 14 章的源文件夹中，它出现在 NetBeans Chapter14MIDlets 项目的源文件夹中，也出现在 Isolated Java Files 文件夹中的独立版本中。下面给出了 SpriteStart 类的代码。

```
/*
 * Chapter 14 \ SpriteStart.java
 *
 */

import java.util.*;
import javax.microedition.lcdui.game.*;
import javax.microedition.midlet.*;
import javax.microedition.lcdui.*;

public class SpriteStart extends MIDlet{
        public void startApp(){
                SpritePlay game = new SpritePlay();
                Display.getDisplay(this).setCurrent(game);
                new Thread(game).start();
        }

        public void pauseApp(){
        }

        public void destroyApp(boolean uncon){
        }
}
```

只保留必需的部分，SpriteStart 类就具有两个职责：一个是创建 SpritePlay 类的实例，并把它赋予 MIDlet Display 对象；另一个是创建一个线程，并调用 Thread 对象的 start()方法。start()方法调用 SpriteStart 对象的 run()方法，作为 SpriteStart 类定义的一部分重写了它。可以调用 start()方法，因为使用了 Thread 类的构造函数版本，它接受一个引用作为参数，该引用指向一个 Runnable 类型的对象。由于 SpritePlay 类实现了 Runnable 接口，因此它适合于作为 Thread 构造函数的参数。

14.3   SpritePlay 类

SpritePlay 类允许探索 Sprite 类和 GameCanvas 类的接口的几个特性。它还提供了几行代码，用以演示 TiledLayer 类的使用。将 SpritePlay 类定义的特性保持到最少，使得很容易在使用帧集以及处理碰撞和变换时探索这些活动。图 14-3 提供了与 SpritePlay 类交互时的视图。

在图 14-3 中看到的脸代表图 14-2 中所示的脸的实现，但是只会使用帧集生成左边的图像。另外两张脸是使用包含一幅图像的 Sprite 对象创建的，其中每幅图像都只具有一张脸。这种方法使得更容易探索用一个 Image 或 Sprite 对象替换另一个对象。

在图 14-3 中，倒置了下方的脸，这是由于它与按键事件相关联，这些按键事件将会依据单击的 SELECT 按钮的方向旋转它。它上方的脸（位于中心）显示了黑眼，因为无论何时下方的脸碰撞它，它的眼睛都会开始睁开和闭上。在左边，看到了第三张脸，它向右旋转了 45 度。它的一只眼睛是闭上的。这张脸取自于图 14-2 中所示的 4 张脸的帧序列。使用简单的计算自定义 Sprite 类提供的默认变换属性之一提供的值，对它也进行了变换（旋转）。

在图 14-3 中所示的显示区域的背景中，看到了 TiledLayer 对象的工作。背景的抽象性允许看到 TiledLayer 数组内的单个贴图在显示区域中的水平和垂直两个方向上进行了任意复制。为了完成这项任务，实现了一个 for 重复语句，用于读取 TiledLayer 的内容，其方式与读取任意二维数组的内容非常相似。

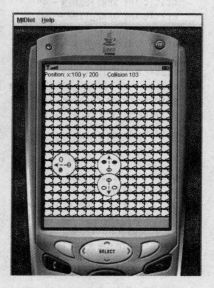

图 14-3　碰撞事件从帧序列中获取
一个帧，并把结果旋转 45 度

SpritePlay 类包括在 NetBeans Chapter14MIDlets 项目中，它包括在第 14 章的代码文件夹中。可以结合 SpriteStart 类使用它。像 SpriteStart 类一样，也可以在第 14 章的代码文件夹中的独立版本中找到它。下面给出了 SpritePlay 类的代码。

```java
/*
 * Chapter 14 \ SpritePlay.java
 *
 */

import java.util.*;
import javax.microedition.lcdui.game.*;
import javax.microedition.midlet.*;
import javax.microedition.lcdui.*;

class SpritePlay extends GameCanvas implements Runnable{
    // #1
    private TiledLayer tlBackground = null;
    private int cols;
    private int rows;
    private int xPos;
    private int yPos;
    private Graphics graphics;
    private Image image;
    private Image otherImage;
```

```java
private Sprite spriteA;
private Sprite spriteB;
static int SPRITE_H_W = 48;
static int GAME_TIME = 30;
private boolean eventFlag;
static int TILE_H_W = 16;
static int WIDTH = 50;
static int HEIGHT = 55;
static int[] FRAME_SEQUENCE = { 1, 2, 3, 0};
private Image facesImage;
private Sprite facesSprite;

private Random rNum;

// #2
public SpritePlay(){
    super(false);
    xPos = this.getWidth()/2;
    yPos = this.getHeight()/3;
    image = null;
    otherImage = null;
    eventFlag = true;
    rNum = new Random();

    // #2.1
    try{
        facesImage = Image.createImage("/FaceSet.png");
        facesSprite = new Sprite(facesImage, WIDTH, HEIGHT);
        facesSprite.setFrameSequence(FRAME_SEQUENCE);
    }catch (Exception ex){
        ex.toString();
    }

    // #2.2
    try{
        Image background = Image.createImage("/background.PNG");
        cols =  getWidth()/TILE_H_W;
        rows = getHeight()/TILE_H_W;
        /*
 System.out.println("Value of TILE_H_W: " + TILE_H_W);
 System.out.println("Pixel witdth of display: " + getWidth());
 System.out.println("Number of columns: " + getWidth()/TILE_H_W);
 System.out.println("Pixel height of display: " + getHeight());
 System.out.println("Number of rows: " + getHeight()/TILE_H_W);
*/
        tlBackground = new TiledLayer(cols, rows,
                                     background, TILE_H_W, TILE_H_W);

        //System.out.println("Number of rows: " +
        int tileCount = background.getWidth()/TILE_H_W;

        //System.out.println("Tile count " + tileCount);
```

```
        // #2.3
        drawSelectedTiles(tlBackground, false, tileCount);
        //drawSelectedTiles(tlBackground, true, tileCount);

        // #2.4
        //paintWallTilesOnly();

    }catch (Exception ex){
        ex.toString();
    }
}
// #3
public void run(){
    Graphics g = getGraphics();
    spriteA = createSprite("/Face.png", SPRITE_H_W, SPRITE_H_W);
    spriteB = createSprite("/OtherFace.png", SPRITE_H_W, SPRITE_H_W);
    spriteA.defineReferencePixel(3,3);
    spriteB.defineReferencePixel(0,0);

    // #3.1
    while (true){
            int keyState = getKeyStates();
            if ((keyState & UP_PRESSED) != 0) {
                yPos--;
                spriteA.setTransform(Sprite.TRANS_NONE);
            }else if ((keyState & RIGHT_PRESSED) != 0){
                xPos++;
                spriteA.setTransform(Sprite.TRANS_ROT90);
    }else if ((keyState & LEFT_PRESSED) != 0){
        xPos--;
        spriteA.setTransform(Sprite.TRANS_ROT270 );
    }else if ((keyState & DOWN_PRESSED) != 0){
        yPos++;
        spriteA.setTransform(spriteA.TRANS_MIRROR_ROT180);
    }

    // #3.2
    xPos = checkArea(xPos, true);
    yPos = checkArea(yPos, false);

    // #3.3
    spriteA.setPosition(xPos, yPos);

    spriteB.setPosition(this.getWidth()/2,
                        2 * this.getWidth()/3);

    /*
     System.out.println("facesSprite getX() (before set)" +
                        facesSprite.getX() );

     System.out.println("facesSprite getRefPixelX()" +
```

```
                              " (before set):" +
                              facesSprite.getRefPixelX() );
        facesSprite.setRefPixelPosition(facesSprite.getWidth()/2,
                              facesSprite.getWidth()/2);
        System.out.println("facesSprite getRefPixelX() " +
                              " (after set):" +
                              facesSprite.getRefPixelX() );
        */
        facesSprite.setPosition(getWidth()/16,
                              2 * getWidth()/3);

        //  System.out.println("facesSprite getX() " +
        //                      "(after after ref pixel set)" +
        //                      facesSprite.getX() );

        clearScreen(g);
        // #3.4
        tlBackground.paint(g);
        spriteB.paint(g);
        spriteA.paint(g);

                //facesSprite.setFrame(0);
                //facesSprite.setFrame(1);
                //facesSprite.setFrame(2);
                facesSprite.setFrame(3);
                facesSprite.paint(g);

                // #3.5
                showPosition();

                // #3.6
                changeSprites();

                // #3.7
                //detectWallTileCollision();

                // #3.8
                flushGraphics();

            try{
                Thread.currentThread().sleep(GAME_TIME);
            } catch (InterruptedException x){
                }
        }
    }

    // #4
    private void changeSprites(){

        if( spriteA.collidesWith(spriteB, true) ){
            this.reportEvent("Collision " + spriteA.getRefPixelX() );
            int num = rNum.nextInt(5);
            if(eventFlag == true){
```

```
                spriteB.setImage(createImage("/StrangeFace.png"),
                                        SPRITE_H_W, SPRITE_H_W );
                // #4.1
                if(num == 3){
                    facesSprite.setTransform(Sprite.TRANS_ROT90/2);
                }
                facesSprite.nextFrame();
                eventFlag = false;
            }else{
                spriteB.setImage(createImage("/Face.png"),
                                        SPRITE_H_W, SPRITE_H_W );
                eventFlag = true;
                facesSprite.setFrame(2);
                if(num == 2){
                    facesSprite.setTransform(Sprite.TRANS_ROT180/3);
                    facesSprite.setTransform(Sprite.TRANS_ROT270);
                }
            }
        }
    }
}


// #5
public Graphics getGraphics(){
    return super.getGraphics();
}


// #6
private Sprite createSprite(String fileName, int width, int height){
    Image tempImage = null;
    try{
        tempImage = Image.createImage(fileName);
    }catch (Exception ex){
        return null;
    }
    return new Sprite(tempImage, width, height);
}


// #7
private Image createImage(String fileName) {
    Image tempImage = null;
    try{
        tempImage = Image.createImage(fileName);
    }catch (Exception ex){
        return null;
    }
    return tempImage;
}

// #8
private void clearScreen(Graphics g){
    g.setColor(0xFFFFFF);
    g.fillRect(0, 0, getWidth(), getHeight());
```

```
        }

    // #9
    protected void showPosition(){
        Graphics g = getGraphics();
        g.setColor(0xf0fff0) ;
        String xCoord = String.valueOf(xPos);
        String yCoord = String.valueOf(yPos);
        g.setColor(0xf8f8ff) ;
        g.fillRect( 0, 0, this.getWidth(), 20 );
        g.setColor(0x0f0f0f) ;
        g.drawString("Position: x:" + xCoord + "\t y: "
                                    + yCoord , 0, 0, 0);
    }


    // #10
    protected void reportEvent(String event){
        Graphics g = getGraphics();
        g.setColor(0x0f0f0f) ;
        g.drawString(event, this.getWidth()/2, 0, 0);
    }



    // #11
    private void drawSelectedTiles(TiledLayer tLayer,
                                    boolean seeAll, int maxScrTiles){
        int srcTileNum = 1;
        for(int colcnt = 0; colcnt < tLayer.getColumns(); colcnt++){
            for(int rowcnt = 0; rowcnt < tLayer.getRows(); rowcnt++)
            {
                if(seeAll == true){
                    srcTileNum++;
                }
                if( srcTileNum > maxScrTiles){
                    srcTileNum = 0;
                }
                tlBackground.setCell(colcnt, rowcnt, srcTileNum);
            }
        }
    }



    // #12
    private int checkArea(int crd, boolean isWidth){
            if (crd < 0){
                return 0;
            }
            if (isWidth && crd > getWidth()){
                return getWidth();
            }
            if (crd > getHeight()){
```

```
                return getHeight();
        }
        return crd;
}

// #13
private void paintWallTilesOnly(){
        tlBackground.setCell(0, 0, 1);
        tlBackground.setCell(1, 1, 1);
        tlBackground.setCell(2, 2, 2);
        tlBackground.setCell(3, 3, 3);
        tlBackground.setCell(4, 4, 4);
        tlBackground.setCell(5, 5, 0);
        tlBackground.setCell(5, 5, 1);
        tlBackground.setCell(5, 6, 2);
        tlBackground.setCell(5, 7, 3);
        tlBackground.setCell(5, 8, 4);
        tlBackground.setCell(6, 5, 1);
        tlBackground.setCell(7, 5, 2);
        tlBackground.setCell(8, 5, 3);
        tlBackground.setCell(9, 5, 4);
}


// #14
private void detectWallTileCollision(){
    if ( spriteA.collidesWith(tlBackground,true) ){
        reportEvent("Ran into a wall");
    }
}
}//end class
```

14.3.1　定义和构造

从注释#1 前面的签名行中可以明显看出，SpritePlay 类的定义扩展了 GameCanvas 类，并且实现了 Runnable 接口。通过扩展 GameCanvas 类，SpritePlay 类获得了 getKeyStates( )方法提供的事件处理能力，本章后面将讨论该方法。通过实现 Runnable 接口，SpritePlay 类获得了对 run( )方法的访问，该方法包含主要的动画(或游戏)循环。在本章后面也将讨论这项活动。

在注释#1 后面的代码行中，定义了许多类属性，包括一个 TiledLayer 类型的属性(tlBackround)和一组 int 类型的属性，它们包含对 TiledLayer 对象的单元的处理。在程序清单中下面的是 Graphics 和 Image 类型的属性，它们允许探索如何用一个 Image 对象替换另一个。

接下来定义了两个常量值 WIDTH 和 HEIGHT。这两个属性为图 14-2 中所示的帧序列提供了帧的尺寸。依据帧尺寸值的定义，定义了一个 int 类型的数组，它建立了应用于帧的序列。与帧序列的定义一起出现的是 Image 和 Sprite 属性，它们用于定义和管理帧的序列。

在注释#2 后面的代码行中，SpritePlay 类的构造函数初始化了父类 GameCanvas 的构造函数。这是通过使用 super 关键字并提供一个 false 参数来完成的。该构造函数接受一个参数，它允许指定你是否希望 GameCanvas 类的特殊化定义把按键事件的处理排除在外。由于 GameCanvas 类只有一个构造函数,因此在派生类的定义中必须作为第一条语句提供对它的调用。false 参数指示你希望定义 getKeyStates()方法,使得 SpritePlay 可以处理按键触发的事件。true 参数则会导致 GameCanvas 类的特殊化版本,它不能使用 getKeyStates()方法处理按键事件。

除了父类的初始化之外,还要留意给 xPos 和 yPos 属性赋值。为了完成该任务,可以利用 GameCanvas 类的 getWidth()和 getHeight()方法。然后将多个 Image 属性初始化为 null,把 imageFlag 属性设置为 true,并利用 Random 类的实例初始化 rNum 属性。

14.3.2 帧序列

在与注释#2.1 关联的代码行中,承接了开始于 SpritePlay 类的声明部分中的活动,并且详细定义了帧集,用于在图 14-3 所示的显示区域的左边生成变化的图像特性。为了查看它们,就要创建帧集,因此需要一个包含一组帧的 Image 对象,这些帧都具有相同的大小(facesImage)。还需要一个 Sprite 对象,以包含 Image 对象(facesSprite)。进一步讲,需要一些 int 值,可以使用它们来设置帧集中每个帧的宽度和高度(WIDTH 和 HEIGHT)。最后,需要一个 int 类型的数组,用于定义帧序列(FRAME_SEQUENCE)。

一旦建立了这一组 6 个属性,就可以继续建立帧集。从注释#2.1 后面的代码行中可以明显看出,必须在 try 块提供的环境中执行这项工作,并且第一项任务涉及创建 Image 类的实例。作为 Image 构造函数的参数,使用一个字符串常量指定源文件,其中包含要使用的图画或照片。在这里,使用 FrameSet. png,并把 Image 类的实例赋予 facesImage 属性。

接下来,调用 Sprite 构造函数创建一个 Sprite 对象,通过帧集来描绘它。为了完成该任务,使用 Sprite 构造函数的重载版本,它允许提供两个参数。第一个参数是 Image 类型的,它提供了 Sprite 对象将要包含的 Image 对象。第二个参数是 int 类型的,它要求一个数组。这个参数提供了你想应用于 Sprite 对象的帧序列。对于第一个参数,使用 facesImage 属性。对于第二个参数,使用一个指向 FRAME_SEQUENCE 数组的引用。

然后,在与注释#3.4 关联的代码行中,结合使用定义的 Sprite 和帧集,这发生在 run()方法提供的环境中。这里,使 Sprite 对象可见,但是在这之前,调用 setRefPixelPosition(),它为每个帧调整参考像素的位置,使得它位于图像区域的中心。在设置参考像素之后,紧接着设置 facesSprite 对象的位置。与这些活动一起,调用 Sprite 类的 getRefPixelX()和 getX()方法以显示结果。这些调用的输出结果显示:在设置参考像素之后,不会改变用于定位 Sprite 对象的坐标值。只需改变参考值,它可用于检测碰撞。图 14-4 显示了输出的示例。

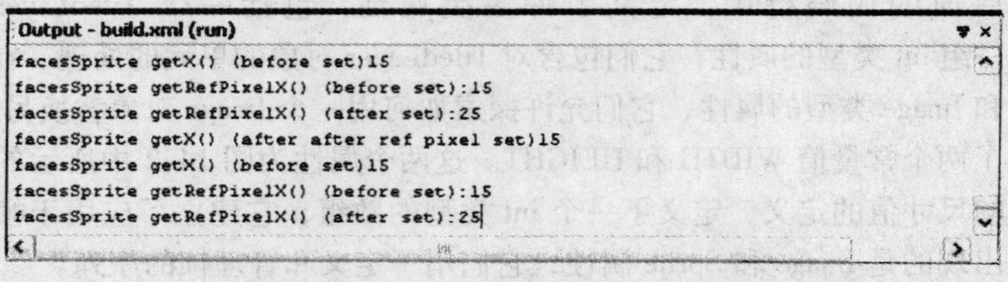

```
Output - build.xml (run)                              ▼ ×
facesSprite getX() (before set)15                      ^
facesSprite getRefPixelX() (before set):15
facesSprite getRefPixelX() (after set):25
facesSprite getX() (after after ref pixel set)15
facesSprite getX() (before set)15
facesSprite getRefPixelX() (before set):15
facesSprite getRefPixelX() (after set):25             ˅
◄                                        ►
```

图 14-4 设置参考像素不会影响对象的位置,而只会影响检测对象的方式

在 run()方法的环境中,通过调用 Sprite::paint()方法,可以更轻松地使用帧序列呈现定义的 Sprite 对象,就像紧接在注释 3.4 后面的代码行中所做的那样。这种调用将绘制序列中的第一

个帧，除非设置了替代帧。注释掉不同的代码行，查看帧集提供的全部人脸图像。类中保留有测试代码，允许用户以这种方式试验一下。

```
//facesSprite.setFrame(0);
facesSprite.setFrame(1);
//facesSprite.setFrame(2);
//facesSprite.setFrame(3);
facesSprite.paint(g);
//changeSprites();
```

图 14-5 显示了使用任意帧集的帧的映射如何实现 setFrame( ) 方法的参数的结果。例如，在给 setFrame( ) 方法提供一个参数 3 时，它会映射到 FRAME_SEQUENCE 数组中的第三个索引值，它是 0。这样，在显示区域中看到的脸的左眼将是黑的。

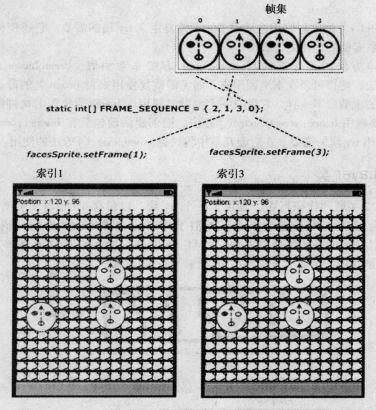

图 14-5　setFrame( ) 方法允许探索应用任意定义的帧序列的效果

注意：

如果定义了多个包含不同值序列的数组，那么就可以使用相同的帧集处理大量的场景。例如，帧集可能包含一个人物的十多幅图画或图片，它们具有不同的姿势。可从中选择这组姿势来处理不同的场景：站立－奔跑－站立；站立－行走－站立；站立－跳跃－落下。以这种方式重用帧元素，所有的帧元素都取自使用单个 Sprite 对象的单个 Image 对象，从而减少了使用的资源，并且允许集中精力关注定义用于实现场景的序列。

14.3.3 创建 Sprite 和 Image 对象

在与注释＃6 关联的代码行中，定义了 createSprite( )方法，可以在你希望创建指向 Sprite 对象的引用的任意环境中使用它。该方法带有三个参数。第一个是用于 Image 对象的源文件的名称。第二个和第三个参数提供了整型值，用于建立源图像的宽度和高度值。此方法的实现要求使用 try 块把文件信息加载进 Image 对象中。为了创建 Image 对象，可以在 try 块的环境中调用 createImage( )方法。

一旦成功地把文件信息加载进 Image 对象中，就可以利用 Sprite 构造函数创建一个新的 Sprite 对象。Sprite 构造函数带有三个参数。第一个参数是指向 Image 对象的引用。第二个和第三个参数是整型值，它们定义了 Sprite 对象的宽度和高度。在后面几节中将讨论在几种情况下调用该方法。

在 createSprite( )方法中包装构造活动消除了重复定义 try 块的需要。它还使得从源文件的名称转到 Sprite 对象实例的创建更为容易。

createImage( )方法的工作方式与 createSprite 方法非常相似。CreateImage 包装了 Image∷createImage( )方法，使得可以在本地调用它，而无需重复使用来自 Image 类的静态调用。像它包装的 Image 方法的重载版本一样，它带有一个参数，即用作 Image 对象源的文件的名称。要创建 Image 对象，需要调用 Image∷createImage( )方法。把创建活动包装在 Image∷createImage( )方法中，就消除了使用 try 块的需要。在后面几节中将讨论 createImage( )方法的使用。

14.4 TiledLayer 类

在与注释#2.2 关联的代码行中，实现了一个 try 块，以包含 TiledLayer 类型的对象的定义。此对象的定义会沿着代码行继续下去，类似于用于定义 Sprite 对象的代码行。首先调用 createImage( )方法把源文件数据加载进 Image 对象（background）中。图 14-6 显示了用于此目的的图形文件的放大的视图。图像的大小是高 16 像素、长 64 像素。

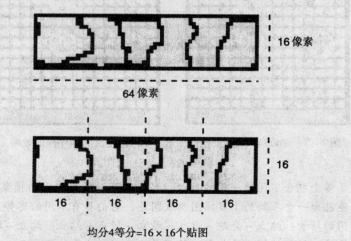

均分4等分=16×16个贴图

图 14-6   创建一个图像文件，可以使用它来创建 TiledLayer 对象的单元

如表 14-3 所提到的，TiledLayer 对象接受 5 个参数。为了方便起见，下面给出了表 14-3 中所示的构造函数的基本形式：

```
TiledLayer(int, int, int Image, int, int);
```

表 14-3　TiledLayer 类的方法

方　　法	说　　明
TiledLayer (int, int, int Image, int, int)	创建新的 TiledLayer 对象。前两个参数指定用户希望 TiledLayer 对象提供的行数和列数。第三个参数是用户希望用作 TiledLayer 对象源的 Image 对象。最后两个参数提供了 Image 对象中的贴图的宽度和高度。注意：Image 对象中的贴图的索引值开始于 1。TiledLayer 对象的行、列值开始于 0
Int createAnimatedTile(int)	创建新的动画式贴图，并返回引用新的动画式贴图的索引
void fillCells (int, int, int, int, int)	用指定的贴图填充 TiledLayer 对象中的单元区域。前两个参数指定用户想填充的区域左上角的单元的行和列。第三个和第四个参数指定从前两个参数定义的用户想填充的单元向右和向下扩展的行数和列数。最后一个参数是用户想用于填充单元的贴图的索引
int getAnimatedTile(int)	获取动画式贴图引用的贴图
int getCell(int, int)	获取单元的内容。第一个参数是列号。第二个参数是行号
int getCellHeight( )	返回单个单元的高度（以像素为单位）
int getCellWidth( )	返回单个单元的宽度（以像素为单位）
int getColumns( )	获取 TiledLayer 网格中的列数
int getRows( )	提供 TiledLayer 网格中的行数
void paint(Graphics g)	绘制 TiledLayer
void setAnimatedTile(int, int)	将动画式贴图与指定的静态贴图相关联。第一个参数标识动画式索引。第二个参数标识静态索引
void setCell(int, int, int)	标识用户想显示的单元的主要方法。第一个参数标识列，第二个参数标识行。最后一个参数指定要设置的贴图的索引。索引值指定源 Image 对象中的贴图的位置
void setStaticTileSet (Image, int, int)	允许设置静态贴图集。第二个和第三个参数指定第一个参数指定的 Image 对象的宽度和高度

TiledLayer 构造函数的前两个参数定义了正在创建的 TiledLayer 对象。该对象由若干行和若干列单元组成。第一个参数指定行数；第二个参数指定列数；第三个参数应用于 Image 对象，它用于 TiledLayer 对象的源材料，在这里，使用 background 属性，如图 14-6 所示；最后两个参数定义 TiledLayer 对象内的贴图的尺寸。

在与注释#1 关联的代码行中，赋予 TILE_H_W 属性一个常量值 16。如图 14-6 所示，使用这个值的部分原因在于源文件的内容可以均分成 4 等分，从而创建 4 块一致的源贴图。

使用 TILE_H_W 类属性，将创建 4 块 16 像素 × 16 像素的贴图。为了确定需要多少个这样的单元来填充显示区域提供的区域，可以调用 GameCanvas 类提供的 getWidth( ) 和 getHeight( ) 方法，并用返回值除以赋予 TILE_H_W 的值(16)。下面给出了测试代码的节选，可以使用它来获得用于确定显示区域包含的行数和列数所需的值：

```
System.out.println("Value of TILE_H_W: " + TILE_H_W);
System.out.println("Pixel witdth of display: " + getWidth());
System.out.println("Number of columns: " + getWidth()/TILE_H_W);
System.out.println("Pixel height of display: " + getHeight());
System.out.println("Number of rows: " + getHeight()/TILE_H_W);
```

运行这段节选的代码，输出到 NetBeans 的结果如图 14-7 所示。

```
Output - build.xml (run)
Value of TILE_H_W: 16
Pixel witdth of display: 240
Number of columns: 15
Pixel height of display: 289
Number of rows: 18
Execution completed.
```

图 14-7 输出到 NetBeans 的结果，它是通过运行节选的代码创建的

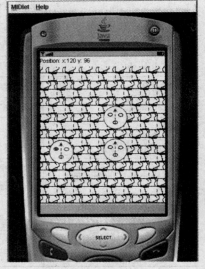

然后，用于填充显示区域的合适值是 15 列和 18 行。TiledLayer 对象被构造成由 15 列和 18 行组成，这是在调用 drawTiles( ) 方法时所发生的事情。在与注释#11 关联的代码行中定义了 drawTiles( ) 方法，它带有三个参数。第一个参数是 TiledLayer 类型的，并提供一个指向 TiledLayer 对象的引用，该对象的内容就是用户希望显示的。第二个参数是 boolean 类型的，并且指示用户是想查看 TiledLayer 中的所有贴图，还是只想查看与索引 1 关联的贴图。把这个值设置为 true，允许查看所有的贴图。

最后一个参数是从源文件获得的最大贴图数。在利用参数 true 调用方法以显示所有贴图时，将看到图 14-8 所示的背景。

14.4.1 设置单元

如前所述，紧接在注释#2.3 之后调用 drawSelectedTiles( ) 方法。在注释#11 后面的代码行中定义了该方法。在其定义中，调用了 TiledLayer::setCell( ) 方法。该方法带有三个参数。第一个参数是 TiledLayer 对象中的单元的列号。第二个参数是 TiledLayer 对象中的单元的行号。TiledLayer 对象中的列值和行值开始于(0, 0)。

图 14-8 把 drawSelectedTiles( ) 方法的第二个参数设置为 true，以查看 Image 对象提供的所有源贴图(注释#2.3)

setCell 方法的第三个参数与 TiledLayer 对象无关，确切地讲只与用于创建它的源贴图相关。回顾一下，在 SpritePlay 类中，创建了一个名为 tlBackground 的 TiledLayer 对象。要创建该对象，可以使用 Image 对象 background。这个 Image 对象提供了 4 个单元，如图 14-9 所示。利用从 1 到 4 的索引值标识 Image 对象中的单元。然后，setCell( ) 方法的第三个参数引用 Image 对象的索引值。例如，考虑对 setCell( ) 方法的如下调用：

```
tlBackground.setCell(0, 0, 3);
```

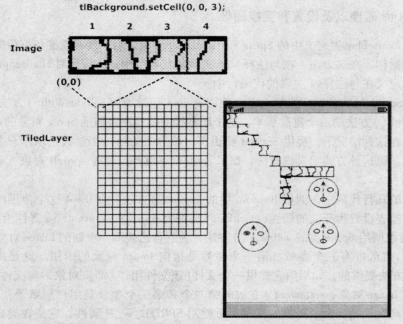

图 14-9　显示区域的左上角显示用户使用了 setCell( )方法把源 Image 对象中的
贴图 3 置于由第 0 行、第 0 列标识的 TiledLayer 单元中

对 setCell( )方法的这个调用把一个贴图从源 Image 对象赋予 TiledLayer 对象中的单元。被赋予贴图的单元位于第 0 行、第 0 列。第三个参数标识来源 Image 文件的第三个贴图。如右下方所示，可以看到来自源 Image 对象的贴图 3 出现在显示区域的左上角。要自己搞明白这是如何工作的，此时可以参考框注"选择特定的单元"。

选择特定的单元

要创建图 14-9 中所示的效果，可使用以下步骤。

(1)在 SpritePlay 类定义中，找到注释#2.3。注释掉下面一行代码：

```
// drawSelectedTiles(tlBackground, true, tileCount);
```

(2)在 SpritePlay 类定义中，找到与注释#2.4 关联的代码行。删除注释，激活对方法的调用。在完成这个步骤时，代码应该如下所示：

```
paintWallTilesOnly();
```

(3)现在滚动通过源 SpritePlay 的源代码，直到注释#13，它与 paintWallTilesOnly( )方法的定义相关联。注意：它被定义成用于设置如图 14-9 所示的贴图。

(4)注释掉注释#3.5 后面一行中的 showPosition( )方法。这使得 TiledLayer 对象的第 0 行可见。

```
// showPosition();
```

(5)现在重新编译程序并查看结果。

(6)在完成这个试验后，将代码恢复到它以前的状态。从 drawSelectedTiles( )方法中删除注释(注释#2.3)。再次注释掉对 paintWallTilesOnly( )方法的调用(注释#2.4)。此外，还要从 showPosition( )方法调用中删除注释(#3.5)。

14.4.2 Sprite 碰撞以及设置和变换图像

在使用了 SpritePlay 类定义中的 Sprite 和 TiledLayer 对象之后，现在就准备好研究几个涉及碰撞检测的基本操作。在这方面，在与注释#2.6 关联的代码行中，将看到对 changeSprites( )方法的调用。该方法定义在与注释#4 关联的代码行中。

在 changeSprites( )方法的定义中，首先使用 spriteA 属性调用 collidesWith( )方法。Sprite 类提供了 collidesWith( )方法的三个重载版本。这个版本接受要检测碰撞的 Sprite 对象的名称作为它的第一个参数。在这种情况下，提供 SpriteB 标识符。该方法的第二个参数指示用户是否想使用像素值检测碰撞。以这种方式定义该方法，如果 spriteA 对象开始覆盖 spriteB 对象，该方法将返回 true。

在接下来的几行代码中，调用 Random 类的 nextInt( )方法，在 0 ~ 4 这个范围中获取一个随机值。也可以检查设置为开关的属性(eventFlag)是否为 true。如果 eventFlag 属性为 true，那么就使用 spriteB 对象调用 Sprite 类的 setImage( )方法，为它自己获取一个新的 Image 对象。

setImage( )方法带有三个参数。第一个参数是指向 Image 对象的引用。这是由 SpritePlay∷createImage( )方法提供的，如果给它提供一个文件(该文件用作 Image 对象的源文件)的名称，它就会返回一个 Image 对象。setImage( )方法的第二个和第三个参数是用户想赋予新创建的 Image 对象的宽度和高度尺寸。为了提供这些值，可使用 SPRITE_W_H 属性，它是在类定义的前几行中定义的，其中把它的值设置为48。新的 Image 对象具有两只黑眼，使得在发生碰撞时，SpriteB (显示区域中心静止不动的小精灵)的眼睛开始眨眼。

在注释#4.1 后面的代码行中，实现了一个选择语句，用于测试值3。如果输入这个选择语句块，那么就调用 Sprite 类的 setTransform( )方法。该方法从 Sprite 类获取一个定义的值(TRANS_ROT90)作为它的参数。把这个值除以2，使得 Sprite 对象位于显示区域的右边并以45度为轴而旋转。

退出用于评估 num 是否为3 的选择语句，调用 Sprite 类的 nextFrame( )方法。其作用是：强制 Sprite 通过一个索引添加帧。此时，把 eventFlag 属性重新设置为 false。

作为替代，再次改变 spriteB 和 facesSprite 对象。首先调用 setImage( )方法恢复脸部图像，使得它的眼睛再次变得清澈。在把 eventFlag 设置为 true 之后，调用 setFrame( )方法赋予同 facesSprite 对象的索引2 关联的脸。在给对象提供这张新脸之后，建立另一个选择语句，这个选择语句将两次调用 setTransform( )方法，再次使小精灵在显示区域的左边旋转。

14.4.3 TiledLayer 碰撞

要查看本节中展示的活动，可执行框注"利用特定的单元执行碰撞检测"中描述的动作。在完成了其中给出的指导之后，返回到本节中来。在更改了代码之后，将会看到如图 14-10 所示的内容。在单击 SELECT 按钮上的 Up 箭头(或者

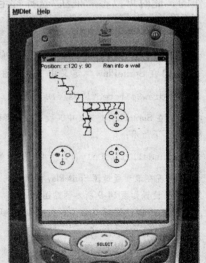

图 14-10 TiledLayer 对象与 Sprite
对象之间的碰撞将产生事件

使用键盘上的 Up 箭头键)之后，活动的 Sprite 对象将向上移动，并接触到 TiledLayer 对象生成的不连续的图像。一旦它接触到平铺图层，就会看到顶部显示了一条消息："Ran into a wall"。

利用特定的单元执行碰撞检测

要处理 Sprite 对象与 TiledLayer 对象之间的碰撞，可在 SpritePlay 类中执行如下更改。

(1)在 SpritePlay 类定义中，找到注释#2.3。注释掉下面一行代码：

```
// #2.3
// drawSelectedTiles(tlBackground, true, tileCount);
```

(2)在 SpritePlay 类定义中，找到与注释#2.4 关联的代码行。从调用 paintWallTilesOnly()方法的代码行中删除注释：

```
// #2.4
paintWallTilesOnly();
```

(3)现在找到与注释#3.7 关联的代码行。从调用 detectWallTileCollision()方法的代码行中删除注释：

```
// #3.7
detectWallTileCollision();
```

(4)编译并运行 MIDlet。

(5)现在移动 Sprite，使之接触到锯齿形墙壁式(TiledLayer)对象，将看到一条新消息："Ran into a Wall"。

(6)在完成这个试验后，将类恢复到它以前的状态。从 drawSelectedTiles()方法中删除注释(注释#2.3)。再次注释掉对 paintWallTilesOnly()方法的调用(注释#2.4)。再次注释掉对 detectWallTileCollision()方法的调用(#3.5)。

---

detectWallTileCollision()方法检测活动的 Sprite 对象与 TiledLayer 对象之间的碰撞。在与注释#14 关联的代码行中定义了 detectWallTileCollision()方法。用于实现碰撞检测能力的代码包含一个选择语句以及对 Sprite 类的 collidesWith()方法的调用。使用 spriteA 对象调用该方法，并且提供要测试碰撞的 TiledLayer 对象的名称作为该方法的参数。还提供了一个 boolean 值，指示你想使用像素值来测试碰撞。这样，当 Sprite 对象的区域撞击 TiledLayer 对象的任意单元时，就会生成一个事件。

要报告事件，可以调用 reportEvent()方法。在与注释#10 关联的代码行中定义了该方法。reportEvent()方法接受一个 String 类型的值作为它的参数。它编写一条消息，显示在控制台的右上方，如图 14-10 所示。要定义该方法，可以使用 getGraphics()方法，它是由 GameCanvas 类提供的。在这种环境中，从与注释#5 关联的代码行中可以明显地看出，包装一个对父类所提供方法的调用，返回指向 Graphics 对象的引用。

14.5　按键事件

要处理按键事件，可以使用 getKeyStates()方法。在紧接于注释#3.1 后面的代码行中并且在 run()方法的作用域内调用了该方法。如前所述，run()方法是由 Runnable 接口提供的，并且允许使用 Thread 对象控制游戏循环的动作。因此，在注释#3 后面的代码行中，通过调用 getGraphics()方法创建了 Graphics 对象的一个实例以用于呈现，然后创建了 Sprite 类的实例以赋予 spriteA 和 spriteB 对象。之后，调用了 defineReferencePixel( )方法设置两个 Sprite 对象参考像素，它们可能用于很多目的。这建立了游戏的前两个角色或人物。

下一步是实现一个能够处理事件的无限循环。这个环境中的第一个调用(紧接在注释#3.1 之后)是对 getKeyStates( )方法的调用，它返回一个 int 类型的值，可以在一组选择语句中使用它来操纵 xPos 和 yPos 的值。这些值与 spriteA 对象相关联，因此在使用它们时，可能频繁地与 spriteA 对象打交道，它是 SpritePlay 类的主要"化身"。

将 GameCanvas 类提供的定义的值与 keyState 值结合起来使选择成为可能。例如，UP_PRESSED 值用于将事件流程导入选择块中，允许递减 yPos 的值，这最终会把 spriteA 对象移到显示区域的顶部。

14.5.1　显示 Sprite 化身的位置

如图 14-11 所示，在显示区域的顶部，将持续显示移动的 Sprite 对象的坐标值。为了把该信息提供给显示区域，可以调用与注释#3.7 关联的代码行中的 showPosition( )方法。该方法驻留在主游戏循环中，通过动画或者导致应用循环的每个周期更新它，在调用它时，如果改变了主 Sprite 对象的位置，就会在显示的值中看到发生的变化。

在注释#9 后面的代码行中定义了 showPosition( )方法。该方法不带参数，并且不返回任何值。要实现该方法，可以调用 getGraphics( )方法。然后使用 Graphics 引用(赋予 g 标识符)多次调用 Graphics 类的方法，包括 setColor( )、fillRect( )和 drawsString( )。getGraphics( )方法提供了一种方便的工具，用以获得指向 GameCanvas 类的 Graphics 的引用，以便用于特定的目的。

为了获得与主 Sprite 对象(spriteA)关联的坐标值，可以利用 String::valueOf( )方法把整型值转换为 String 对象。这种措施不是绝对需要的，但是如果用户想扩展 showPosition( )方法的能力，它使得在显示环境中更容易使用这些值。

图 14-11　坐标值是持续更新的

14.5.2　清除、冲洗和计时

对于主动画循环的每个周期，在处理显示的内容时都可以使用许多选项。最直观的选项之一是清除所有内容并再次呈现它。为了确保这种情况可以发生，实现了 clearScreen( )方法，正好在注释#3.4 之前调用它。在调用了该方法之后，紧接着可以为 TiledLayer 和 Sprite 对象调用 Sprite::paint( )方法，提供显示区域的前景和背景特性。对于所有这些调用，都利用了在 run( )方法中实例化的 Graphics 对象。

在注释#8 后面的代码行中定义了 clearScreen( )方法。该方法接受一个指向 Graphics 对象的引用作为它唯一的参数。然后，它使用此参数调用 Graphics 类的 setColor( )和 fillRect( )方法。fillRect( )方法需要多个参数。第一个参数用于建立矩形的左上角部分。最后两个参数指定矩形的宽度和高度。为了给 fillRect( )方法提供最后两个参数,可以调用 GameCanvas 类的 getWidth( )和 getHeight( )方法。这样,clearScreen( )方法的作用就是在显示区域上面绘制白色矩形。

一个至少在概念上类似于 clearScreen( )方法的方法是 flushGraphics( )方法,它是在注释#3.8后面的代码行中调用的。该方法是由 GameCanvas 类提供的,它允许清理缓冲区,使之准备好进行新一轮的呈现。

如已经讨论过的,Runnable 接口的实现允许利用 run( )方法来放置 MIDlet 的主动画循环。要控制主循环的速度,有可能实现对更多或更少复杂性的控制。在第 13 章中,用户看到了游戏循环控制的一个更典型的例子。在这种环境中,没有使用这种方法。从与注释#3.8 关联的代码行中可以明显看出,作为替代,用户看到只调用了 currentThread( )方法来获取与 SpritePlay 类的当前实例关联的线程。然后,使用 Thread 对象的当前实例调用 sleep( )方法。用作 sleep( )方法的参数的值是常量值 GAME_TIME,它定义在类的属性列表中。

14.6　父类

在当前讨论的环境中,建立了对 Layer 类的几个引用,Layer 类是一个抽象类,TiledLayer 类和 Sprite 类都是从它派生而来。表 14-4 提供了 Layer 类的总结视图。通过粗略检查即可明显看出,从 Layer 类派生而来的类频繁使用诸如 getHeight( )、getWidth( )和 paint( )之类的方法。

表 14-4　Layer 类的方法

特　　　性	说　　　明
int getHeight( )	获取这个 Layer 的当前高度(以像素为单位)
int getWidth( )	获取这个 Layer 的当前宽度(以像素为单位)
int getX( )	在绘图者的坐标系统中获取这个 Layer 的左上角的水平位置
int getY( )	在绘图者的坐标系统中获取这个 Layer 的左上角的垂直位置
boolean isVisible( )	获取这个 Layer 的可见性
void move(int, int)	把这个 Layer 移动指定的水平和垂直距离。第一个参数是水平距离,第二个参数是垂直距离
abstract void paint(Graphics g)	如果这个 Layer 可见,就绘制它
void setPosition(int x, int y)	设置这个 Layer 的位置,使得它的左上角位于绘图者的坐标系统中的(x, y)处
void setVisible(boolean visible)	设置这个 Layer 的可见性

LayerManager 类稍微超出了本章讨论的范围,但是在第 15 章开发的游戏中证明它是有用的。在第 15 章中,可以找到如何使用类的实例来控制 Sprite 和 TiledLayer 对象可见性的示例。出于当前的目的,表 14-5 简述了一些方法。

表 14-5　LayerManager 类的方法

特　　　性	说　　　明
LayerManager( )	创建一个新的 LayerManager
void append(Layer)	追加一个 Layer 到 LayerManager 中

（续）

特　性	说　明
Layer getLayerAt(int)	获取具有指定索引的 Layer
int getSize( )	获取 LayerManager 中的 Layer 的数量
void insert(Layer, int)	在 LayerManager 中指定的索引处插入一个新的 Layer
void paint(Graphics g, int, int)	在指定的位置呈现 LayerManager 的当前视图窗口
void remove(Layer)	从这个 LayerManager 中删除指定的 Layer
void setViewWindow (int, int, int, int)	第一个和第二个参数建立视图窗口的左上角。最后两个参数设置宽度和高度

14.7　小结

　　本章提供了 Layer、LayerManager、GameCanvas、TiledLayer 和 Sprite 这些类的初步解释。FacePlay 类提供了一些机会使用 GameCanvas、Sprite 和 TiledLayer 这些类提供的许多方法，并把它们用于 Image 对象和碰撞检测。这些探索提供了学习第 15 章的基础，第 15 章扩展了本章中介绍的主题，并且会使读者参与到游戏的开发中来。在细化了读者对 Game API 的理解之后，就可以发现许多方式来扩展在使用 MIDP 的标准类时获得的知识，它们最终允许用户创建复杂的游戏。

第 15 章　Game API 和游戏实现

本章使用了许多 Game API 类，并且提供了一个基本但相当完整的游戏，它的名称为 Diamond Dasher。本章也是本书的最后一章，因此它代表本书必须提供的顶级课程。Diamond Dasher 纳入了在学习本书的过程中探讨过的相对较少的类，但它提供了许多增强的机会。通过检查实现类的方式，可以自己执行任意的修改。可以通过（例如）更改背景或者使用不同的源文件创建背景，相当轻松地执行该操作。也可以添加额外的键选项，使得玩家可以更直接地控制游戏化身。前面章节中提供的课程在这些及其他方面可能具有极大的价值。

15.1　Diamond Dasher 游戏

Diamond Dasher 游戏纳入了在以前章节中研究过的许多 MIDP 类，并把它们组织在一起创建一个游戏，它涉及指导一个寻宝小精灵探测钻石宝藏。钻石是随机生成的，要在游戏中获胜，寻宝者必须在规定的时间到期之前找到给定数量的钻石。找到多少颗钻石的目标因游戏的每个实例而异。在处理游戏时，可以增加可能的目标范围，增加游戏的难度。默认设置的难度非常低，使得更容易测试游戏的特性。

Diamond Dasher 游戏使用三个主要的类：DasherStart、DasherCanvas 和 DasherSprite。第四个类 DTimerTask 是 DasherCanvas 的一个内部类。为计时器使用内部类减少了文件的数量，但是既然游戏计时器与 DasherCanvas 类联系紧密，把两个类实现为单个工作单元就是有意义的。

图 15-1 提供了 Diamond Dasher 游戏的各个组成部分的粗略类图。例如，DasherCanvas 类由 LayerManager 类的实例组成，就像 DasherSprite 类一样。

从 DasherCanvas 方框指向 GameCanvas 方框的箭头指示 DasherCanvas 类扩展了 GameCanvas 类。端点处带有空圆圈的线条指示接口的实现，在这里 DasherCanvas 类和 DasherSprite 类实现了 Runnable 接口。线条端点处的圆圈中包含一个加号就指示 DTimerTask 类是 DasherCanvas 类的一个内部类。

游戏的结构不像想像的那样简洁，但是出于学习的目的，展开它使得研究它更容易。例如，重复使用 Runnable 接口和 LayerManager 类使得有可能建立一些线程，以支持不同的动画式 Sprite 对象以及创建相当复杂的碰撞效果。4 个 Game API 类（Sprite、GameCanvas、TiledLayer 和 LayerManager）之间的协作可以让用户理解使用 Game API 的方式。只有 Game API 的 Layer 类没有被使用。

15.2　DasherStart 类

DasherStart 类提供了游戏的入口点。它的主要作用是创建 Display 类和 DasherCanvas 类的实例，以及调用 DasherCanvas 对象的 start( ) 方法。可以在第 15 章的代码文件夹中找到 DasherStart

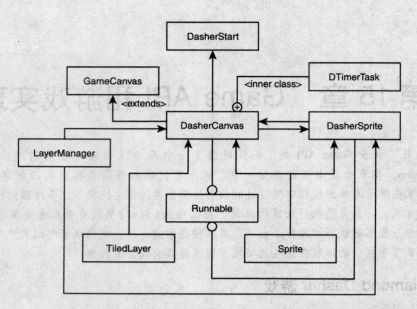

图 15-1   Diamond Dasher 游戏允许使用三个主要类以及一个内部类，
以探索 4 个 Game API 类提供的能力

类的代码。有两个副本，一个位于 NetBeans Chapter15MIDlets 项目中，另一个位于独立文件的文件夹中。下面给出了该类的代码。

```
/*
 * Chapter 15 \ DasherStart.java
 *
 */
import javax.microedition.midlet.*;
import javax.microedition.lcdui.*;
public class DasherStart extends MIDlet{

    private DasherCanvas dashCanvas;
    private Display display;
// #1
    public DasherStart(){
        dashCanvas = new DasherCanvas("Diamond Dasher");
    }
    // #2
    public void startApp(){
        display = Display.getDisplay(this);
        dashCanvas.start();
        display.setCurrent(dashCanvas);
    }
    public void pauseApp(){
    }
    public void destroyApp(boolean unconditional){
    }
}
```

　　DasherStart 类提供了游戏的入口点，它的实现涉及在前几章中处理过的例程。在 DasherStart 类的注释#1 前面的代码行中，声明了 DasherCanvas 类型（dashCanvas）和 Display 类型（display）的类属性。dashCanvas 属性成为了 DasherStart 类的构造函数实现的中心，此构造函数位于注释#1 之后。DasherCanvas 构造函数带有一个参数，即游戏的名称。把 DasherCanvas 的新实例赋予 dashCanvas 属性，然后在注释#2 后面的 startApp()方法的作用域内继续调用 Display::getDisplay()方法，它返回指向当前 display 对象的引用。

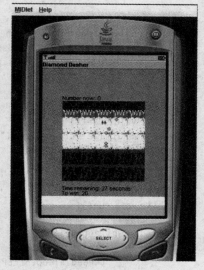

图 15-2　在第一次查看游戏时，
Sprite 对象已经在移动

　　然后就要调用 DasherCanvas 类的 start()方法。可以使用该方法，因为 DasherCanvas 类实现了 Runnable 接口。在启动线程之后，调用 Display 类的 setCurrent()方法，使 DasherCanvas 对象可见。在执行该操作时，Sprite 对象已经在移动，寻宝者可以开始获得分数，如图 15-2 所示。

15.3　DasherSprite 类

　　DasherSprite 类为 Diamond Dasher 游戏提供钻石。钻石是由 Sprite 对象随机生成的，此对象的生存期仅限于几秒钟。在钻石消失前操纵化身接触它允许游戏的玩家赢取分数。钻石是使用 Sprite 类提供的碰撞检测方法发现的。可以在 Chapter15 MIDlets 文件夹中的独立版本和 NetBeans 版本中找到 DasherCanvas 类的代码。用于钻石的源文件（diamond.png）也可以在这些文件夹中找到。下面给出了它的代码。

```
/*
 * Chapter 15 \ DasherSprite.java
 *
 */

import java.util.*;
import javax.microedition.lcdui.*;
import javax.microedition.lcdui.game.*;
public class DasherSprite implements Runnable{
    // #1
    private Sprite diamondSprite;
    private Image diamondImage;
    private DasherCanvas gameCanvas;
    private LayerManager manager;
    private Thread thread;
    // #1.1
    private int currentDiamonds;
    private int diamondsFound;
    // #1.2
    private static final int MAX_DIAMONDS = 20;
    private static final int SLEEP = 500;
    private static final int SWTH = 10;
```

```
                private static final int SHTH = 10;

                // #2
                public DasherSprite(DasherCanvas canvasUsed){
                    gameCanvas = canvasUsed;
                    manager = gameCanvas.getManager();
                }


     // #3
     public void start() {
        diamondImage = createImage("/diamond.png");
        thread = new Thread(this);
        thread.start();
     }
     // #4
     public void run(){
            try{
                while(true){
                    randomDiamond();
                    thread.sleep(SLEEP);
                }
            }catch(Exception e){
                    System.out.println(e.toString()); }
     }

     // #5
      private void randomDiamond(){
          // #5.1
          if(currentDiamonds == MAX_DIAMONDS){
                return;
          }
          diamondSprite = new Sprite(diamondImage, SWTH, SHTH);
          // #5.2
          int randomDiamondX = gameCanvas.getRandom().nextInt(
                            gameCanvas.AREA_WIDTH);
          int randomDiamondY =
              (gameCanvas.FLOOR -
              gameCanvas.getRandom().nextInt(
                                    gameCanvas.MAX_HEIGHT)
                                  - diamondSprite.getHeight());

          // #5.3
          if(randomDiamondX < gameCanvas.AREA_ORIGIN_X){
              randomDiamondX = gameCanvas.CENTER_X;
          }
          if(randomDiamondY < (gameCanvas.FLOOR - gameCanvas.MAX_HEIGHT)){
              randomDiamondY = gameCanvas.CENTER_Y;
          }

          // #5.4
          diamondSprite.setPosition(randomDiamondX, randomDiamondY);
```

```
            manager.insert(diamondSprite, 0);
            currentDiamonds++;
        }
        // #6
        public void checkForCollision(){
            if(manager.getSize() == 2){
                return;
            }
            for(int itr = 0; itr < (manager.getSize() - 2); itr++) {
                if(gameCanvas.getSeekerSprite().collidesWith(
                            (Sprite)manager.getLayerAt(itr), true)){
                    manager.remove(manager.getLayerAt(itr));
                    currentDiamonds--;
                    diamondsFound++;
                }
            }
        }

        // #7
        public Image createImage(String image){
            Image locImage = null;
            try{
                locImage = Image.createImage(image);
            }catch(Exception e){
                System.out.println(e);
            }
            return locImage;
        }

        // #8
        public int getDiamondsFound(){
            return diamondsFound;
        }
    }// end of class
```

15.4　定义和构造

在 DasherSprite 类的签名行中，实现了 Runnable 接口。使用 Runnable 接口强制实现 start( )和 run( )方法，它们反过来又允许实现 Thread 对象，以控制类对象的行为，必须通过由 DasherSprite 对象组成的对象明确地定义这些类对象。

在与 DasherSprite 类的注释 #1 关联的代码行中，声明了 11 个类属性。Sprite 属性（diamondImage）提供了用于 Image 属性（diamondImage）的容器，这两个属性一起提供了可见的钻石。还声明了一个 DasherCanvas 类型的属性（gameCanvas），它主要用于获取 DasherCanvas 类提供的服务，例如，显示区域的尺寸和随机数。除了 DasherCanvas 属性之外，还利用了 LayerManager 属性和 Thread 属性，前者允许控制钻石的外观，后者（如前所述）允许把 DasherSprite 画布的计时行为与其包含类分隔开。

在声明了前 5 个属性之后，添加了一些属性，用于跟踪在它们改变或建立常量时的值。在注释#1. 2 后面的代码行中，currentDiamonds 属性允许指出创建了 Sprite 对象的多少个实例，而 diamondsFound 属性则允许标识已经找到的这类对象的数量。这两个属性都是 int 类型的。

至于常量值，创建了一些属性用于控制钻石的最大数量（MAX_DIAMONDS）、创建钻石的速率（SLEEP），以及表示每颗钻石的小精灵的宽度（SWTH）和高度（SHTH）。钻石的最大数量被设置为 20。创建钻石的速率被设置为 0. 5 秒（500 毫秒）。Sprite 对象的宽度和高度都被设置为 10 像素。

在注释#2 后面的代码行中，定义了 DasherSprite 构造函数的重载版本。该构造函数接受一个 DasherCanvas 类型的参数，它标识包含 DasherSprite 对象的 DasherCanvas 对象。DasherSprite 类完全依赖于 DasherCanvas 类；这明确显示了它们之间的相关性，因此可以清楚知道如果要分隔这两个类，就一定会引发问题。将指向包含类的引用赋予 gameCanvas 属性，将反复使用该属性以提供关于包含对象的信息。

除了标识包含类之外，构造函数还会调用 DasherCanvas 类的 getManager( )方法。这是一个访问器方法，允许 DasherCanvas 类与 DasherSprite 类使用相同的 LayerManager。LayerManager 对象提供了许多服务，其中最重要的服务是使得有可能检测钻石与寻宝者实体之间的碰撞。为了生成本章中讨论过的值，参见框注"打印属性值"。

打印属性值

要查看 DasherCanvas 类的多个属性的值，可以从 reportSettings( )方法中删除注释。在 DasherCanvas 类中与注释#15 关联的代码行中定义了 reportSettings( )方法。下面给出了该方法的代码：

```
private void reportSettings(){
    System.out.println("AREA_HEIGHT:\t\t" + AREA_HEIGHT);
    System.out.println("AREA_ORIGIN_X:\t\t" + AREA_ORIGIN_X);
    System.out.println("AREA_ORIGIN_Y:\t\t" + AREA_ORIGIN_Y);
    System.out.println("AREA_WIDTH:\t\t" + AREA_WIDTH);
    System.out.println("CAVE_HEIGHT:\t\t" + CAVE_HEIGHT);
    System.out.println("CENTER_X:\t\t" + CENTER_X);
    System.out.println("CENTER_Y:\t\t" + CENTER_Y);
    System.out.println("Dasher Canvas Height:\t" + getHeight() );
    System.out.println("Dasher Canvas Width:\t" + getWidth() );
    System.out.println("DMD_RANGE:\t\t" + DMD_RANGE);
    System.out.println("FLOOR:\t\t\t" + FLOOR);
    System.out.println("jumpHeight:\t\t" + jumpHeight);
    System.out.println("MAX_HEIGHT:\t\t" + MAX_HEIGHT);
    System.out.println("MIN_DIAMOND:\t\t" + MIN_DIAMONDS);
    System.out.println("SKR_HEIGHT :\t\t" + SKR_HEIGHT);
    System.out.println("SKR_WIDTH:\t\t" + SKR_WIDTH);
    System.out.println("TILE_HEIGHT:\t\t" + TILE_HEIGHT);
    System.out.println("TILE_WIDTH:\t\t" + TILE_WIDTH);
    System.out.println("TCOLS:\t\t\t" +   TCOLS);
    System.out.println("TROWS:\t\t\t" + TROWS);
}
```

　　用户看到的由该方法生成的典型值出现在表 15-1 的"值"一列中。可以在 DasherCanvas 类的末尾找到该方法，将在下一节中介绍这个类。

　　要在程序中包括该方法，可以从 reportSettings( ) 方法的调用中删除注释，它出现在 DasherCanvas 构造函数的最后一行中。在这一整章中都讨论了该方法打印的值。

表 15-1　DasherSprite 和 DasherCanvas 的值

属　性	值	说　明
AREA_HEIGHT	160	游戏矩形的高度
AREA_ORIGIN_X	40	显示区域中指定用于活动游戏的矩形左上角的 x 坐标位置
AREA_ORIGIN_Y	64	显示区域中指定用于活动游戏的矩形左上角的 y 坐标位置
AREA_WIDTH	160	用于活动游戏的矩形的宽度。这个距离将在矩形左、右两边各留出 40 像素
CAVE_HEIGHT	64	寻宝者或探险者可以在其中找到钻石的区域的高度
CENTER_X	120	从显示区域左边缘到游戏矩形中心的距离
CENTER_Y	144	从显示区域顶部到游戏矩形的近似水平中心的距离
DasherCanvas Height	272	通过 Canvas::getHeight( ) 方法获得的显示区域的高度
DasherCanvas Width	240	通过 Canvas::getWidth( ) 方法获得的显示区域的宽度
DMD_RANGE	30	用于设置随机数范围的值，它们确定了为了在游戏中获胜而必须找到多少颗钻石
FLOOR	160	从显示区域顶部到底部的距离
jumpHeight	64	一个变化的值，用于更改寻宝者在玩游戏时移动的高度
MAX_HEIGHT	64	寻宝者或探险者在寻找钻石时可以攀爬的最大高度
MIN_DIAMONDS	20	在玩游戏期间将要生成的最少钻石数
SKR_HEIGHT	10	代表寻宝者或探险者的 Sprite 或 Image 的高度
SKR_WIDTH	10	代表寻宝者或探险者的 Sprite 或 Image 的宽度
TILE_HEIGHT	32	TiledLayer 对象中的每个贴图的高度
TILE_WIDTH	32	TiledLayer 对象中的每个贴图或单元的宽度
TCOLS	6	TiledLayer 对象中的列数
TROWS	6	TiledLayer 对象中的行数

　　参见框注"打印属性值"，其中总结了 reportSettings( ) 方法的工作，该方法是 DasherCanvas 类的接口的一部分。

15.4.1　创建钻石

　　创建钻石的活动主要由 start( ) 和 run( ) 方法支配。在与注释#2 关联的代码行中定义了 start( ) 方法，它是 Runnable 接口的一个特性，一旦实例化了 DasherSprite 类的一个实例，就会调用该方法。它执行两种功能。第一种功能是调用 DasherSprite::createImage( ) 方法，它通过 diamond. png 文件中存储的信息创建一个 Image 对象，并把它赋予 diamondImage 接口。第二种功能是创建 Thread 类的实例，把它赋予 thread 属性，然后调用 Thread::start( ) 方法唤醒线程。

就调用 createImage( ) 方法来说，在这个类定义中创建 Image 对象的方法类似于在以前章节中见到过的方法。在注释#7 后面的代码行中可以明显看出这一点。createImage( ) 方法包装了 Image::createImage( ) 方法，通过直接从 Image 类中使用该方法添加必要的 try 块的定义。

在 start( ) 方法提供的环境中创建了 Image 类的实例之后，在与注释#4 关联的代码行中继续定义 run( ) 方法，它的主要目的是控制创建钻石的距离的时间间隔。这是通过调用 Thread::sleep( ) 方法完成的。为了执行该调用，使用 thread 属性，并提供 SLEEP 常量作为 sleep( ) 方法的参数。每隔 0.5 秒创建一颗新的钻石，这个周期是由 sleep( ) 方法控制的。

为了把钻石放在显示区域中，在 run( ) 方法的作用域内，调用 randomDiamond( ) 方法，它是在注释#5 后面的代码行中定义的。该方法的定义包含 4 项基本的活动。第一项活动位于注释# 5.1 后面的代码行中，如果达到了最大数量，就会阻止创建钻石。换句话说，在显示区域中出现的钻石数量绝对不会大于通过赋予 MAX_DIAMONDS 属性的值（20）指定的数量。使用 currentDiamonds 属性跟踪现有钻石的数量。使用一个 if 选择语句比较这两个值，如果它们相等，选择语句就会返回 true，程序流程就不会往下继续执行，因为将调用 return 关键字退出该方法。

如果选择语句没有返回 true，程序流程就会继续执行下一行代码，其中创建了 Sprite 对象的实例，并把它赋予 diamondSprite 属性。Sprite 构造函数接受三个参数。第一个参数是指向 Image 对象的引用，它是由 diamondImage 属性提供的。第二个和第三个参数是 Sprite 对象的宽度和高度，它们是由 SWTH 和 SHTH 常量提供的。

15.4.2   定位钻石

在创建了 Sprite 对象之后，继续处理 randomDiamond( ) 方法的第二项任务，在注释#5.2 后面的代码行中展现了该方法。在这里寻求创建两个随机坐标值 x 和 y，它们可用于在代表画布区域的显示区域内放置钻石。对于 x 坐标的值，可以调用 DasherCanvas 类的 getRandom( ) 方法，它返回一个指向 Random 对象的引用。使用这个 Random 对象，调用 nextInt( ) 方法，并且作为 nextInt( ) 方法的参数使用 DasherCanvas 类的 AREA_WIDTH 属性，它被设置为值 160，如表 15-1 所示。以这种方式获得的值的范围在 0 到 160 之间，并把它赋予 randomDiamondX 标识符，它是在本地定义的。

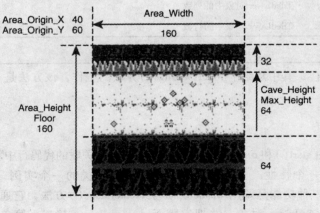

图 15-3   定位钻石涉及生成随机值，用于把钻石放在洞穴区域中

可以证明，生成 y 坐标的值更复杂，但是涉及纳入相同的策略。如图 15-3 所示，为洞穴的高度定义的区域是由 MAX_HEIGHT 常量(64)提供的，为了使钻石总是出现在寻宝者(或矿工)小精灵可以找到它们的位置，必须将它们安全地置于洞穴的顶部之下。为了获得这个值，可以从 MAX_HEIGHT 提供的值中减去钻石的高度，它是由 Sprite 类的 getHeight( )方法返回的值。然后把得到的值赋予 randomDiamondY 标识符，它也是在本地定义的。

作为生成 x 和 y 坐标值中所涉及活动的扩展，还要确保使用的值确实会把钻石放在洞穴的区域中。要完成这项任务，可使用两个选择语句。再次参考表 15-1，如果随机生成的值把钻石放在洞穴区域外面或者它的左边，那么第一个选择语句(紧接在注释#5.3 之后)将会把 CENTER_X 的值(120)赋予 randomDiamondX 标识符。另一方面，如果随机生成的值把钻石放在洞穴顶部之上，该选择语句则会把 CENTER_Y 的值赋予 randomDiamondY 标识符。

在采取措施确保钻石只会出现在洞穴的区域中之后，在与注释#5.4 关联的代码行中调用了 Layer∷setPosition( )方法，它是 Sprite 类从 Layer 类继承而来的。使用这种方法，把 randomDiamondX 和 randomDiamondY 的值赋予 diamondSprite 对象。为了使钻石可见，利用 LayerManager 属性调用 insert( )方法，该属性是使用 DasherCanvas 对象定义的。insert( )方法接受两个参数。第一个参数是一个引用，指向要使之可见的对象。第二个参数是指定希望与 Sprite 相关联的 Layer 对象的索引。在这里，只使用了一个图层，因此值 0 就足够了。

randomDiamond( )方法的定义中的最后一个动作涉及递增钻石的计数。要执行该任务，可以递增 currentDiamonds 属性。如前所述，通过参考注释#5.1，将持续不断地相对于 MAX_DIAMONDS 的值评估这个属性，以确定是否要创建新钻石。

15.4.3　碰撞

在与注释#6 关联的代码行中，定义了 checkForCollision( )方法。该方法是在 DasherCanvas 类的作用域内作为 DasherSprite 类的公共接口的一部分调用的。它允许 DasherSprite 对象确定何时检测到钻石以及把它们从显示区域中删除。要定义该方法，首先访问表示 DasherCanvas LayerManager 对象的 LayerManager 属性(manager)。要确定小精灵的数量，可以调用 LayerManager∷getSize( )方法，它返回一个整型值，确定小精灵的总数。必须把背景和寻宝者小精灵从涉及删除的碰撞检测动作中排除在外，因此首先使用一个选择语句确保在只有两个对象时不会执行删除。

从此，转向迭代 LayerManager 对象，以发现与寻宝者发生碰撞的 Sprite。这种碰撞检测方法涉及在每次调用 checkForCollision( )方法期间访问 DasherCanvas 包含的每个 Sprite。为了使之成为可能，作为一个 if 选择语句的一部分，调用了 DasherCanvas 类的 getSeekerSprite( )方法；它返回一个指向寻宝者化身的引用。然后使用返回的引用调用 Sprite∷collidesWith( )方法，如果它检测到碰撞，就返回 true。

collidesWith( )方法接受一个指向 Sprite 对象的引用作为参数。要获得指向 Sprite 对象的引用，可以使用 manager 属性调用 getLaterAt( )方法，它返回 LayerManager 对象中的每个 Layer。由于 Sprite 类是 Layer 类的子类，可以在图层中找到所有的 Sprite 对象。不过，同时必须把 Layer 对象强制转换为 Sprite 对象，使得它适合于作为 collidesWith( )方法的参数。

在检测到 Sprite 对象之后，调用 LayerManager∷remove( )方法，作为该方法的参数，再次调

用 getLayerAt( )方法。然后删除 itr 的当前值标识的 Sprite 的实例。在删除了小精灵之后，递减
currentDiamonds 的值，同时递增 diamondsFound 的值。为了使得可以通过 DasherCanvas 类获取
diamondsFound 的值以创建得分，创建了 getDiamondsFound( )访问器方法，它出现在注释#8 后面
的代码行中。

15.5 DasherCanvas 类

DasherCanvas 类是构成 Diamond Dasher 游戏的类集中最大的类，它允许创建在钻石后面撞碎
的 Sprite 对象（把它的名称提供给游戏）。TiledLayer 对象提供背景，它包含一组贴图（它们提供了
洞穴的粗略表示），以及使用 Graphics::drawString( )方法创建的许多线条，它们提供了游戏的得
分并且报告它的进度。DasherCanvas 类包含一个内部类 DTimerTask，它特殊化了 TimerTask 类，
用于定义一个 Timer 对象，该对象用于控制游戏的持续时间。DasherCanvas 类还提供了一个
Thread 对象，它用于控制游戏的帧速率。可以在第 15 章的源代码文件夹中找到 DasherCanvas 类，
并且提供了两个版本，一个位于 Chapter15 MIDlets NetBeans 文件夹中，另一个位于独立文件的文
件夹中。该类需要的两个源文件（backtiles. png 和 dasher. png）与源代码文件一起位于这些文件夹
中。下面给出了 DasherCanvas 类的代码；有关它的讨论如下。

```
/*
 *  Chapter 15 \ DasherCanvas
 *
 */

import javax.microedition.lcdui.*;
import javax.microedition.lcdui.game.*;
import java.util.*;
import java.io.*;

public class DasherCanvas extends GameCanvas
                          implements Runnable{
    // #1
    private Image seekerImg;
    private Image backgroundImg;
    private Sprite seekerSprite;
    private DasherSprite dasherSprite;
    private Graphics graphics;
    private TiledLayer background;
    private LayerManager manager;

    // #1.1
    private int seekerX;
    private int seekerY;
    private int moveX = 1;
    private int moveY = 1;
    private boolean up = true;

    // #1.2
    public final int CENTER_X = getWidth()/2;
```

```
        public final int CENTER_Y = getHeight()/2;
        public final int AREA_WIDTH = 160;
        public final int AREA_HEIGHT = 160;
        public final int AREA_ORIGIN_X = ( getWidth() - AREA_WIDTH )/2;
        public final int AREA_ORIGIN_Y = ( getHeight() - AREA_HEIGHT )/2;
        public final int CAVE_HEIGHT = 64;
        public final int FLOOR = AREA_ORIGIN_Y
                                 + AREA_HEIGHT - CAVE_HEIGHT;
        public final int MAX_HEIGHT = 64;

    // #1.3
    public final int TILE_HEIGHT = 32;
    public final int TILE_WIDTH = 32;
    public final int TCOLS = 5;
    public final int TROWS = 5;
    public final int SKR_WIDTH = 10;
    public final int SKR_HEIGHT  = 10;
    private int jumpHeight = MAX_HEIGHT;

    // #1.4
    public final int DMD_RANGE = 30;
    public final int MIN_DIAMONDS = 20;
    private int diamondsNeeded;
    private boolean winner;
    public Random random;
    private DTimerTask clock;
    private Timer gameTimer;
    private Thread runner;
    private boolean endSearch = false;
    public final int LTEXT = AREA_ORIGIN_X;

    public DasherCanvas(String title){
        super(true);
        setTitle(title);
        reportSettings();
    }

    // #2
    public void start(){
        seekerX = CENTER_X;
        seekerY = FLOOR;
        winner = false;
        random = new Random();
        diamondsNeeded = random.nextInt(DMD_RANGE);
        if(diamondsNeeded < MIN_DIAMONDS){
            diamondsNeeded = MIN_DIAMONDS;
        }

        // #2.1
        seekerImg = createImage("/dasher.png");
        seekerSprite = new Sprite(seekerImg, SKR_WIDTH, SKR_HEIGHT);
        seekerSprite.defineReferencePixel(SKR_WIDTH/2, SKR_HEIGHT);
```

```
        manager = new LayerManager();
        manager.append(seekerSprite);

        createBackground();
        // #2.2
        manager.append(background);
        dasherSprite = new DasherSprite(this);
        dasherSprite.start();

        runner = new Thread(this);
        runner.start();
    }

    // #3
    public void run(){
        clock = new DTimerTask(30);
        gameTimer = new Timer();
        gameTimer.schedule(clock, 0, 1000);
        while(endSearch == false){ // loop
            confirmStatus();
            getUserActions();
            updateScreen();
            try {
                Thread.currentThread().sleep(30);
             } catch(Exception e) {}
        }
        showGameScore();
    }

    // #4
    private void makeGameScreen(){
        graphics = getGraphics();
        graphics.setColor(100, 149, 237);
        graphics.fillRect(0, 0, getWidth(),
                                  getHeight());
        showStatus();
    }

    // #5
    private void createBackground(){
        backgroundImg = createImage("/backtiles.png");
        background = new TiledLayer(TCOLS, TROWS, backgroundImg,
                                   TILE_WIDTH, TILE_HEIGHT);
        int[] tiles = makeTileCells();

        // #5.1
        int itr = 0;
        for(int row = 0; row < TROWS; row++){
            for(int col = 0; col < TCOLS; col++){
                background.setCell(col, row, tiles[itr++]);
            }
        }
        background.setPosition(AREA_ORIGIN_X, AREA_ORIGIN_Y);
```

```
}

// # 5.2
private int[] makeTileCells(){
    int[] cells = {
            3, 3, 3, 3, 3, // top
            1, 1, 1, 1, 1, // cave
            1, 1, 1, 1, 1, // cave
            2, 2, 2, 2, 2, // floor layer
            4, 4, 4, 4, 4  // bottom layer
            };
    return cells;
}

// #5.3
Image createImage(String fileName){
    Image tempImage = null;
    try{
     tempImage = Image.createImage(fileName);
    }catch(Exception ioe){
        System.out.println(ioe.toString());
    }
    return tempImage;
}

// #6
private void confirmStatus(){
    if(clock.getTimeLeft() == 0) {

        endSearch = true;
        return;
    }
    dasherSprite.checkForCollision();
}

// #7
private void getUserActions(){
    int keyState = getKeyStates();
    findXBoundry(keyState);
    findYBoundry(keyState);
}

// #8
private void updateScreen(){
    makeGameScreen();
    seekerSprite.nextFrame();
    seekerSprite.setRefPixelPosition(seekerX, seekerY);
    manager.paint(graphics, 0, 0);
    flushGraphics();
}

// #9
```

```
private void showStatus(){
    graphics = getGraphics();
    int timeLeft = clock.getTimeLeft();
    if(timeLeft < 6){
        if((timeLeft % 2) == 0){
            graphics.setColor(0xff0000);
        }else{
            graphics.setColor(0x000000);
        }
    }
    // #9.1
    graphics.drawString("Time remaining: " + timeLeft + " seconds",
                                            LTEXT, 225, 0);
    graphics.drawString("To win: " +  diamondsNeeded,
                                            LTEXT, 238, 0);
    graphics.drawString("Number now: "
                        +  dasherSprite.getDiamondsFound(),
                                            LTEXT, 50, 0);
    // #9.2
    int goal = 0;
    if(dasherSprite.getDiamondsFound() >= diamondsNeeded){
        graphics.setColor(0xf5f5f5);
        graphics.drawString("You win!!!! ******",
                                        LTEXT, 40, 0);
    }
}

// #10
private void showGameScore(){
    graphics.setColor(0xf5f5f5);
    graphics.fillRect(0, CENTER_Y - 20, getWidth(), 40);
    graphics.setColor(0x000000);
    graphics.drawString("You have found " +
                        dasherSprite.getDiamondsFound()
                        + " diamonds.",
                        CENTER_X, CENTER_Y,
                        Graphics.HCENTER | Graphics.BASELINE);
    flushGraphics();
}

// #11
private void findXBoundry(int keyState){
    if((keyState & LEFT_PRESSED) != 0) {
        seekerX = Math.max(AREA_ORIGIN_X
                        + seekerSprite.getWidth()/2,
                            seekerX - moveX);
    }
    if((keyState & RIGHT_PRESSED) != 0) {
        seekerX =  Math.min(AREA_ORIGIN_X + AREA_WIDTH
                        - seekerSprite.getWidth()/2,
                            seekerX + moveX);;
    }
```

```
        }

        // #12
        private void findYBoundry(int keyState){
            // #12.1
            if(up){//up
                if(seekerY > FLOOR - jumpHeight
                                    + SKR_HEIGHT){
                    seekerY -= moveY;
                }
                if(seekerY == FLOOR - jumpHeight
                                    + SKR_HEIGHT){
                    seekerY += moveY;
                    up = false;
                }//end else if
            }else{
            // #12.2
                if(seekerY < FLOOR){

                    seekerY += moveY;
                }
                if(seekerY == FLOOR){
                    int jumpTry = random.nextInt(MAX_HEIGHT + 1);
                    if(jumpTry > SKR_HEIGHT){
                        jumpHeight = jumpTry;
                    }//end if
                        seekerY -= moveY;
                        up = true;
                }
            }// end else
        }//end calculateSeekerY


        // #13
        public Sprite getSeekerSprite(){
            return seekerSprite;
        }
        public LayerManager getManager(){
            return manager;
        }
        public Random getRandom(){
            return random;
        }
        // #14
        //===============================================
        //Inner class for the timer
        public class DTimerTask extends TimerTask{
            int timeLeft;
            public DTimerTask(int maxTime){
                timeLeft = maxTime;
            }
            public void run(){
```

```
            timeLeft--;
        }
        public int getTimeLeft(){
            return timeLeft;
        }
    }// End inner class
    //==========================================


    // #15
    // Generate values for testing and exploration
    private void reportSettings(){
        System.out.println("AREA_HEIGHT:\t\t" + AREA_HEIGHT);
        System.out.println("AREA_ORIGIN_X:\t\t" + AREA_ORIGIN_X);
        System.out.println("AREA_ORIGIN_Y:\t\t" + AREA_ORIGIN_Y);
        System.out.println("AREA_WIDTH:\t\t" + AREA_WIDTH);
        System.out.println("CAVE_HEIGHT:\t\t" + CAVE_HEIGHT);
        System.out.println("CENTER_X:\t\t" + CENTER_X);
        System.out.println("CENTER_Y:\t\t" + CENTER_Y);
        System.out.println("Dasher Canvas Height:\t" + getHeight() );
        System.out.println("Dasher Canvas Width:\t" + getWidth() );
        System.out.println("DMD_RANGE:\t\t" + DMD_RANGE);
        System.out.println("FLOOR:\t\t\t" + FLOOR);
        System.out.println("jumpHeight:\t\t" + jumpHeight);
        System.out.println("MIN_DIAMOND:\t\t" + MIN_DIAMONDS);
        System.out.println("MAX_HEIGHT:\t\t" + MAX_HEIGHT);
        System.out.println("SKR_WIDTH:\t\t" + SKR_WIDTH);
        System.out.println("SKR_HEIGHT :\t\t" + SKR_HEIGHT);
        System.out.println("TILE_HEIGHT:\t\t" + TILE_HEIGHT);
        System.out.println("TILE_WIDTH:\t\t" + TILE_WIDTH);
        System.out.println("TCOLS:\t\t\t" +   TCOLS);
        System.out.println("TROWS:\t\t\t" + TROWS);
    }
}// End class
```

15.6　构造和定义

在 DasherCanvas 类的签名行中，通过扩展 GameCanvas 类并且实现 Runnable 接口开始该类的定义。GameCanvas 类的扩展提供了在以前章节中探讨过的许多有用的服务，并将继续提供在当前环境中讨论的主题。Runnable 接口允许实现 start( ) 和 run( ) 方法，并且使用 Timer 和 Thread 对象，利用这些服务控制游戏的速度以及定义游戏玩家遇到的挑战。在紧接于注释#1 后面的代码行中，声明了 Image、Sprite、DasherSprite、Graphics、TiledLayer 和 LayerManager 类型的属性。Sprite 类型的属性（seekerSprite）是可见的探险者（或寻宝者）图像，它在洞穴中四处移动以寻找钻石。DasherSprite 类型的属性（dasherSprite）提供了钻石。生成、检测和删除钻石所需的所有功能都包括在 DasherSprite 类定义中，因此在创建 DasherSprite 类的实例时，需要做更多的工作。

在注释#1.1 后面的代码行中，声明了 int 类型的属性，这些属性有助于跟踪和移动seekerSprite 对象。要跟踪此对象，可以检查与它关联的 x 坐标（seekerX）和 y 坐标（seekerY）。这些坐标默认与 Sprite 对象的左上角相关联，但是通过使用 defineReferencePixel( ) 方法，可以改变这一点。要控制 seekerSprite 对象的移动，定义了 moveX 和 moveY 属性，如果按下箭头键，它们允许对象一次移动一个像素。

在与注释#1.2 关联的代码行中定义的属性用于管理显示区域内的对象，以及把显示区域的尺寸转换成中心矩形的本地世界坐标。显示区域的尺寸为 240 像素（宽）×272 像素（高），而中心矩形的尺寸为 160 像素×160 像素（参见前面所示的图 15-3 和表 15-1）。要找出显示区域的中心，可以使用 DasherCanvas 类的 getWidth( ) 和 getHeight( ) 方法，并把它们返回的值都除以 2，然后把结果赋予 CENTER_X 和 CENTER_Y 属性。

为了找到可用于确定游戏矩形中心的坐标值，首先使用值 160 定义 AREA_WIDTH 和 AREA_HEIGHT。然后，从显示区域的宽度和高度中减去游戏区域的宽度和高度尺寸并把每个值除以 2，然后把结果赋予 AREA_ORIGIN_X 和 AREA_ORIGIN_Y。依照两个游戏原点值的定义，把活动区域的高度（CAVE_HEIGHT）定义为 64。然后可以设置活动区域的下边界（FLOOR）。这涉及从游戏区域的高度中减去活动区域的高度。还要把寻宝者可以跳到的最大高度（MAX_HEIGHT）设置为 64。

在确定了活动区域的尺寸之后，声明并初始化许多属性，它们允许定义寻宝者小精灵和背景的 Image、TiledLayer 和 Sprite 属性。这种活动开始于注释#1.3 后面的代码行中，在其中首先设置用于背景的贴图的宽度和高度。图 15-4 显示了这些值之间的关系。用于背景的 Image 对象中的每个贴图的尺寸都是 32 像素×32 像素。使用 TILE_HEIGHT 和 TILE_WIDTH 属性设置这些值。有 4 幅这样的贴图。在 TiledLayer 对象中，创建了一个单元网格，其中包含 5×5 个方块。TCOLS 和 TROWS 属性用于设置这些值。要设置 seekerSprite 对象的大小，可能使用 SKR_WIDTH 和 SKR_HEIGHT 属性，它们都设置为 10。要跟踪寻宝者跳跃的距离，可以创建 jumpHeight 属性，它被设置为与 MAX_HEIGHT 相同的值。

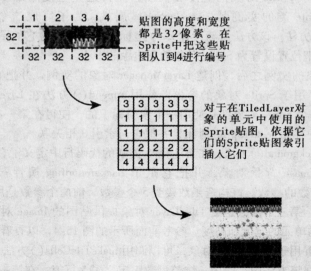

图 15-4　Sprite 贴图和 TiledLayer 单元尺寸允许创建游戏世界的背景

注释#1.4 后面的最后一组属性允许处理 Timer、Thread 和随机数事件。要设置游戏可以要求玩家找到的钻石范围，可以设置 DMD_RANGE 属性。要设置钻石的最少数量，可以设置 MIN_DIAMONDS 属性。diamondsNeeded 属性允许确定玩家何时收集到了足以获胜的钻石数量。winner 属性用于指示玩家何时获胜。要生成一个值用于设置玩家为赢得游戏而必须收集到的钻石数量，可以声明 random 属性。使用 clock 属性设置游戏的持续时间，此属性是 DTimerTask 类型，在一个内部类中定义了它。要控制游戏的速度，声明了 runner 属性，它是 Thread 类型的。要确定游戏是否仍在进行，声明了 endSearch 属性。作为最后一种措施，声明了 LTEXT 属性。它用于建立文本行的左边界，文本行用于显示得分和关于游戏的相关信息。

15.6.1 开始游戏

在注释#2 后面的代码行中，定义了 start( ) 方法。一旦启动 DasherCanvas 对象，它就会调用 start( ) 方法。使用 CENTER_X 和 FLOOR 属性定义与 seekerSprite 对象关联的初始位置。然后设置游戏的初始目标。为了完成这项任务，使用 random 属性调用 Random::nextInt( ) 方法，该方法接受通过 DMD_RANGE 设置的最大范围作为参数。把返回的随机值赋予 diamondsNeeded 属性。在其后的代码行中，创建了一个选择语句，如果 diamondsNeeded 的值被设置成小于游戏的最小值（MIN_DIAMONDS），这个选择语句就会重新设置它。

在注释#2.2 后面的代码行中，调用 createImage( ) 方法给游戏提供寻宝者图像（它是由 dasher. png 文件提供的）。createImage( ) 方法接受一个 String 类型的参数。在与注释#5.1 关联的代码行中定义了它。它的主要特征是：它包装了 Image::createImage( ) 方法，使得不必重复创建一个 try 块，以便在它不能找到一个有效值时，用以处理方法抛出的 Exception 消息。使用 createImage( ) 方法返回的值，定义 seekerImg 属性，并把它用作 Sprite 类的构造函数的参数。

Sprite 构造函数接受三个参数。第一个参数是 Image 对象，用于定义 Sprite 对象的可视化表示。后两个参数提供了 Sprite 对象的宽度和高度，并为这些值使用了 SKR_WIDTH 和 SKR_HEIGHT 属性。把 Sprite 类的实例赋予 seekerSprite 属性，为了完成这个属性的定义，调用 defineReferencePixel( ) 方法。该方法重新设置 x – y 坐标对的值，使得它们不再标识 Sprite 对象的左上角。现在代之以把位置设置为 Sprite 对象的下边缘的中心。

在有了 Sprite 对象的实例之后，创建 LayerManager 对象的实例，并把它赋予 manager 属性。LayerManager 类提供了用于 Sprite 对象的容器。使用 append( ) 方法在 LayerManager 对象中存储 Sprite 对象。存储的每个 Sprite 对象都是使用一个索引标识的，使得在第一次调用 append( ) 方法时，在 manager 对象中存储 seekerSprite 对象，并把它与索引 0 相关联。

然后调用 createBackground( ) 方法，在与注释#5 关联的代码行中定义了它。createBackground( ) 方法首先创建一个 Image 背景对象，并把它赋予 backgroundImg 属性。然后把该属性用作 TiledLayer 类的构造函数的参数。该构造函数接受 5 个参数，前两个参数是用户想为 TiledLayer 对象定义的行数和列数，第三个参数是给 TiledLayer 对象提供贴图的 Image 对象，最后两个参数确定 TiledLayer 对象中的单元的宽度和高度。参考前面所示的图 15-4，以查看这些值。

要创建单元的配置用于 TiledLayer 对象，可以调用 makeTileCells( ) 方法，在注释#5.2 后面的代码行中定义了它。在该方法中，使用一维整型数组定义了 5 行值。在第一行中，将使用图像的贴图 3。在接下来两行中，将使用贴图 1。如图 15-4 所示，这幅贴图的颜色是最淡的，因此它使钻石最容易被看到。对于底下两行，使用贴图 2 和 4，它们提供了越来越深的背景色。

makeTileCells( )返回一个指向 int 类型的数组的引用,在注释#5.1 后面的代码行中,把该引用赋予 tiles 数组,并在一个 for 循环块中使用它来迭代 TiledLayer 对象中的所有单元,以及把贴图赋予它们。所用的方法涉及使用 itr 标识符来标识 tiles 数组中确定的连续单元,同时在 for 语句中使用 row 和 col 标识符来标识 TiledLayer 对象中的特定单元。它们的范围是从 1 到 4,如图 15-4 所示。在把贴图置于 TiledLayer 对象中之后,调用 setPosition( )方法使用 AREA_ORIGIN_X 和 AREA_ORIGIN_Y 值定位 TiledLayer 对象。

要返回到 start( )方法,在注释#2.2 后面的代码行中,再次调用 LayerManager 对象的追加方法把背景对象赋予管理器对象。用于图层对象的索引是 1。因此具有一种方法用于清楚标识寻宝者与 Sprite 背景对象。第一个对象驻留在第 0 层;第二个对象驻留在第 1 层。

在追加了 Sprite 背景对象之后,创建 DasherSprite 类的一个实例,并把它赋予 dasherSprite 属性。这一个调用将开始创建并随机分布钻石。以这种方式创建的钻石将继续出现在活动的游戏区域中,直至达到为它们设置的最大数量为止。还调用了与 DasherSprite 类关联的 start( )方法,在它产生钻石时,它将使用自己的线程来支配其行为。在启动了 DasherStart 线程之后,可以创建 Thread 类的实例,并将其赋予 runner 属性,它用于开始和控制游戏。

15.6.2　运行游戏

在 DasherCanvas 类的注释#3 后面的代码行中,在 run( )方法的作用域内,创建了 DTimerTask 类的实例。这个类是在注释#14 后面的代码行中定义的,它提供了一个构造函数,用于设置允许游戏运行的最长时间。把此值赋予 timeLeft 属性。它还定义了一个 run( )方法,使得当 Ticker 对象每次调用 DTimerTask 对象时,都会把 timeLeft 的值递减 1。为了补充 DTimerTask 类的工作,使用一个访问器方法 getTimeLeft( )返回 timeLeft 的值。

回到注释#3 后面的 run( )方法的作用域内,创建 Timer 类的一个实例,并把它赋予 gameTimer 属性,然后使用它来调用 schedule( )方法。该方法接受 DTimerTask 类的实例(clock)作为它的第一个参数。第二个参数确定 Timer 对象的动作中没有延迟。最后一个参数把 Timer 对象的周期设置为 1 000 毫秒(1 秒)。

在 run( )方法内的 while 循环中,调用了 confirmStatus( )、getUserActions( )和 updateScreen( )方法。confirmStatus( )方法是在注释#6 后面的代码行中定义的。它的职责是使用 clock 属性调用 getTimeLeft( )方法来检查游戏时钟,以及确定为游戏分配的时间是否已经递减为 0。如果这个时间已经到达 0,那么就把 endSearch 属性设置为 true,并且结束游戏。如果还有剩余的时间,那么就调用 DasherSprite 类的 checkForCollision( )方法。正如 DasherSprite 类的讨论中所指出的,该方法用于检测代表寻宝者和钻石的 Sprite 对象之间的碰撞。

在注释#7 后面的代码行中定义了 getUserAction( )方法。该方法调用 getKeyStates( )方法,它返回与用于玩游戏的键(包括 SELECT 按钮和键盘游戏键)相关联的唯一标识符。然后通过 findXBoundary( )和 findYBoundary( )方法处理键值。

15.6.3　边界和随机跳跃

在注释#11 后面的代码行中定义了 findYBoundary( )方法,其中使用了两个 if 选择语句来处理 getKeyStates( )方法返回的值。每个选择语句首先测试左箭头键或右箭头键(LEFT_PRESSED 或

RIGHT_PRESSED)的值。然后,它使用 Math::max()和 Math::min()方法来确定是把寻宝者对象移到活动游戏的右边还是左边。对于 LEFT_PRESSED 移动,用于设置寻宝者对象位置的值涉及取两个值中的最大值。其中第一个值是把 Sprite 对象的宽度与活动游戏区域的 x 坐标值相加并除以 2 的结果。第二个值是赋予寻宝者的当前 x 坐标和通过 moveX 属性定义的距离(1)之和。max()方法返回这两个值中较大的值。

向右移动(RIGHT_PRESSED)采用了相同的方法,只不过使用的是 Math::min()方法。min()方法的第一个参数的取值如下:计算活动游戏区域的 x 坐标值与游戏区域的宽度之和,并从中减去寻宝者对象的宽度的一半。min()方法的第二个参数是当前寻宝者位置与 moveX 的值之和。min()方法返回这两个值中较小的值。

findYBoundary()方法的工作比 findXBoundary()方法复杂得多:它不是以确定的、递增的方式移动寻宝者对象,而是以随机的方式移动它。findYBoundary()方法的定义开始于注释#12.1,其中 if 选择语句检查 up 的值是否被设置为 true。如果是,那么程序的流程就会进入这个块。在块内,一个内部选择语句确定寻宝者对象的位置是否大于用活动游戏区域底部的值减去 jumpHeight(最初设置为 64,即 MAX_HEIGHT 的值,但是以后将随机生成它)与寻宝者高度(10)之和所得到的结果。如果是,那么它会继续向上移动。另一方面,第二个内部选择语句会检查寻宝者对象是否到达了顶部。如果是,就会把它送到向下的路径上,并把 up 的值设置为 false。

在与注释#12.2 关联的代码行中,在 else 块内,第一个 if 选择语句评估寻宝者对象是否到达了它下落的极限位置,如果不是,那么它会继续下落。另一方面,如果寻宝者对象到达了它下落的极限位置,那么第二个内部 if 选择语句将评估为 true。如果是,将为 jumpHeight 属性生成一个随机数。要把该随机值赋予 jumpHeight(最初它被设置为 MAX_HEIGHT),首先把随机值赋予本地 jumpTry 标识符。如果 jumpTry 的值大于寻宝者对象的高度,那么就会把它赋予 jumpHeight 属性,从而替换以前赋予的值。如果不是这样,那么以前的值将保持不变。之后,程序的流程将继续,并且会改变寻宝者对象的移动,使它开始向上移动。将 up 属性设置为 true。然后,在游戏的下一轮中,进入 up 块,并且 jumpHeight 的值控制着寻宝者对象可以攀爬多高的高度。

15.6.4   更新

如前所述,在 DasherCanvas::run()方法的 while 循环内(注释#3),调用了 updateScreen()方法。在与注释#8 关联的代码行中定义了该方法。updateScreen()方法处理 4 个基本的职责。第一个是调用 makeGameScreen()方法,它定义在注释#4 后面的代码行中。在该方法的定义中,首先创建一个彩色矩形来填充显示区域。使用 setColor()和 fillRect()方法完成这项任务。对于 fillRect()方法的 4 个参数中的前两个参数,提供了一个坐标对来(0,0)来设置背景矩形的原点。第三个和第四个参数使用通过显示区域的宽度和高度定义的坐标对来设置矩形的右下角。

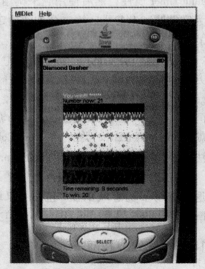

图 15-5   获胜者消息的颜色比其他消息更明亮一些

在设置了显示区域的背景色之后，调用 showStatus ( ) 方法。要定义该方法，首先使用 clock 属性调用 getTimeLeft ( ) 方法。该方法返回游戏剩余的时间，把它赋予一个局部标识符 timeLeft。然后评估赋予 timeLeft 标识符的值，如果少于 6 秒，就用闪光信号传送这个消息。

在注释#9.1 后面的代码行中，调用了三次 drawString ( ) 方法，首先显示剩余的时间，接下来显示了为了在游戏中获胜而必须找到的钻石数，最后显示当前找到的钻石数。然后，在与注释#9.2 关联的代码行中，使用了一个 if 选择语句来确定找到的钻石数是否等于或超过了在游戏中获胜所需的钻石数。如图 15-5 所示，如果达到了获胜的数量，游戏就会显示一条消息："You win!!!!*******"。可以调用 setColor( ) 方法设置该消息的颜色，使之比其他消息更明亮一些。

Sprite帧的高度和宽度都是10像素。Sprite的宽度是20像素，从而提供了两个帧。nextFrame()方法反复地把显示的内容向前移动一个帧，从而使Sprite对象闪光

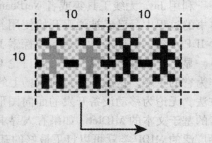

图 15-6　一个帧推进另一个帧，从而引起闪光

回到 updateScreen ( ) 方法 (参见注释#8) 上来，在调用 makeGameScreen ( ) 方法之后，使用 seekerSprite 对象调用 nextFrame ( ) 方法。该方法调用的作用是把 seekerSprite 对象的贴图数递增 1。这将导致 seekerSprite 对象闪光，如图 15-6 所示。

除了调用 nextFrame ( ) 方法之外，还在 updateScreen ( ) 方法的作用域内调用了 setRefPixelPosition( ) 方法。该方法的作用是定位寻宝者小精灵的坐标，用于 seekerSprite 对象的上边缘中间的碰撞检测。使用 LayerManager 对象 manager 调用 LayerManager∷paint( )方法。paint( ) 方法接受三个参数。第一个参数是要绘制的 Graphics 对象。第二个和第三个参数是标识要赋予图形对象的原点的 x 坐标和 y 坐标。在这里，将与 DasherCanvas 类的当前实例交互的 Graphics 对象用于第一个参数，并且把原点设置在显示区域的左上角。这样，就会绘制整个 DasherCanvas 区域。在调用 paint( )方法之后，调用 flushGraphics( )方法，使为显示设置的对象可见。

15.6.5　显示最终的得分

在注释#10 后面的代码行中，显示了最终的游戏横幅，其中列出了玩家发现的钻石总数。如图 15-7 所示，最终的横幅显示了玩家是否获胜。要创建此横幅，首先调用 setColor( ) 方法把横幅的颜色设置为灰白色。接下来，调用 fillRect( ) 方法创建横幅。然后再次调用 setColor( ) 方法，把字体颜色设置为黑色。之后，剩下的全部工作就是调用 drawString( )方法，给它的第一个参数提供一条消息，其中包含有 DasherSprite 类的 getDiamonds( )方法返回的值。对于第二个和第三个参数，提供了 CENTER_X 和 CENTER_Y 值，用于定位消息。对于最后一个参数，使用 OR 运算符通过连接 Graphics 类的 HCENTER 和 BASELINE 属性来创建锚点值。最后，调用 flushGraphics( )方法，调出横幅并使其中的消息可见。

图 15-7　显示一个横幅，指示游戏结束并提供总结信息

15.7　小结

在本章中，结束了可能在游戏开发环境中应用的 MIDP 类。显然，关于 MIDP 类的使用还有更多的内容要讨论。不过，出于介绍的目的，最好在讨论时使事情保持简单。在从事与 Java 类库相关的任何工作时，Internet 上可用的文档仍然是充分探索这些类所提供能力的最佳资源。一本书最大的价值在于使初学者可以自学相关的内容，这就是本书的目标。

利用 Java 无线工具集或者 NetBeans IDE 可以显著增强使用 MIDP 的能力，因此我希望在阅读本书的过程中，已经被说服开始使用其中一种或者这两种工具进行开发工作。通过使用这样一种 IDE 节省的时间有助于进一步探索 Java MIDP 类的错综复杂的情况。

显然，本书可以在一开始就讨论 Game API，或者介绍 MIDP 类的基本知识，并使 Game API 作为它的主题。这的确是目前市场上的许多图书使用的方法。由于某种原因，这里采用了不同的方法。无论为移动设备开发的面向图形的游戏如何发展，仍然会有很多机会开发纳入了游戏元素的基于文本的 MIDlet。如果有人寻求在可能开发游戏的各种环境中最好地利用 MIDP，那么熟悉广泛的 MIDP 类就可以打下最好的基础。

在通过像这样一本书开始使用 MIDP 之后，无论选择什么发展方向，前途都是非常光明的。使用 MIDP 编程的也许最有前途的方面是：对于单独的开发人员，利用相对很少的努力就有可能创建出销售给企业的产品。对于为控制台开发的游戏以及 PC 游戏，几乎不可能出现这种情况，在开发这类游戏时需要许多人协同工作。此外，MIDP 类还提供了一种极佳的方式，有助于学习在教育环境中开发游戏的方法。

附录 滚动背景

在学习了本书前 15 章中介绍的各个类之后，将继续开发涉及滚动背景的游戏。可以使用第 15 章中建立的框架来开发这样的游戏，只不过要把背景设置成滚动经过许多贴图，或者添加这种背景。

ScrollStart 类

ScrollStart 类是演示滚动背景的 MIDlet 的入口点。在 startApp()方法的作用域内，创建 ScrollCanvas 类的一个实例，并把它赋予 game 标识符，它是 ScrollCanvas 类型的。然后使用 getDisplay()方法调用 Display 类的当前实例，并使用该实例调用 setCurrent()方法。setCurrent() 方法接受 game 标识符作为它唯一的参数。为了启动用于 MIDlet 的线程，使用 thread 类的构造函数，并再次把 game 标识符用作参数。线程的实例是匿名返回的；使用它，调用 start()方法。其效果是：在创建了 ScrollCanvas 类的实例之后调用 run()方法。ScrollStart 类的代码位于附录的源代码文件夹中。可以在独立文件夹和 NetBeans 项目文件夹中找到它。下面给出了该类的代码。

```
/*
 * Appendix A \ ScrollStart.java
 *
 *
 */

import java.util.*;
import javax.microedition.lcdui.game.*;
import javax.microedition.midlet.*;
import javax.microedition.lcdui.*;

public class ScrollStart extends MIDlet{
    public void startApp(){
        ScrollCanvas game = new ScrollCanvas();
        Display.getDisplay(this).setCurrent(game);
         new Thread(game).start();
    }

    public void pauseApp(){
    }
    public void destroyApp(boolean unc){
    }
}
```

ScrollCanvas 类

ScrollCanvas 类创建一个平铺的图层，然后允许使用一系列索引值按顺序显示它的单元。这样，就创建了滚动背景。这种创建滚动背景的方法是一种简化的方法。有一些更高级的技术，可以产生更精确、更平顺的移动。这里使用的方法打算提供一个合适的起点，用于探索创建动画式背景的方法。像 ScrollStart 类一样，ScrollCanvas 类也包括在用于附录的 NetBeans 文件夹和独立文件夹中。这些文件夹也包含 backtiles. png 文件，它是背景贴图的源文件。下面给出了 ScrollCanvas 类的代码。

```
/*
* Appendix  \ ScrollCanvas
*
*
*/
import java.util.*;
import javax.microedition.lcdui.game.*;
import javax.microedition.midlet.*;
import javax.microedition.lcdui.*;

// #1
class ScrollCanvas extends GameCanvas implements Runnable{
    TiledLayer bkgnd = null;
     Image tempImage = null;
    int[] tileIndex = {1,2, 3, 4, 5, 6};
    int cols;
    int rows;

        // #1.1
        public void run(){
            scrollTiles();
        }

        // #2
        public ScrollCanvas(){
            super(false);
            System.out.println("width "+ getWidth() );
            Image bkgrndImage = createImage("/backtiles.png");
            rows = getHeight()/240;
           cols = getWidth()/120;     // s
            System.out.println("cols" + cols);
            // #2.1
            bkgnd = new TiledLayer(6, rows, bkgrndImage, 120, 240);
            System.out.println("cols" + bkgnd.getColumns());
            System.out.println("rows" + bkgnd.getRows());
        }

        // #3
    private void scrollTiles(){
    Graphics g = getGraphics();
```

```
            int itr = 0;
            while (true) {
                bkgnd.setCell(0,0,tileIndex[itr++]);
                bkgnd.setCell(1,0,tileIndex[itr++]);
                if(itr==6){
                    itr = 0;
                }
                bkgnd.paint(g);
                flushGraphics();
                try{
                    Thread.currentThread().sleep(200);
            }catch (InterruptedException iex){
                    System.out.println(iex.toString());
                }
            }
        }

    public Image createImage(String file){
        try{
            tempImage = Image.createImage(file);
        } catch (Exception exc){
            exc.printStackTrace();
        }
        return tempImage;
    }
}
```

定义和构造

在与注释#1 关联的代码行中，扩展了 GameCanvas 类和 Runnable 接口。Runnable 接口允许实现 run( )和 start( )方法，它们是支持动画式活动所必需的。在签名行后面，声明了 TiledLayer 和 Image 类型的属性。Image 对象是背景贴图的来源。TiledLayer 属性允许管理贴图的显示。第三个属性是一个 int 类型的数组，其中存储了一些值，它们指定了用户希望显示的贴图序列（tileIndex）。

在注释#2 后面的代码行中可以清楚地看出这三个属性是如何协同工作的，其中调用了 getWidth( )方法来获知 ScrollCanvas 区域的宽度。返回的值显示 ScrollCanvas 对象的宽度是 240 像素。要创建一组可以产生动画式背景的贴图，必须具有一个源图，它要么具有 240 像素的宽度，要么可以均分，使得通过均分得到的贴图可以产生在显示时不会分裂的图像。

然后调用 createImage( )方法创建 Image 类的实例，它使用图 A-1 中所示的山脉作为它的来源。可以用任意方式调整 Image 对象的大小，但是既然知道从 getWidth( )方法返回的值显示 ScrollCanvas 区域的宽度是 240 像素，就可以使用像 Photoshop 这样的应用程序来调整源图像的大小，使之适合于显示区域的尺寸。

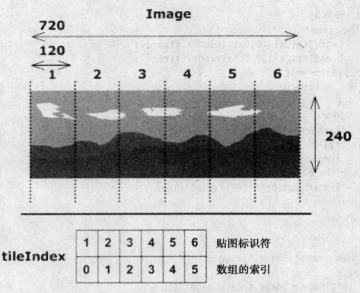

图 A-1   确定用户想排列贴图顺序的方式

因此，尽管在绘制图 A-1 中所示的山脉时没有考虑到 ScrollCanvas 显示区域的大小，也可以证明使用 Photoshop 能够相当容易地修改它，使得其宽度可以由 ScrollCanvas 显示区域的宽度进行均分。得到的源图像的尺寸为 720 像素 × 240 像素。

描绘山脉的图像的长度正好是其宽度的 3 倍，从而为创建滚动背景提供了不同的可能性。一种选择是把山脉分成三个贴图，每个贴图的宽度是 240 像素。另一种选择是把它分成 6 个贴图，如图 A-1 所示，每个贴图的宽度是 120 像素，高度是 240 像素。把图像分成 6 个贴图允许定义 tileIndex 属性的索引值。

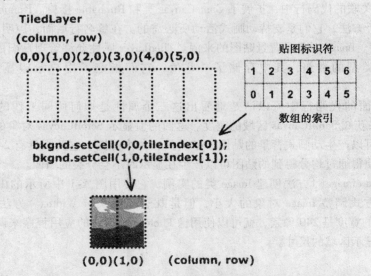

图 A-2   一次在 TiledLayer 对象中设置两个单元，创建一个宽度足以覆盖显示区域的实体

在注释#2.1 后面的代码行中，创建了一个 TiledLayer 对象，并且利用了迄今为止开发的关于使用 Image 对象的信息。创建的 TiledLayer 对象具有 6 列 1 行。它使用 Image 对象（bkgrndImage）作为它的来源。TiledLayer 对象中的每个单元的宽度是 120 像素，高度是 240 像素。如图 A-2 所示，可以利用 tileIndex 数组测试 TiledLayer 对象中的值，使之连续显示贴图。

把贴图加载进 TiledLayer 对象中的特定活动是在注释#3 后面的代码行中完成的，其中定义了 scrollTiles（ ）方法。该方法是从 run（ ）方法中调用的。scrollTiles（ ）方法只履行两种职责。第一种职责是连续两次调用在无限 while 块中提供的 setCell（ ）方法，并在调用它时加载两个连续的贴图。第二种职责是创建一个 Thread 对象，它可以控制每秒钟刷新贴图显示的次数。

这样就使得在显示贴图时要调用 setCell（ ）方法。该方法接受三个参数。前两个值在 TiledLayer 对象内定义了一个单元。如图 A-2 所示，为 TiledLayer 对象 bkgnd 定义了 6 个单元。位于第 1 行的第 1 列和第 2 列中的两个单元用于显示贴图。

为了选择在每次迭代 while 块时显示的贴图，定义了值为 0 的 itr 标识符。在程序的流程进入 while 块时，把 itr 标识符用作对 setCell（ ）方法的两个连续调用的参数。在每个调用期间，递增 itr 标识符。在递增它时，将其用于从 tileIndex 数组中获取贴图标识符。接着使用这些标识符从 Image 对象提供的贴图集中找出两个连续的贴图。

在每次迭代循环期间得到的显示内容包含两个贴图，并且覆盖了 ScrollCanvas 区域，从而提供了滚动山脉的幻象。在显示了各种尺寸的贴图后，把 itr 标识符重置为 0，并再次访问第一对帧以进行显示。

要显示贴图，可以调用 paint（ ）和 flushGraphics（ ）方法。在调用了这两种方法之后，将清除并重绘 ScrollCanvas 对象的整个区域。显示的速率由 Thread::sleep（ ）方法控制，它被设置为 200，每秒钟将显示区域刷新 5 次。这个刷新速率大约是创建逼真的动画所需刷新速率的 $\frac{1}{3}$，但是出于探讨的目的，它提供了良好的起点。图 A-3 显示了在滚动山脉滚动经过显示区域时的连续视图。

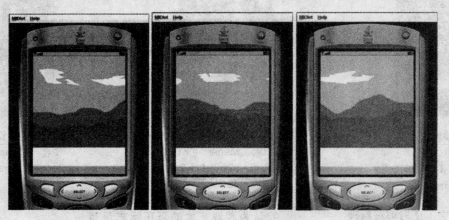

图 A-3　连续显示贴图创建了移动的幻象

游戏开发技术系列丛书

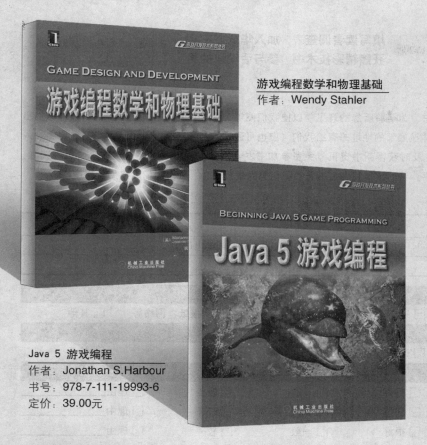

游戏编程数学和物理基础
作者：Wendy Stahler

Java 5 游戏编程
作者：Jonathan S.Harbour
书号：978-7-111-19993-6
定价：39.00元

不是精品不动心——
献给投身国产网络游戏开发的开路者
和兼具知识、能力、热情的玩家们……

3D游戏 卷1 实时渲染与软件技术
作者：Alan Watt;Fabio Policarpo
书号：7-111-15652-8
定价：59.00元

3D游戏 卷2 动画与高级实时渲染技术
作者：Alan Watt; Fabio Policarpo
书号：7-111-15776-1
定价：58.00元

网络游戏开发
作者：Jessica Mulligan
书号：7-111-14391-4
定价：39.00元

欲知更多华章计算机图书出版动态，敬请您访问华章IT官方博客：http://blog.csdn.net/hzbooks

专业成就人生
立体服务大众

www.hzbook.com

填写读者调查表　加入华章书友会
获赠精彩技术书　参与活动和抽奖

尊敬的读者:

　　感谢您选择华章图书。为了聆听您的意见，以便我们能够为您提供更优秀的图书产品，敬请您抽出宝贵的时间填写本表，并按底部的地址邮寄给我们（您也可通过www.hzbook.com填写本表）。您将加入我们的"华章书友会"，及时获得新书资讯，免费参加书友会活动。我们将定期选出若干名热心读者，免费赠送我们出版的图书。请一定填写书名书号并留全您的联系信息，以便我们联络您，谢谢!

书名：　　　　　　　　　　　　　　书号：7-111-(　　　　　　　　　)

姓名：	性别：□ 男　　□ 女	年龄：	职业：
通信地址：		E-mail：	
电话：	手机：	邮编：	

1. 您是如何获知本书的:
　　□ 朋友推荐　　□ 书店　　□ 图书目录　　□ 杂志、报纸、网络等　　□ 其他

2. 您从哪里购买本书:
　　□ 新华书店　　□ 计算机专业书店　　□ 网上书店　　□ 其他

3. 您对本书的评价是:

技术内容	□ 很好	□ 一般	□ 较差	□ 理由＿＿＿＿＿
文字质量	□ 很好	□ 一般	□ 较差	□ 理由＿＿＿＿＿
版式封面	□ 很好	□ 一般	□ 较差	□ 理由＿＿＿＿＿
印装质量	□ 很好	□ 一般	□ 较差	□ 理由＿＿＿＿＿
图书定价	□ 太高	□ 合适	□ 较低	□ 理由＿＿＿＿＿

4. 您希望我们的图书在哪些方面进行改进?
＿＿＿＿＿＿＿＿＿＿＿＿＿＿＿＿＿＿＿＿＿＿＿＿＿＿＿＿＿＿＿＿＿＿＿＿＿
＿＿＿＿＿＿＿＿＿＿＿＿＿＿＿＿＿＿＿＿＿＿＿＿＿＿＿＿＿＿＿＿＿＿＿＿＿

5. 您最希望我们出版哪方面的图书? 如果有英文版请写出书名。
＿＿＿＿＿＿＿＿＿＿＿＿＿＿＿＿＿＿＿＿＿＿＿＿＿＿＿＿＿＿＿＿＿＿＿＿＿
＿＿＿＿＿＿＿＿＿＿＿＿＿＿＿＿＿＿＿＿＿＿＿＿＿＿＿＿＿＿＿＿＿＿＿＿＿

6. 您有没有写作或翻译技术图书的想法?
　　□ 是，我的计划是＿＿＿＿＿＿＿＿＿＿＿＿＿＿＿＿＿＿＿＿＿　□ 否

7. 您希望获取图书信息的形式:
　　□ 邮件　　　　□ 信函　　　　□ 短信　　　　□ 其他＿＿＿＿＿

请寄：北京市西城区百万庄南街1号　机械工业出版社　华章公司　计算机图书策划部收
邮编：100037　电话：(010) 88379512　传真：(010) 68311602　E-mail: hzjsj@hzbook.com